全断面硬岩竖井掘进机

在抽水蓄能电站施工中的应用

主　编 / 马明刚　贾连辉

副主编 / 孟继慧　严良平　潘月梁

夏万求　齐保卫　肖　威

中国电力出版社

CHINA ELECTRIC POWER PRESS

内 容 提 要

本书分析了抽水蓄能电站竖井施工技术发展现状，介绍了竖井掘进机的工作原理及研发过程，详细说明了竖井掘进机的主要结构及功能，同时进一步介绍了竖井掘进机施工关键技术及在具体工程中的应用。本书为系统介绍竖井掘进机在抽水蓄能领域应用的专著，本书的出版有利于推动竖井掘进机技术设备在国内工程领域的应用范围，为国内抽水蓄能电站的设计施工和建设管理注入新的理念，引领抽水蓄能电站的建设管理方向，并将给国内抽水蓄能电站的建设带来巨大效益。

本书适用于矿山、水电、交通及地下工程建设领域研究、技术、教学人员及研究生参考。

图书在版编目（CIP）数据

全断面硬岩竖井掘进机在抽水蓄能电站施工中的应用/马明刚，贾连辉主编 . —北京：中国电力出版社，2022.10

ISBN 978-7-5198-6703-4

Ⅰ.①全… Ⅱ.①马… ②贾… Ⅲ.①竖井掘进—掘进机—应用—抽水蓄能水电站—工程施工 Ⅳ.①TV743

中国版本图书馆 CIP 数据核字（2022）第 068415 号

出版发行：中国电力出版社
地　　址：北京市东城区北京站西街 19 号（邮政编码 100005）
网　　址：http：//www. cepp. sgcc. com. cn
责任编辑：谭学奇（010-63412218）
责任校对：黄　蓓　朱丽芳
装帧设计：王红柳
责任印制：吴　迪

印　　刷：三河市万龙印装有限公司
版　　次：2022 年 10 月第一版
印　　次：2022 年 10 月北京第一次印刷
开　　本：787 毫米×1092 毫米　16 开本
印　　张：13
字　　数：287 千字
印　　数：0001—1500 册
定　　价：160.00 元

全断面硬岩竖井掘进机
在抽水蓄能电站施工中的应用

本书编委会

主　编　马明刚　贾连辉

副主编　孟继慧　严良平　潘月梁　夏万求

　　　　　齐保卫　肖　威

参编人员（按姓氏笔画排序）：

王建忠	田彦朝	兰宝杰	吕　旦
刘恒杰	齐志冲	孙志鹏	李志浩
肖晶娜	宋德华	张　兵	张金宇
张　策	陈良武	范锡坤	周　浩
郑贤喜	孟　昊	赵子辉	赵　飞
贾　涛	徐光亿	徐　琼	黄彦庆
彭泽豹	葛家晟	韩洋洋	程剑林
路亚缇			

前　言

　　近年来，随着我国对竖井施工领域机械化、自动化、智能化需求的不断提高，竖井掘进机技术开始应用于竖井施工项目。相比传统钻爆法，竖井掘进机集掘进、支护、出渣、井壁拼装、渣土分离等功能于一体，融合了动态感知技术，智能化、机械化程度高，可实现井下无人化作业，具有成洞质量好、施工效率高、施工更安全的特点。可满足千米级竖井施工需求，为矿山、海工、水利、新能源等建设提供了新装备、新工法，为千米级竖井全断面掘进技术难题提供了新的解决思路。

　　浙江宁海抽水蓄能电站排风竖井工程应用了世界首台全断面硬岩竖井掘进机并顺利贯通，标志着中国隧道掘进机企业成功攻克竖井掘进机世界级技术难题。本书以浙江宁海抽水蓄能电站排风竖井工程为依托，对竖井掘进机的总体结构、掘进机的运输组装调试、掘进、导向、井壁支护，施工管理及风险管控等内容进行了深入研究，并对竖井掘进机在实际工程中的应用情况进行了深入具体的分析探讨，形成了一整套竖井掘进机施工技术体系，对解决当前竖井掘进工程难题具有重要意义，为实现掘进无人化、智能化奠定了基础。本书内容共分为 10 章，其中第一、二章由贾连辉编写，第三章由严良平编写，第四章由潘月梁编写，第五章由夏万求编写，第六章由齐保卫编写，第七章由孟继慧编写，第八章由肖威编写，第九、十章由马明刚编写，全书由贾连辉统校。

　　限于作者水平，书中定有欠妥甚至错误之处，敬请读者批评指正。

编　者

2022 年 8 月

目 录

第一章

抽水蓄能电站竖井施工技术发展

第一节 概　　述

竖井工程是水利建设、地下矿藏开采、长大隧道措施井，以及公路和铁路隧道等地下工程的重要组成部分。当前，现代水力发电工程多利用地下空间来进行建设，常规水电站是通过截断高山峡谷中的河流筑坝抬高水位进行发电，抽水蓄能电站则是利用山上的上水库和山下的下水库之间的水头落差来发电。竖井在抽水蓄能电站工程中发挥了重要作用。其一，竖井提高了抽水蓄能的落差，从而提高抽水蓄能的发电能力；其二，电站地下工程建设和发电运行期间都需要通风，采用竖井井筒，通风效率更佳。通常，电站的电缆铺设的出线井、人员施工与正常工作出入通道，都是采用竖井井筒，且深度一般为100～200m，随着高山峡谷水电站和大型高落差抽水蓄能电站的建设，一些竖井井筒深度可达400～600m[1]。

竖井井筒作为地下工程的咽喉工程，是深部地下空间开发中的基础，更是深部资源开发的关键所在，而本章主要就竖井的作用、竖井施工基础理论、竖井钻井施工工艺等方面介绍抽水蓄能电站竖井施工技术发展性状及发展方向。

第二节 竖 井 概 况

一、竖井的作用

竖井，通常指的是洞壁直立的井状通道[2]。竖井作为进入矿体和地下空间的通道，服务于从工程建设到采矿生产或地下空间使用的全生命周期。承担着人员、材料、设备等的提升运输以及通风等重要任务；在井筒内布设管缆，可实现电、水、气、通信等的供应和传输功能。随着人类对地下空间利用规模加大，竖井还广泛应用于水力发电及抽水蓄能电站、交通隧道、地下空间科学实验、地下资源储存、废弃物质封存、地下军事设施等重要地下工程中。

1. 井工开采

不同赋存条件的矿物开采方式也不同，出露在地表及上覆地层较薄的采用露天开采，埋深较大的矿物采用井工开采。井工开采首先要建设井筒和巷道等井巷工程，用于开采过程中矿石、物料、人员运输，以及实现通风、排水、供电、供气和其他辅助功能，完成这些工程的过程称为矿井建设。矿井建设根据矿物赋存条件，可采用竖井、斜井开拓方式，也可采用组合开拓方式。井筒施工采用由上向下逐步掘进，当竖井井筒工程逐步延伸到矿井开采设计水平或者矿体附近后，进行开采巷道布设；对于接近水平方式赋存各类矿物，当埋藏深度不大时，采用斜井方式开拓[3]；当埋藏深度较大时，多采用竖井方式开拓。对于出露地面的金属矿脉采用露天开采，当开采达到深度极限时，深部矿脉开采转入井工开采方式。井工开采的初期，采用斜井和斜坡道的方式掘进到露天开采预留地保护矿柱的下部，进行一定深度范围内的矿石开采，深度更大部位的矿石需要以竖井方式进行开拓，需要建设矿石提升井筒、通风井筒、人员物料输送井筒等，一些矿山还采用延伸斜坡道的方式到达深部矿体，实现无轨轮式运输工具直接下井。对于深部矿山的竖井，它是连接地面与井下的命脉，是提升矿物，下放设备和供给品、通风、人员进行日常工作及紧急情况下的通道和出口，是动力供给、水出入和通信的道路。

2. 长大隧道

随着现代工业技术的发展和中国大力修建公路、铁路、隧道、地铁等大型设施，长度超过10km的隧道建设逐渐成为常态，隧道的埋深也在不断地增加。

通风竖井在铁路、公路等长大隧道中具有的通风效果佳，营运成本低等显著优点，应用越来越广，超过300m的超深竖井也越来越多[4]。作为隧道的主要组成成分之一，在隧道的施工建设当中起到越来越不可忽视的作用。像设备维修井、通风井、工作井等都是按竖井构造进行设计与变化。在隧道建设期间，通常都是采用类似矿山建设的方式，先开挖竖井，然后开挖一些辅助隧道，来加快主隧道的开挖，竖井还可以作为隧道运营期的永久通风井。总之，竖井在隧道中的应用，更好地实现了在隧道施工过程中，实现岩石提升、隧道排水、通风等功能，缩短了通风与运输的距离，提高了隧道建设的速度。

3. 市政工程

综合利用城市地下空间，可以拓展城市居民的生存条件，改善居住环境，解决地面建筑、交通、绿化相互之间矛盾冲突。如建设地铁解决快速交通问题；建设地下一体化管廊解决燃气、供水、供热等管路布置，以及供电、通信、网络等电缆的集中铺设，雨水及污水的分隔排放处理和利用的问题；建设大直径深竖井，解决排洪防涝和污水处理等问题，这些工程的进出路口多为竖井。有些工程直接采用竖井作为工程的主体结构，如作为永久工程结构的竖井式地下停车场，采用智能化的停车设施，可以使城市停车向地下深部发展，减少浅部空间的占用，解决城市紧凑空间的停车难题。人防、军事、科学实验等部门也都需要在地下建设不同类型的工程结构，竖井井筒建设正是其中不可缺少的环节。

4. 抽水蓄能工程

抽水蓄能电站储能是我国新能源发展的重要组成部分，其作为储能装置在电力系统中广泛应用，是目前公认的最可靠、最经济，容量大、寿命长、技术最成熟的绿色储能技术[5]。抽水蓄能电站是我国"十四五"重点规划建设的绿色电站方向，近年来，我国抽水蓄能电站建设步伐不断加快，项目数量大幅增加，分布区域不断扩展，相继建设了一批具有世界先进水平的抽水蓄能电站。在抽水蓄能电站工程施工中，竖井被广泛应用。其中，引水竖井是电站工程的重要功能组成部分，同时也是施工重点和难点，该工程的安全性和有效性将直接影响整个抽水蓄能电站工程的质量与进度[6,7]。除此，在抽水蓄能电站地下洞室群中，设计有出线井、排风井、调压井等多条不同功能、不同断面、不同深度的竖井，以满足抽水蓄能电站运行要求[8]。随着水电工程建设及其施工工艺的发展，竖井深度越来越大，施工难度也急剧增加。在具体工程应用中，有必要照顾到抽水蓄能电站的特殊性，针对竖井施工关键技术展开深入系统的研究。

综上所述，研究先进的井筒施工技术、工艺和设备，对整个地下工程建设领域都有重要意义。如何有效、安全、经济地建设竖井是一个涉及勘察、地质、机械、机电、材料等多个学科的交叉课题，需要我们不断研究探索。

二、竖井施工基础理论

21世纪以来，建井工艺不断出新，建井技术发展迅速，我国在深井建设方面也随着矿井开发的需要逐渐能够达到千米级和千万吨级的建设能力[9]。

竖井理论分析岩体破坏时，不同深度受到高应力、高水力、高地温、非线性及动荷载破坏特征，这与浅部岩土的破坏有本质区别。伴随着超深竖井围岩地质赋存环境不断劣化，呈现出强烈的非弹性、延性破坏特征，导致竖井周围围岩地压显现愈发剧烈，出现脆性－延性转化、大变形、高应力、强流变、高岩爆风险等深部地下工程独有的破坏形式，施工过程的动力扰动（例如爆破）作用更加明显。竖井围岩压力显现是在不同竖井开挖方式施工过程中，诱发的竖井围岩体自身和井筒支护结构产生破坏、变形的最基本作用力。对于竖井围岩应力分析的发展，大致经历了古典压力理论阶段、弹塑性压力理论和散体压力理论三个主要阶段[10, 11]。

竖井围岩受到的自重应力、最大水平应力和附加应力伴随着竖井开凿的深度的增加而增加，如采用矩形井筒容易在断面拐角处产生高应力集中，诱发井筒围岩及支护结构的破坏，同时矩形断面施工难度大，实际工程中采用圆形竖井断面结构形式逐渐取代了矩形断面设计（地下停车场除外）。对于超深竖井，为了调整井壁支护结构上的应力分布，维护井壁结构的自身稳定性，可以通过加大最大主应力分布方向的井壁厚度，采用外壁为椭圆、内壁为圆的综合井筒断面形状设计[10]。

竖井的掘进和支护工作应该交替快速进行，这样可以有效承受地压、预防涌水和岩体风化破坏等不利情况出现，特别是掘进分段施工且段高较大时，必须及时支护以确保施工安全。需要注意的是，至今井壁的计算理论和设计方法仍然不完善，竖井的设计和施工单位关于井壁结构设计参数多采用工程类比法或者直接借用适用于浅部井筒围岩应力变形分析理论和计算公式，导致设计偏于保守，直接表现为井壁结构强度高、壁厚大，结果仍然不能避免井壁开裂、破损、渗水甚至淹井等事故发生。

竖井施工的难度和安全事故发生的风险均会随着竖井建设深度的增加而增大。像超深竖井面临的一次成井、凿岩、深孔爆破、装岩、井筒支护、设备悬吊等技术难题，再加上综合施工时工作面的高温以及岩爆等突出施工环境安全问题，对施工人员和装备的安全形成了巨大威胁[10]。

此外，研究人员针对机械破岩基础理论、地层改机理与效果评价，例如冻结法凿、冻结岩土温度场、深部岩层注浆改性机理等基础理论与设计方面进行了深入研究，提出了适应深部竖井设计与施工的新理论和新见解建立了机械法破岩钻进施工井筒设计理论，重点详细研究了单独或者组合滚刀破岩机理，已经形成了较为完善的钻井法、反井钻井法及竖井掘进机成井等多种竖井井筒机械化综合破岩掘进与支护体系。提出了斜井井筒沿轴线方向冻结设计理论，通过定向钻孔技术装备优化升级研究，将垂直钻孔冻结斜井井筒技术逐步向沿轴线定向钻孔冻结斜井技术的升级发展，实现了斜井冻结节能达到60％以上。提出了千米超深井岩土控制冻结理论，并成功应用于事故井筒处理，基于单孔、单圈孔冻结温度场的演变规律，建立了冻结壁"平均温度"和"平均厚度"的理论计算方法，同时在多圈孔冻结温度场的理论与实践方面取得了突破性进展。提出了适应高含水、低强度基岩的冻结壁及井壁厚度计算方法，进一步考虑井壁和围岩（土）共同作用，充分利用围岩自身强度，在能满足一定深度范围内高承压水作用下基岩冻结壁设计与工程建设需要，还能够一定程度减薄井壁厚度，减少开挖和支护的工程量。发展了基岩段冻结单层井壁理论计算体系，完善了包含孔隙水压力作用的基岩单层冻结井壁设计理论，深部地层注浆改性理论，提出"L型"深部洞室围岩注浆改性理论，通过改变地下结构周围岩体的基本物理力学性质，尤其是渗透性和强度，实现对地下结构周围岩体的预加固，保障地下结构及周围岩体长期稳定[8,12-14]。

三、竖井钻井施工工艺

一直以来，井筒作为矿井建设工程的"咽喉"要道，具有工程量小但工期长的特点。我国竖井凿井技术大致可分为：

（1）竖井井筒技术起步发展。

（2）竖井机械化配套联合科研攻关。

（3）竖井短段掘砌混合作业。

（4）千米深井机械化凿井施工四个主要发展阶段[15]。

目前，钻眼爆破普通法因其设备成熟、故障少、维修便捷、经济性高等诸多优点在竖井施工中应用广泛，但是也存在作业人员必须一直处于淋水、潮湿、低温等工作环境中施工，同时还容易受到高强噪声、粉尘污染等职业病伤害，还可能会面临井筒涌水、煤层瓦斯等有害气体泄漏、局部塌方、高空落物等危害，工作人员生命安全得不到有效保障[16]。

为了开拓更深的地层的煤炭其他矿产资源，井筒直径和深度不断增加，但是矿井建设的难度也随着穿越更加复杂的地质条件以及施工过程中的安全、效率、成本等问题日益突出。在竖井开拓的基础上，仍需要继续发展和创新钻进工艺、技术和装备等，使地下空间开发向着机械化、自动化、智能化的方向发展[16]。

近年来，装备制造技术迅速发展，尤其是隧道掘进机（tunnel boring machine）施工技术的广泛应用，传统的人工井下钻爆破岩方式已经被机械破岩钻进方式逐步取代。使用钻井法凿井，钻井深度已达 660m，钻井直径可达 10.8m；反井钻机凿井法深度已达

562m，扩孔直径可达 5.3m；现有钻井直径 5.8m 且有导井的竖井掘进机被研制并成功应用凿井[17,18]。在煤巷施工中实现了全断面快速掘进、掘支运平行作业、远距离监控操作、辅助作业机械化（部分需要人工协助）掘进系统[19-21]；岩巷直径 5m 和直径 3.2m 的全断面掘进机已在煤矿成功应用[22]。上述成果表明我国全断面掘进技术在巷道施工机械化方面已经取得初步成功，但将全断面掘进技术应用在竖井方面还有待开发和实践证明。

竖井机械化施工方法主要包括：采用竖井钻机自地面向下钻进一次形成竖井的钻井法；采用反井钻机经过正向导孔和反向扩孔钻进形成竖井的反井钻井法；利用竖井掘进机全断面一次钻进并平行支护形成井筒的掘进机凿井法。以上三种凿井方法均以人为可控的机械破岩方式来代替爆破破岩，是未来井筒施工的主要发展方向[16]。

钻井法凿井对于富水冲积层和软岩地层竖井施工同样适用，其施工工艺安全性较高，可实现"打井不入井"[23,24]。主要工艺包括钻井成套工艺、竖井钻机、刀具破岩机理、井壁预制和壁后充填注浆、钻井泥浆制备等关键技术与装备。为有效提高钻井法的成井施工速度，相关研究人员针对直径 7m "一钻成井"和直径 9m "一扩成井"的两种典型直径井筒快速开凿技术与装备进行了关键技术攻坚，虽有成效但月成井速度仍不足 40m，综合成井速度偏低，施工深度受限，且不能适用于坚硬基岩[25]。

反井法凿井采用自下而上反向破岩方式，岩渣自重作用下落，钻进速度快、破岩效率高。根据水电、交通隧道、煤矿、金属矿山井筒工程结构及围岩特点，通过大型反井钻机个性化研制、导孔钻进轨迹控制技术升级，形成适用于不同类型工况的反井钻井工艺与装备[3,26]。

竖井掘进机是一种可以实现月成井 100~200m 的综合机械化掘进成套装备，它能做到在空间和时间上掘进与支护平行作业，施工速度与普通法凿井相当甚至更优。根据凿井工艺可将竖井掘进装备分为：掘进机刀盘直接破岩钻进方式，排渣并同时进行支护，或使用液力排渣方式的向上排渣的全断面掘进机；或采用反井钻机沿井筒中心线钻进小直径导井作为下一步掘进施工溜矸孔，掘进机再次扩钻成井并进行及时支护，采用导孔排渣方式向下排渣的部分断面竖井掘进机。竖井掘进机成套系统集掘进破岩、排渣和井壁支护施工为一体，可以做到同时作业而互不干扰，在加快凿井速度的同时又可减少人工投入，尤其是充满风险的工作面可以做到掘进无人化，降低成本，缩短工期[16]。

从装备特点和工程应用来看，竖井掘进机凿井工艺包括[16,27]：

（1）导井钻进。使用反井钻机钻进溜矸导井（直径 1.2~1.8m），作为凿井时溜矸、排水、通风等工序使用。

（2）锁口施工。安装地面凿井提升辅助装备、组装竖井掘进机和吊盘。

（3）掘进、排渣与支护。采用滚刀破岩掘进，在井底中心处设锥形面，导井底部铺运输设备，破碎矸石可实现滑落与装运一体化；从锚杆、挂网、喷浆或整体模板浇筑混凝土井壁等支护方式中选择适合井筒类型的方式进行支护。

（4）掘进机拆卸及辅助设备安装。掘进工作完成后，拆卸顺序为：提拆吊盘-拆除扩展钻头-提出整个竖井掘进机-拆卸完成-装配井筒、通风、管道等设施。

第三节 普 通 法 凿 井

竖井凿井工序包括井筒锁口开挖浇筑、地面设施基础施工、地面设备安装、井筒内设备安装。上述工序结束后进入凿井正规循环，逐渐形成井筒。普通凿井法是当前竖井凿井中应用最多的方法，通过对建井地区地层改性（冻结或地面预注浆），普通凿井法能够适用于各种类型的地层条件，其工艺方法包括单行作业法、平行作业法和混合作业法三种。混合作业法因其成井速度快、不用临时支护、工艺简单、施工成本低、管理方便、安全性好等优点，目前已成为国内外主要的凿井施工方法。

一、基本原理

普通凿井法是指利用凿岩机在井筒开挖断面上钻出小直径爆破孔，通过爆破钻孔内填装的炸药使岩石破碎，并对井壁围岩进行支护形成井筒的方法。普通凿井法需在地层稳定、涌水较小的条件下应用。

普通凿井法核心工法为钻眼、爆破破岩；主要凿井工序包括爆破破岩、岩渣装运和排放、井壁砌筑等。掘进工艺为循环作业，每个循环工序包括爆破孔定位钻凿、装填炸药雷管、爆破、通风、出矸、绑扎钢筋、液压整体模板支模、混凝土浇筑、清底、定位等。竖井井筒开凿完成后还需对井壁漏水部位进行处理。

具体施工内容与步骤为：根据预建竖井井筒的直径和深度，在地面及井筒内布设相应的凿井设施，包括井架、绞车、悬吊稳车、压风机、通风机以及供水、供电和安全监测设施等。井架布设在井口上方，井架上层是天轮平台，其中主天轮用于作业时提升绞车的钢丝绳运行，其他天轮用于各种悬吊稳车的钢丝绳运行。井架上还设有翻渣（矸）台，用于将吊桶提升上来的碎岩倾倒至地面上，以便运输。井口附近还布设有提升绞车、稳车、压风机、通风机等。绞车用于提升爆破产生的碎岩、支护材料、井下设施以及施工人员；稳车用于悬吊井筒内布设的吊盘、风筒、电缆、管路、安全梯、模板等；压风机通过压缩空气为井下凿岩机、装岩机及其他气动工具提供动力；通风机通过向井下输送空气来保证井下通风，减少井下工作面有害气体的危害。在井筒内还需从上到下布设固定盘、吊盘、风筒、管路、缆线和砌壁模板等设施、设备。

普通凿井法沿用至今，部分不足依旧存在：

1. 职业伤害

普通凿井法需要施工人员下井作业，井下工作面复杂而恶劣的施工环境对长期在井下的作业人员造成严重的职业伤害。凿岩机和抓岩机作业时，工作人员需长期暴露在巨大噪声中，作业环境恶劣；液压为动力的凿岩机，虽然作业噪声有所降低，但工作面上的总体噪声依旧远超正常人的承受极限。井筒狭小的工作面上充斥着由凿岩、装岩、喷浆和混凝土浇筑过程产生的粉尘，这是井下施工人员尘肺病的重要原因。井壁漏水、工作面的涌水、冻结井筒内的低温和深部井筒的高温等恶劣的施工环境；岩层内涌出和爆破产生的有害气体均对长期在井下作业的人员健康造成不良的影响。

2. 工人劳动强度大

普通凿井法施工中，爆破孔钻凿、机械排渣和清底，均需要人工配合作业，工人劳动强度很高。部分小直径井筒使用人工装渣的方法，效率低、施工人员的劳动强度更高。井壁浇筑工序机械化程度低，模板、风动振捣器等装置、工具的安装；模板定位、钢筋绑扎、混凝土浇筑等主要内容都需要大量的人工完成。

3. 凿井安全控制

普通凿井法施工简单，安全控制依旧存在以下不足：爆破破岩产生的震动易对井筒片帮等围岩的稳定产生不利的影响，处理不及时，会严重影响凿井工作人员的安全。破岩过程中，爆破产生的有害气体（炮烟）和地层涌出有害气体，如不能及时探测和通风稀释排出，极易导致施工人员中毒及窒息。井筒空间内，凿井设备运行和悬吊安全存在安全隐患。地质勘探资料误差也会造成涌水、瓦斯突出、冲击地压和岩爆等重大灾难性事故。

4. 作业循环的不均衡

普通凿井的短段掘砌混合作业方式，破岩、出渣、支护等环节作业和设备利用不均衡，都会极大影响施工效率。

在地球浅部资源逐渐被开发殆尽的情况下，人们把资源开发转向了地层深部，深部井筒的高地压、高地温、高水压会导致围岩的稳定性降低，包括片帮、岩爆、瓦斯突出、涌水等。这就对井筒建设技术和深度有了更高、更深的要求。

二、研究现状

我国竖井施工方式最早使用单行作业方式，20 世纪 60 年代掘砌平行作业和短段掘砌作业方式在我国竖井工程中采用。直至 20 世纪 80 年代，单行作业法因设备布置复杂，施工安全性差，逐渐失去市场。

20 世纪 70 年代及以前，木质结构、混凝土结构和轻型金属井架结构先后被应用于凿井施工的提吊技术，并在使用中研制出一系列标准化的凿井井架[28]。

20 世纪 70 年代，竖井施工技术开始逐步发展。手持式风动凿岩机、YT 型气腿式凿岩机、Y 24 型手持式凿岩机和 NZQ2-0.11 型抓岩机等为当时主要凿井施工设备。1974年开始，由煤炭、冶金、一机三大部门共同开始进行了跨度 10 年的竖井掘进机械化配套科研攻关大会战，自此以后，凿井设备开始逐步更新换代，出现了以伞形钻架、大斗容抓岩机和 MJY 整体金属模板为主体的竖井施工机械化作业线；HH 型、HZ 型、HK 型3 种大型抓岩机和 HS 型长绳悬吊抓岩机相继研制出来，短段掘砌混合作业凿井法得到广泛推广使用[1,28,29]。

20 世纪 80 年代后，破岩技术方面，针对现有钻具的设备性能缺点研制并采用了 FJD 系列（FJD-4 型、FJD-6 型、和 FJD-9 型等）、SJZ5.5～6.11 系列、YSJZ 系列等多种气动伞形钻或液压伞钻，并配备有 YGZ-55 型、YGZ-70 型气动凿岩机。排渣设备方面，研制出斗容为 0.4m³、0.6m³ 的 6 瓣和 8 瓣抓岩机，包括 HZ-4 型和 HZ-6 型中心回转式、

HK-4 型和 HK-6 型靠壁式、HH-6 型和 2HH-6 环轨轨道式等多种规格的抓岩机，并配套 1.5～3m³ 的单钩或双钩吊桶进行排渣作业[28]。凿井井架与提吊技术方面，经过凿井机械化装备的不断研发，研制出了新Ⅳ、Ⅴ型的专用凿井井架、滚筒直径为 4～5m 的凿井专用提升机，同时随着短段掘砌工艺日渐成熟，正规循环效率不断提高并达到稳定。

自我国进入 20 世纪 90 年代后，短段掘砌混合作业法在施工中使用占比一直增长，最高达到 90％左右，使用该法施工也取得了较好的经济和社会效益。排渣技术方面，研制出了 HZ-6B 型、DTQ0.6B 型和 HZ-10 型中心回转抓岩机，配以 MWY6/0.3 型、MWY6/0.2 型等小型挖掘机清底；研制出大容积，轻质、高强的底卸式 TD 系列吊桶和座钩式 T 系列吊桶，考虑到吊桶的倾倒风险，对其结构进行优化，降低吊桶重心，改变桶体材料 Q345B 为 Q460C，吊桶梁改用 35 号钢并加粗[15,30-32]，应用新型材料使吊桶的强度提高，自重降低。凿井井架与提吊技术方面，研制出了新型Ⅴ-ⅤⅢ型、SA 型、SM 型凿井井架，JKZ-4.0、JKZ-4.5 型提升机和 JZ-25/1800、JZ-40/1800 型悬吊稳车等新型大型化凿井装备[33-35]；同时，新研制的提升钩头可以满足大直径超深竖井的安全性要求。

近年来，竖井凿井工程中，使用液压凿岩机、多臂液压伞形井架、双联井架和科学合理的炮孔布置进行钻眼爆破，满足了在 200MPa 地层坚硬岩石进行爆破作业时的要求。同时采用光面爆破、光底爆破、减震爆破、弱冲击中、深孔爆破技术和分段挤压新的爆破方式，显著减小了爆破对围岩的震动破坏，不仅保证了井筒成型尺寸符合设计要求，减小了超欠挖，而且可明显减少爆振裂隙的产生和扩展范围，确保新爆破岩面具有较高的自稳性，从而充分发挥围岩自身形成承载结构[36]；同时，强威力水胶炸药和多段长脚线毫秒雷管的一次爆破器材的研发，可使多臂伞钻和大型抓提出矸设备的作业效率极大提升和多种工序作业能力匹配。在井壁浇筑技术方面，原来施工中使用的地面大型稳车、天轮及超长钢丝绳悬吊已经被 MJY 型系列整体移动式液压金属模板和迈步式液压模板逐步取代[28]。迈步式整体模板和吊盘一体化装备的出现使井架和悬吊设施的重量减轻，同时通过液压油缸和井壁梁窝的设计达到了井筒内凿井装备的无绳悬吊和迈步自调平，当前直径 8～12m，深度 1500m 级深大竖井也通过大吊桶和大提升机的应用得以满足[37]。

我国的普通凿井法已达到较高的水平，月成井速度有了显著提高，连续月进尺达到百米以上的井筒很多。但是，短段掘砌存在的作业环节不均衡、凿井安全和职业伤害等问题，都与爆破破岩这一方式有关。爆破破岩虽具有能耗低、效率高的优点，但也存在破坏围岩、污染环境等缺点。为此，需要研究以机械破岩为核心，实现凿井工序平行作业，提高凿井的安全性和可控性的新凿井工艺方法。

第四节　钻井法凿井

钻井法是井筒开凿工艺的主要方法之一，也是凿井施工机械化的重要表现。竖井钻井法的施工过程可分为钻井、洗井与护壁、永久支护。钻井法以钻凿含水冲积层或软岩井筒为主，这一工法从根本上解决了凿井的安全问题，实现了"打井不下井"，井壁地面预制质量容易保证，相较于冻结改性后再采用普通凿井法，总的工程造价相对低一些。

一、基本原理

钻井法为机械破岩凿井法，是指在拟建井筒的位置上，按照设计要求的深度和直径，利用竖井钻机进行机械破岩成井，并在开凿出的井壁上进行永久支护形成井筒的施工方法。具体的施工工序有：机械破岩、循环排渣、泥浆护壁、井壁预制、壁后充填等。与普通凿井法相比，钻井法可节约地层改造的成本。从原理上说，钻井法适应各种地层条件，但由于当前技术条件及工艺水平不足，目前主要适用于富水冲积层及软岩地层中钻凿井筒施工，该法可以实现井下无人作业，解决诸多人员安全隐患[38,39]。

该法的优势在于工作人员不需下井作业，主要作业在地面进行。在设计的断面上，利用竖井钻机的钻杆带动钻头旋转钻进、滚刀破岩，利用泥浆临时支护井帮和冷却钻头，利用压气反循环的方式冲洗滚刀破岩在井底形成的岩屑，利用泥浆运动将岩屑输送到地面进行分离，最后形成符合设计直径和深度的充满泥浆的裸井。之后把在地面预制好的井壁通过悬浮下沉方式安装至钻井井底，在井帮和井壁外部环形空间内以胶凝材料进行充填固井，形成井筒永久支护。钻井的破岩、排渣、临时支护、永久支护等操作全部在地面进行，无人下井作业，实现"打井不下井"的目标。其凿井工艺可以归纳为"一次超前、多级扩孔、减压钻进、泥浆护壁、压风反循环洗井、地面预制井壁、井壁悬浮下沉安装、壁后充填固井"[40]。

二、研究现状

1850年，肯德（德国）用冲击钻井设备开凿出第一口井筒，并用索德罗（比利时）发明的铸铁井筒支护结构成功封住含水层，这就是肯德—索德罗钻井法。1852～1900年期间，西欧国家用此法凿成近200多口井筒。由于这种方法凿井时钻杆受力复杂（弯曲力和冲击力等），钻具经常掉入井内，随着钻井技术的发展，近六十年来此法已被淘汰。

1871年郝尼格曼（德国）开始试验研究旋转式钻井机，奠定了钻井法的基础，其中一些包括用压气升液器反循环冲洗的方法在内的主要技术至今仍在工程中使用。

20世纪初，沃尔斯克（波兰）发明了水力旋转冲击钻井机，但由于当时液压制造技术的限制，未能得到发展。

19世纪90年代，荷兰采用郝尼格曼钻井法成功钻造出煤矿井筒，1955～1960年在别阿特利克斯矿凿成西方国家所钻的井筒中直径最大的井筒。

1910年，美国从西欧引进钻井技术，至1950年，钻井凿井法施工已广泛在美国竖井工程（多数为核试验井）中使用。美国针对此法专门设立了技术试验站，进行大直径钻井法技术的试验研究。

1936年，苏联建井工程引入钻井法。1950年研制出Y3TM-6.2型竖井钻机，苏联钻井技术进入新阶段。

20世纪50年代和60年代，带有钻杆的反井钻机被美国、德国先后研制成功，其工艺借用既有地下巷道形成的生产系统，改进钻进时破碎岩石的运移，由液压压气抬升变为沿导孔重力作用下自由下落，解决了钻井法排渣速度慢，反复破碎，钻进效率低下等问题，大大提高了钻井速度，因此得到广泛的应用[41]。

1953 年，美国煤矿井筒施工中使用一种轻型钻机——"齐尼"潜入式取芯钻井机。此种钻机只能适用于含涌水量少、不破碎的岩层。"齐尼"钻机改进后称"德拉夫"钻机，同样是潜入式钻机，钻进操作移至地面，且采用全断面破岩的方式。

1958 年，联邦德国为适应快速钻凿小直径井的需要，制造了一批如 SC-500 型、WB160/40 型、GSB450 和 L 系列型的新式移动轻型钻井机；制造了一种表土三翼钻头，据称解决了泥包问题。

1958 年，煤炭科学研究总院建井研究所开始收集国内外钻井法凿井、石油钻井的技术资料，进行深度分析、整理和研究，提出了我国自主的钻井法凿井实施工艺路线，并开展了小型钻井试验[42]。

20 世纪 60 年代，大直径钻井也有较大的发展。1964 年，苏联在原有 Y3TM-6.2 型竖井钻机基础上进行改进，设计制造出了 Y3TM-8.75 型钻机。除此之外，还先后制造出 YKE 型取芯钻机，PT6 型涡轮钻机、TM 型和 K6Y 型等潜入式钻机。

相关人员首先从石油钻机转盘、绞车、天车、游车、水龙头、大沟六大部件开始研究，结合钻井法凿井的特点，经过研究和改进后设计制造了大直径钻头、钻台、井架等配套设备，并于 1968 年底组装成 ZZS-1 型中间试验钻机[40,43]。

1969 年，淮北朔里南风井采用 ZZS-1 型实验钻机完成了我国第一口钻井工程，钻井法这一特殊凿井法开始广泛应用，自此我国凿井技术方面的不足得到补充。1979～2000 年，随着对钻井技术的认识，专用竖井钻机开始设计制造，先有 MZ-I 型、MZ-Ⅱ型和 YZ-1 型等钻机完成设计加工投入适用，随后又设计制造了 ND-1 型、SZ-9/700 型、BZ-1 型、红阳-I 型、红阳-Ⅱ型、QZ-3.5 型等较大型竖井钻机，以满足大直径、深井钻井的需求。1984 年用 AS-9/500 型钻井机在潘集三矿钻成的大型竖井—西风井标志着我国在钻井施工技术方面正迈入成熟。从而逐步形成了主要是钻凿冲积层的钻井法凿井工艺系统。

1980 年，美国修斯公司成功研制出满足大型矿井工程建设的需要的 CSD-820 型和 CSD-300 型强力钻井机[44]。

21 世纪以来，通过"十五"科技攻关计划"600m 深厚冲积层钻井法凿井技术研究"的顺利实施，以龙固煤矿双主井井筒钻进成功为里程碑，从改进 L-40/800 型以及 AS-9/500 型竖井钻机，到 AD130/1000 型、AD120/900 型液压竖井系列钻机成功研制，龙固深厚冲积层钻井工艺的标准化和"十一五"科技攻关计划"一扩成孔""一钻成井"等快速钻井新工艺的成功应用，标志着我国钻井法凿井技术日臻成熟，达到国际领先水平[38,41,45,46]。

我国现有的竖井钻机装备仍然存在很多不足，比如设备综合掘进能力小、排渣效率低、成井速度慢、成井直径小、钻井效率低等，这使钻井法无法应用于大深度大直径的竖井工程。此外在硬岩地层中，钻井法钻井效率低成井速度慢的弊端凸显，在多数深大竖井井筒开凿工程中钻井法不能独立使用，只能用在竖井的上部，而下部仍需使用传统的普通凿井法。所以急需研制新的竖井掘进机钻井工艺来弥补这些缺陷[38]。

第五节　反井钻井法凿井

反井钻机钻井法凿井是近些年发展起来的，用于施工存在下部巷道的井筒凿井工艺。随着大型反井钻机、钻杆、扩孔钻头和破岩滚刀的发展，反井钻机能够一次扩孔形成直径 5.0m 以上的井筒。反井钻机施工井筒包括导孔钻进和扩孔钻进两个步骤，流程简单易控，钻井完成后对井帮进行必要的支护处理便可形成井筒。反井钻井法凿井主要应用在煤矿采区风井、隧道通风竖井和电站压力管道等工程。

一、基本原理

反井钻井法采用反向钻进自上而下破岩方式，钻头破碎掌子面岩石形成的岩渣依靠自重自由下落，不存在矸石重复破碎问题，破岩效率高，钻进速度快[47]。反井钻井的关键装备为大型反井钻机，包括地面装备和井下钻具两部分。地面装备包括反井钻机主机、操作台、泵站电控系统等装置，以及为钻井配套的洗井液循环泵、冷却泵、供电和供水系统等。井下钻具包括导孔钻头、扩孔钻头、普通钻杆、开孔钻杆和稳定钻杆等。反井钻机需要双向钻进：首先自上而下钻进导孔，将钻杆延伸到钻孔底部，与下部既有巷道或隧道贯通，再在下部连接大直径扩孔钻头，实现由下往上扩孔钻进，扩孔完成经过支护后形成井筒[3,38]。反井钻井成井后，可采用锚喷或混凝土浇筑法对井帮进行支护。

反井钻井法的主要缺点是：反井钻孔从扩孔开始到拆除反井钻机，会有大面积的井帮长时间暴露，经过风化和水化作用，容易发生片帮或者局部坍塌破坏，另外还要考虑地层涌水和地应力作用导致的井帮变形和坍塌。用该法钻井扩孔过程中，井帮不能支护，这也增加了反井钻井过程中的事故发生的风险。反井钻机一次扩孔形成的井筒深度不大，且依赖于坚硬稳定的岩石地层，如果遇上像煤矿经常穿越的软弱沉积岩层和富水风化带的矿山工程，则会经常发生井帮事故。这些问题都是反井钻机法在直径和深度上继续突破的难题，而且钻进和支护的平行作业也无法实现[47]。

二、研究现状

20 世纪 50 年代，反井钻井工艺从北美洲发展起来。1962 年，美国首次采用反井钻井法。60 年代中期，德国矿业部门开始应用反井钻井技术，原德国威尔特控股公司研制的 HG330 型反井钻井机在南非创造了平均月进的世界纪录。

80 年代美国 Robbins 公司研制出当时被认为世界最大的反井钻井机之一的 121R 反井钻井机。

20 世纪 80 年代，为解决煤矿井下反井工程施工的安全问题，我国通过研究国外反井钻机结构原理和工艺，开始研制反井钻机，主要需要满足煤矿井下施工的特殊地层和水文条件，具有防爆性能、体积小、质量小便于井下运输、安装使用，反井钻机主机采用框架式结构，液压油缸推进、液压马达驱动钻杆旋转，钻杆联结采用石油钻杆 API 标准丝扣，采用镶齿滚刀破岩，破碎煤系地层软岩为主，钻孔深度一般小于100m，钻孔直径1.0～1.5m，反井钻机主要用于井下煤仓、暗井、溜煤眼、通风孔等工程。代表性工程有：原开滦矿务局赵各庄矿利用LM-120型反井钻机，钻进煤仓、暗井等反井工程；原鹤岗矿务局南山矿等。

20世纪90年代，反井钻机在竖井工程领域得到广泛应用，随着反井钻机技术得到认识，钻井应用范围扩大，从煤炭井下工程，发展到水电、金属矿山等领域，钻孔深度、钻孔直径增大，反井钻井所需要破碎岩石抗压强度远远高于煤矿地层，从小于60～100MPa到250～300MPa（如泰山抽水蓄能电站花岗岩）通过研究相应的钻机技术参数和大型反井钻机结构；研究深竖井、长斜井反井钻井工艺；研究硬岩破碎理论和相适应耐磨的破岩滚刀，扩大了反井钻机应用范围[48]。研制了LM-90、LM-200型硬岩反井钻机与ZFYD1200、ZFYD1500、ZFYD2500低矮型反井钻机。代表性工程有：山东省新泰市汶南煤矿的新竖井溜矸孔；十三陵抽水蓄能电站的压力管道工程，其中ZFYD2500低矮型反井钻机为当时国内最大直径的反井钻机[28,49]。

进入21世纪，小型反井钻机得到普及应用后，开始自主研究设计适合我国不同地质条件、工程条件的大型反井钻机，在装备上大推、拉力推进、大扭矩旋转的多油缸提升、多马达驱动形成大直径反井钻机；锯齿形螺纹联结，替代美国石油协会（API）标准，形成了大直径钻杆新型联结方式，提高钻杆抗拉、抗扭能力，满足通用性和可靠性；组装式大直径扩孔钻头，满足井下运输和狭窄空间组装；大直径反井钻井工艺，随钻测量和纠偏控制技术，提高了偏斜控制精度。针对硬岩反井钻机装备综合能力低，导致钻进技术参数不合理、硬岩破岩滚刀寿命短、钻进效率低和施工的经济性差等问题突出，对于上述问题有针对性地研发了多油缸推进、新型锯齿形钻杆、多马达驱动等反井钻机钻进关键装备研发，研制了BMC300、BMC400、BMC500、BMC600型系列反井钻机，大幅度提高了反井钻机装备工作性能。在科研工作者的不懈努力下，反井钻机在钻井直径、钻井角度、钻井偏斜率等方面均有明显突破[28]。这些技术进步使反井钻机开始应用于煤矿井筒工程。代表性项目有：河南平煤集团四矿瓦斯抽放井；山西晋煤集团赵庄煤矿瓦斯管道井；山西晋煤集团王台铺煤矿风井。主要钻机类型为ZFY3.5/400型和ZFY5.0/600型反井钻机。

近年来随着大型反井钻机的研制成功，反井钻机钻凿煤矿井筒成为可能，并进行相应工艺技术研究和工业性试验应用。作为竖井机械化施工的一种新工艺，反井钻机充分借助设备功能和自然条件，避免矸石重复破碎，与钻井法凿井和普通凿井相比，安全性高，钻进时没有井下施工人员[50]、设备少、占地少、工作人员少，钻进成井速度快，功效高，施工位置不存在废弃物排放等优点。但反井钻机只能作为综合机械化凿井的一种方式，不能够解决所有井筒钻凿问题，适用范围也受到工艺限制，只能用于其下部巷道已经形成生产系统的井筒，一般要求井筒所穿过的地层较为稳定，目前主要用于采区风井建设。反井钻井法还需要研究和解决很多技术、工艺问题。

目前，反井钻机在钻井理论、技术、装备、工艺等方面均已取得显著的成就，关于反井钻机在地下软弱层、含瓦斯、坚硬岩石等复杂地层下施工地所遇的关键技术难题已经得到了解决，创造出了上导下扩式、上导上扩式、下导上扩式、直接上钻式四种主要的反井钻机钻井工艺。反井钻机钻井在矿山溜矸孔、人工冻结地层中钻井、地面预注浆改性地层中钻井、竖井延伸、富水冲击地层钻井、瓦斯管道井、公路/铁路通风井、地下储油储气等地下工程的竖井工程中应用广泛，极大地推动了地下工程建设的技术进步[27]。

第六节　竖井掘进机施工

一、基本原理

井下施工环境恶劣，存在安全隐患多、施工工期长、劳动投入大、作业环境差、施工效率低、对资源消耗和环境影响大等问题。地下工程地质条件复杂，断层、涌水、塌方等地质缺陷时有发生，井口上方的提升系统安全可靠性与否等因素给生产施工人员的生命安全带来威胁。随着科技的不断发展，社会对高效、安全、新型竖井建造技术的渴求日益增强，为了实现井筒施工掘进、排渣、支护同时作业，必须大力发展机械化凿井技术。

当前，随着经济和科学技术的发展，竖井掘进的方法主要分为两种类型，一种是普通竖井凿井法，另一种是特殊竖井掘进施工法。采用哪种施工方法取决于矿山开采的设备、矿井位置、矿藏条件等多种因素。普通竖井凿井法是指：用人工或机械钻孔爆破的方法进行竖井掘进。掘进工序依次为锁口施工、表土层施工、基岩段施工。这种方法是当前较多用的方法，适用于一般性竖井，并且取得了良好的应用效果。特殊竖井掘进法是指：竖井所处地层特殊，需要采用特殊的破岩和支护方法进行掘进。采取的主要方法有沉井法、板桩法、预注浆法、冻结法、钻井法、混凝土帷幕法等。当普通掘进法不能达到施工要求，或有其他因素影响，无法正常掘进时需要考虑使用特殊竖井掘进法。在实际竖井掘进施工中，往往要综合考虑地层条件、人员、安全性、经济性等因素，对多种方法组合使用[51]。

普通竖井掘进法主要的施工过程分为以下四个阶段：

（1）锁口施工。包括井颈上部临时井壁和锁口框。锁口框可采用木材、钢材、钢木组合结构等多种形式；临时井壁段高度 $1\sim2m$，多采用砖、料石、混凝土块等直接砌筑。如果表土层较稳定，施工期间对锁口影响小，可一次施工永久锁口。

（2）表土层施工。常用的方法包括井圈背板、板桩、吊挂井壁、锚喷临时支护等多种施工方法。根据井筒工作面涌水量的大小，可以选择采用工作面水窝连续集水-间歇排水方法，小竖井超前降低水位方法和井外疏干孔主动降低水位方法，进行涌水提前处理。表土层施工用于提升有标准凿井井架提升系统和简易提升两种。

（3）基岩段施工。当遇到岩层并需要开凿时，选择稳定性较强的岩层，在固定孔洞安放炸药进行基岩爆破施工。同时施工时还需要保证基岩段井筒内涌水小于 $30m^3/h$。在基岩施工时，需要基于围岩稳定性和施工能力将井筒人为划分几个施工段，并保证其整体施工顺序自上而下地顺序施工。井筒施工段的长度划分主要应根据井筒围岩稳定性、涌水量和施工设备能力来决定。通常井筒基岩段长度在6～30m之间。

（4）支护施工和涌水应急处理。根据地质条件及水文条件，需要对井壁进行支护以保证井筒施工质量，如遇到地下含水层，还需对井筒内的涌水情况做出有效应急处理。在竖井掘进施工中，支护和涌水处理通常结合在一起进行，互为补充。对井筒支护多采用现浇混凝土支护，在加固井筒的同时也能有效防止井筒外地下水入渗。在处理涌水时，主要是利用大功率水泵或者吊桶的方式将井筒内的地下水快速外排，确保人员和装备安全，前者排水更加有效。

特殊竖井掘进法依据施工过程分为以下四类：

（1）板桩施工：在距流砂或淤泥层1m距离时停止挖掘，利用开挖时在井壁上预先埋设的生根钩子（12～18个）架设导向圈，也可借用井筒临时支护架设，选择木板桩（或钢板桩）依次打入，在下掘之前先在上部（一般0.5～1.0m）对不稳定冲积层施加加强支护，下掘架圈打桩板交替进行，直到顺利完成对冲积层下掘。如果井帮压力过大，须按照实际情况，架设中间导向圈和副导向圈对井帮预加固。此方法适用于表土层中流砂、淤泥段的掘进施工。

（2）沉井施工法：多用预制的钢筋混凝土沉井井筒，井筒下端有刃脚，借助井筒重力下沉，边挖边沉，预制井壁可接长，最终沉到预定位置，称为不淹水自重沉井法。该方法沉井不大于30m，可用于流砂层小于1m、涌水量小于30m³/h的不稳定表土层。因为沉井法阻力较大，时常会因为地层土质不均而发生井壁偏斜和开裂，故可在壁后采用泥浆淹水或压气淹水沉井，称"淹水沉井"法施工。

（3）冻结法施工：由于地层软弱和富含地下水的原因，普通竖井掘进法有时会难以进行，此时可以选用人工制冷暂时冻结开挖周围土层，特别是井筒荒径周围与含水层位置，这样可以降低地下水对施工的不利影响，并提高竖井掘进工程的速度与工程质量。冻结法施工主要采用温度为−25℃的低温盐水冻结掘进地层。

（4）预注浆法施工：预注浆法的施工原理是预先向地层裂缝和孔洞处采用压力注浆的方式灌入黏性胶体（多为结石性凝胶和凝固性胶体），该胶体在流动中遇冷凝固进而封堵地下涌水，保证竖井掘进施工中涌水不会对施工产生影响。根据当前矿山施工的经验，地下涌水是影响顺利施工的重要威胁之一，只有有效控制了地下涌水，竖井掘进施工才能顺利进行[51]。

不论是普通法掘进还是特殊法掘进，在施工过程中，都会自然而然地使用掘进机，而且掘进机在施工过程中工作机构中的切割头会随着行走机构的向前推进不断碎岩并运离掌子面。油缸推进产生轴向压力，使电动机驱动滚刀盘旋转破岩，利用周围勺斗转移碎岩至运输带。若遇硬岩井壁则无需支护，否则可喷射、浇灌混凝土或装配预制块。掘进机的刀盘工作机构是在隧洞全断面上切割岩层的滚刀盘，分平面滚刀盘和球面滚刀盘两种[52-54]。盘上装有数十把滚刀，布置形式有同心转轴式、行星转轴式等多种。刀盘工作机构用挡板与其他部分隔开。挡板前设有喷雾装置、吸尘设备，用以除尘。挡板后方有驾驶室，内有隔声设备，以及液压操纵阀和激光导向设备，便于按隧道的设计轴线控制掘进机走向。掘进隧洞时，电动机驱动各个传动机构，使工作机构的滚刀盘旋转，并由液压油缸将滚刀压向工作面岩壁。在轴向推进力作用下，所有滚刀的刀锋抵紧岩壁并不断滚动，此时岩石被刀锋的挤压力破碎，整个工作面岩壁被刻画出同心圈（或是内摆线）的沟槽和岩圈；同时，滚刀两侧的楔面挤紧沟槽所产生的侧向力将岩圈剪切碎裂。落下的石渣，由几个连续旋转的装渣铲斗轮流铲起，在转到最高位置时，卸入带式转载机的受料槽，再转载到轨道矿车，运出洞外。

二、研究现状

隧道施工中掘进机作业作为一种工法，已得到大力发展。隧道掘进机在各种地质条件的应用，并对多种技术难题逐步解决，证明了掘进技术的进步和装备水平的上升。竖井掘进机是利用隧道掘进机滚刀破岩技术替代钻眼爆破，在掘进的同时兼顾时间和空间、出渣与支护，是集光、液、电、机、传感、信息技术于一体的多学科交叉的高端技术装备[50]。

竖井掘进机在国际范围内的研究仍处于研究阶段。在 20 世纪 70~80 年代，许多设备制造商进行过相关的研究，1978 年 5 月美国 Robbins 公司基于平巷掘进机的原理，设计试制一台 241SB-184 型竖井钻机，采用刮板输送机、多斗式提升机进行渣土输送[55]；1971 年原西德维尔特控股公司开始研制潜入式竖井钻机，采用锥形刀盘破岩，先导孔排渣[56]；1971 年美国休斯公司首先研制 CSD-820[57] 竖井钻机，采用地面动力头驱动，压气提升，清水循环方式进行出渣，泥浆护壁，在同一时期联邦德国、苏联、日本及我国，都进行了该类钻机的研制，并取得成功；目前全球最大的隧道掘进机制造商海瑞克正在进行竖井方面的设备研究，提出了多种设备方案，并于 2015 年完成首台截削式竖井掘进机（SBR）的生产，并应用于加拿大一座钾盐矿的竖井施工，设备采用截割头开挖，吸尘器原理出渣，井壁采用冻结处理，保证施工安全，主要用于软土、软岩地层施工[58]；另外还研制了液压伞钻、反井钻机等多种竖井施工设备。原德国维尔特控股公司在竖井掘进机方面的研究开展较多，形成了 SBⅥ、SBⅦ、VSBⅥ、VSBⅦ、VSBⅪ四种型号，其中 SB 系列竖井掘进机为竖井扩挖设备，VSB 系列竖井掘进机为盲井施工设备，该系列设计仅完成 VSBⅥ样机制造，完成一座 170m 深，直径 5.8m 的盲井施工，VSBⅪ设备仅为方案设计并未实施[59]。

目前，我国竖井掘进机研发还处于起步发展阶段，还未有竖井掘进机成功施工的案例。国内关于竖井施工设备的研究也都在 20 世纪 80~90 年代开展，主要集中在普通凿井法、钻井法及井筒冻结技术的研究。普通凿井法为传统的竖井施工方法，目前已经十分成熟，配套设备也已经定型，并成功应用于全国乃至全球的竖井施工中。主要施工设备为伞钻、抓岩机、吊盘、井架、稳车、提升机等，该工法配套设备集成度较低，对人员的依赖性大，人员工作环境差，并且从当前的技术手段来看施工效率很难再提高，使此工法无法再进一步发展。从 1963 年开始进行钻井法研究，1968 年成功制造第一台 ZZS-1 型竖井钻机，1969 年由中煤特凿同北京建井所合作完成工业试验[43]；我国在煤炭部、山东省经济贸易委员会的支持下，联合 30 多家单位，于 1977 年底完成 QZ3.5 潜入式竖井钻机实验机的制造，采用正、反向旋转刀盘，反循环出渣，电机、减速机下井，泥浆护壁的形式，于 1979 年 5 月开始实验，1982 年 6 月 5 日完成直径 5m、深 110m 的竖井施工[60]；到 1972 年上海重型机器厂为上海大屯矿区研制一台 ND-1 型钻机，70 年代中后期洛阳矿山机械厂同中煤特凿公司合作研制一台 SZ-9/700 型钻机、两台 AS-9/500 型钻机，中煤特凿公司还引进联邦德国产 L400/800 型钻机，以上 6 台钻机为我国的钻井法施工做出了很大贡献[43]。后期洛阳矿山机械厂又先后设计 AD120/900、AD130/1000 两台竖井钻进，其中后者成为世界最大的竖井钻机。2010 年后随着国家对机械化施工的不断重视，目前国内一些装备制造商、施工单位、科研院校陆续开始竖井装备及工法的研究。

随着社会的不断发展，大型工程施工正在向着机械化、自动化、集成化、工厂化的方向发展，竖井施工设备同样经历了多年的发展，产生了多种形式的施工设备，但距离施工设备的发展要求，还相差一定的距离，但随着竖井工程建设的发展需要及智能建矿的趋势，竖井掘进机的研制是发展的必然趋势。

第七节 小 结

本章首先从竖井的作用、竖井施工基础理论以及竖井钻井施工工艺等方面对竖井的基本情况进行了简要的描述，然后再针对竖井凿井的不同施工方法（即普通法钻井、钻井法凿井、反井钻井法凿井、竖井掘进机施工）等施工工艺，针对其不同的施工基本原理及研究性状，详细地介绍了当前竖井施工在水利建设、地下空间以及深部矿山等方面的发展情况还有土木工程中的应用展开了叙述，为后文 SBM 竖井掘进机的发展提供了一定的理论基础。

第二章

竖井掘进机结构功能及关键技术

第一节　概　述

竖井是地下工程中的常见工程，在矿山、市政、水利水电、地铁、公路及铁路隧道等工程建设中均发挥着重要的作用[61]。近年来，竖井施工工法不断完善及相应的施工设备性能的不断提升，随着城市空间的不断开发，城市地下工程建设如地下停车场、地下储油库、地下桩基等竖井工程需求日益旺盛。

按照破岩方式的不同，竖井井筒普通施工基本方法可以分为钻爆法和机械法。钻爆法施工时，由于井下作业空间狭窄，作业环境里的粉尘、噪声对施工有不利影响，安全性也较差。机械法掘进以机械破岩取代爆破破岩，将人员从恶劣的施工环境中解脱出来，形成新的机械破岩凿井装备及工艺，如以机械破岩为核心的竖井钻机、反井钻机及竖井掘进机等装备及工法。相比钻爆法，采用掘进机施工机械化程度较高，工人劳动强度大大降低，能达到少人甚至无人作业，安全性和作业环境有了较大的改善。中铁工程装备成功研制出具有自主知识产权的竖井掘进机（shaft boring machine，简称SBM），该设备融合了传统竖井施工技术和全断面隧道掘进机施工理念，具有无需爆破、围岩扰动小、井壁质量高、施工风险小、施工速度快、安全高效等优点，处于世界领先水平，是矿山竖井掘进技术的发展方向[61]。本章主要介绍竖井掘进机研发过程，系统组成，主要结构及功能，在此基础上介绍竖井掘进机（SBM）竖井掘进的特点及优势。

第二节　竖井掘进机工法原理

竖井掘进机以传统竖井施工技术为立足点，在此基础上融合了隧道掘进机和物料垂直提升等关键技术[62]。由于其施工技术、施工环境等的特殊性，垂直施工其设备的受力、支撑、推进、支护等同水平施工工具有本质的不同，因此要求设计要充分考虑竖井掘进机的施工工况，进行针对性设计，以满足竖井施工的要求。

竖井掘进机井下主机采用刀盘破岩，驱动设备结合刀盘直径、地层情况，进行参数设计。掘进机刀盘主要通过稳定器进行控制，在降低掘进过程中刀盘振动的同时，控制设备掘进方向。采用撑靴推进系统，撑紧井壁，产生摩擦力，提供推进反力。推进缸提供主机破岩的推力，径向缸则进行设备调向，控制设计掘进方向。掘进行程结束后，撑靴换步进行下一循环掘进作业。导向系统采用传统竖井测井技术结合电子传感技术设计而成。在井筒中心设计一套垂线装置，用于提供井筒中心同设备的标定基准，在设备中心设置传感器，通过检测设备同垂线的相对位置，计算设备掘进方向及姿态，达到设备导向的目的。出渣系统主要用于竖井渣土清理、转运和出井，该系统共包括刀盘清渣装置、垂直提升装置和吊桶提升系统三大部分，接力共同完成渣土的出井工作。

竖井掘进机采用隧道掘进机全断面掘进，掘进同时采用刮板链清渣、斗提机提渣、渣仓储渣、吊桶出渣的三级连续出渣方式，实现开挖、出渣平行作业，提高竖井施工效率。主机上方现浇混凝土进行及时支护，遇到软弱、破碎的地层，可打锚杆、初喷混凝土进行支护，遇到涌水地层可用水泵进行排水。

第三节　系统组成及性能指标

一、系统组成

竖井掘进机的工作流程分为刀盘开挖工作面，刀盘开挖的石渣通过刮板机清理，石渣在借助斗式提升机提升至储渣仓，将储存在储渣仓的石渣装入吊桶，最终通过提升机将石渣提升到井架上。在垂直向下掘进的过程中，对掘进设备的支撑能力和受力特点，以及相应的支护水平等有了更高的要求，因此竖井掘进机在设计的过程中充分考虑施工的特点。

图 2-1 为竖井掘进机整机示意图，竖井掘进机地下主机主要组成部分有刀盘、主驱动、稳定器、设备立柱、撑靴推进系统、出渣系统、砌壁支护系统、多层吊盘。采用开挖、排渣、井壁衬砌同步设计，多层平台主要用于放置电器、流体设备，同工作装置分离设计，解决稳车、衬砌、掘进之间同步问题。地面配套装备由凿井井架、稳车、提升机等组成，实现吊盘的下放和物料运输。

（一）刀盘

竖井掘进机凿井采用盘形滚刀进行破岩，滚刀按照一定的规律布置在掘进机刀盘上，在刀盘滚刀的挤压，剪切和刮削作用下，岩体发生破碎。针对不同的岩体，通常采用不同齿形结构的滚刀。钻进破岩时，对滚刀沿钻进方向施加一定压力。在压力作用下，滚刀刀齿侵入岩石体内，岩石出现破裂、崩落、瓦解。随着钻头转动，在岩石和钻头的联合影响下，滚刀刀齿在旋转过程中对岩石体产生压紧和铲刮作用，使得岩石表面形成一系列深度不同但大小相似的齿痕，这些齿痕会造成岩石表面一定深度的裂隙沟通[27]。

竖井刀盘不同于盾构隧道掘进机刀盘，其要求更高的地层适应性，既满足开挖刀具的安装、更换、互换的要求，也满足刀盘的清渣、集渣、减少刀盘、刀具磨损的要求，同时刀盘还进行了特殊的结构设计保护清渣装置，防止中心渣土堆积，造成中心泥饼的问题，同时刀盘采用模块化分块设计，更换边块便能满足不同直径竖井的开挖。

（二）主机系统

主机系统是竖井掘进机的核心，由稳定器、推进系统和主驱动装置三部分组成，可稳固支撑竖井掘进机，并且为破岩提供动力，实现刀盘的掘进和转动[63]。

1. 稳定器

竖井掘进机刀盘与撑靴距离较大，仅靠撑靴提供整机所需的反转矩不利于整机结构的稳定，且滚刀破岩产生的振动会降低设备的可靠性。因此，需要在刀盘上方设计稳定

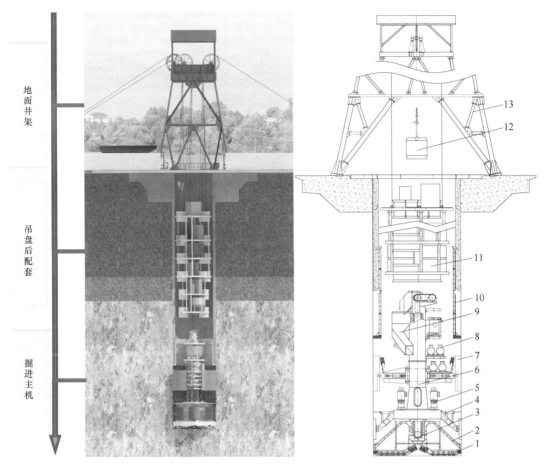

图 2-1　竖井掘进机整机示意图

1—刀盘；2—刮板输送机；3—斗式提升机；4—稳定器；5—主驱动；6—设备立柱；7—撑靴推进系统；
8—液压泵站；9—储渣仓；10—浇筑模板；11—吊盘后配套；12—吊桶；13—井架

器，在施工过程中不仅能稳定刀盘、降低设备振动，还可以提供设备需要的反转矩，同时可在破碎地层起到临时支护的作用。稳定器结构如图 2-2 所示。

稳定器主要包括支撑油缸、支撑靴板（撑靴）、扶正杆和框架结构等部分。在进行掘进作业时，调节支撑油缸的支撑力通过撑靴将掘进机进行固定，从而实现平衡刀盘所需的作用力和回转扭矩，并控制主机的位置和方向，从而实现钻井的连续和精确[63]。

2. 推进系统

推进系统由推进油缸和辅助设施组成。推进油缸安装在支撑系统的上部，提前设置好适宜的工作压力并通过球铰与驱动装置相连，为刀盘提供推进力，实现刀盘钻进[63]。

鉴于竖井井筒内部空间狭小，施工难度大，推进系统采用创新性环形设计，由撑靴、推进系统、撑紧缸和支撑系统组成，如图 2-3 所示。撑靴和推进主体结构分散设计在井壁四周，并将该结构设计在掘进机的顶部，为吊桶、管线及其他系统提供有效的使用空间。推进油缸为斜向布置，在推进过程中油缸的角度也会随之变化，可用数值仿真

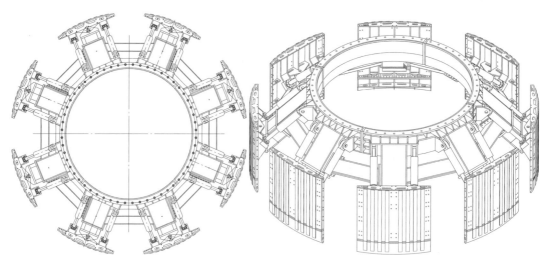

图 2-2　稳定器结构示意图

软件实时模拟推进油缸运动轨迹，通过几何关系计算得到掘进机的实际进尺。

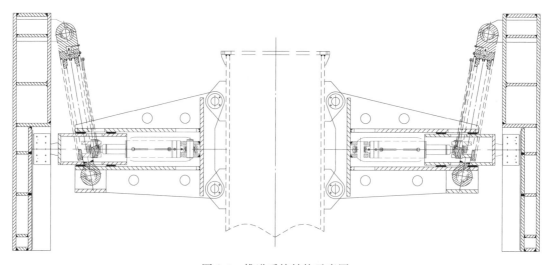

图 2-3　推进系统结构示意图

3. 主驱动装置

主驱动装置包括动力部分、传动部分和箱体总成部分。其中箱体总成是动力和传动的载体。电动机通过减速器带动主轴转动，达到刀盘旋转破岩的功能。

（三）液压系统[38,63]

液压系统包括液压泵站、支撑油缸和推进油缸等部分。

液压泵站的主要功能是为支撑油缸和推进油缸提供动力，并进一步调节油缸的推进力和速度。支撑油缸由泵站控制，独立控制各个油缸的伸缩动作。在破岩过程中，油缸的油压值可以手动进行调节或自动调整，方便掘进时的操控和分析。液压系统中压力继电器输出信号精度≤±0.5%FS，精度较高，可以直接显示当前压力值、最大值和预设开关点值，通过预设开关参数输出开关量。当井帮产生地应力时，保证开启支撑油缸双向锁，以免毁坏支撑装置。

支撑油缸由泵站控制，实现三个方面的目的：其一，完成上下各层四个油缸同时快速伸出和缩回动作；其二，完成各层相背两个油缸同步对应伸缩动作，完成该方向位移量相同的平动（成组运行）；其三，完成各个油缸独立控制伸缩（单缸运行）动作。

推进油缸采用并联结构和机械强制同步运转，油缸的运行距离通过行程传感器进行测定，上下两腔压力通过压力传感器进行测定。破岩时的油压值可手动或自动控制，可根据计算得到实际钻压值，方便掘进时的操控和分析。各个支撑油缸和推进油缸均通过一组电液比例换向阀调整伸缩量。无杆腔可实时测定并显示油压，且把支撑力信号传递到控制单元，达成闭环控制与及时的压力补偿。由信号大小确定阀门开口大小，进而控制液压油缸速度快慢，既可以用较快的速度伸缩以提升工作效率，又可以用较慢的速度伸缩以提升工作精度，从而满足掘进和纠偏时的各种需求。

（四）电气控制系统[64]

竖井掘进机电气控制系统是掘进机的核心之一。整个系统由液压控制模块、刀盘控制模块、系统人机交互模块、远程控制模块和导向模块共五个模块组成。各模块之间采用总线相连，能得到实时的传感器数据，也能够传递各种控制命令[64]。主要实现竖井掘进机施工过程中液压推进与支撑，进行刀盘速度的调节，进行掘进机人机交互和远程监控，完成掘进机姿态控制等功能。竖井掘进机的电器系统如图 2-4 所示。

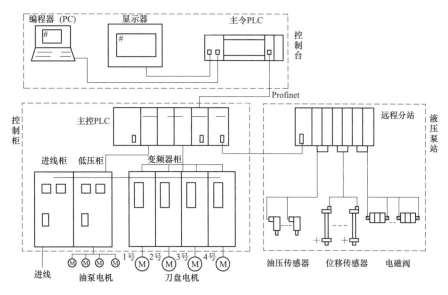

图 2-4　竖井掘进机电气系统图

在竖井掘进机正常施工或者移机时，液压系统能够调整掘进机的姿态并提供支撑防护。在液压系统关键油路上设置压力传感器，在支撑油缸和推进油缸上设置行程传感器，对工作状态进行监测并实时反馈，确保液压系统的平稳、安全地运转。同时，在液压站安装必要的传感器，包括液位传感器、温度传感器、过滤与冷却系统传感器等，远程监控液压系统的工作状态。

破岩刀盘由驱动电机的减速机构联合驱动，通过设置在地面的远程控制操作站对掘进机的远程控制和对工作状态的实时监控。掘进机作业过程中刀盘的转速是由刀盘电机控制的，而且可根据刀盘电机的实时反馈数据，判断破岩刀盘的工况，从而在刀盘出现堵转的情况下及时做出响应，以确保掘进时人员和设备的安全。

电气控制系统离不开液压技术、大功率变频技术和传感器技术的支撑，需要对掘进机工况信息进行大量的监控分析并加以实时显示。因此，工况信息的实时性和准确性是保证掘进机安全工作的基础，需要掘进机电气控制系统具有良好的人机交互模块。

掘进机智能化的特征之一是掘进机远程监控。掘进机远程监控可实现掘进机作业面的无人化，尤其是在环境比较恶劣的矿井工作区，通过使用总线技术，远程控制平台可以设置在远端地面操作区。远程系统可在很大程度上确保操作人员的人身安全，使掘进机高效作业。

掘进机在掘进时不可避免会产生自身姿态偏移，此时需要通过设置在掘进机上的姿态传感器数据计算掘进机的实时姿态，并实时显示在液晶显示器上，辅助掘进机操作员调整掘进机的姿态。在自动掘进模式下，可以通过液压系统调整支撑靴板的伸缩量，在一定程度上自动进行掘进机姿态校正。

（五）导向和纠偏系统

导向纠偏系统由测斜系统和纠偏系统组成，其工作原理如图 2-5 所示。测斜系统由位移测量系统（激光发射器与 PSD 光电位移传感器平板）与姿态测量系统（两个高精度角度传感器）组成。竖井掘进机轴线和井筒设计轴线的偏斜量可以通过光电传感器平板得到，姿态的竖直量可以经由角度传感器测量得到。若通过位移测量发现掘进机轴线偏离井筒设计轴线一定量后，开启导向纠偏系统，经过调节各支撑油缸的伸缩量，使掘进机的刀盘朝向设计轴线，通过几个步距的纠偏，掘进机轴线与井筒设计轴线夹角逐渐减小直到再次重合[63]。

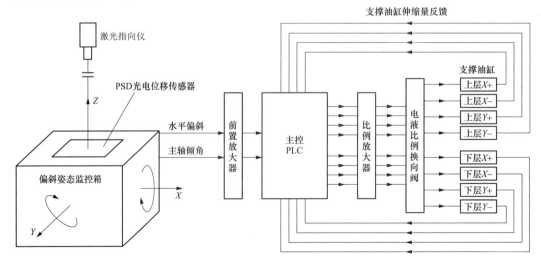

图 2-5　导向系统原理图

二、性能指标

竖井掘进机采用分体式设计，由掘进主机和后配套吊盘系统组成，全长 33m。整机分体式设计，降低了设备运输、始发、拆机难度，设备施工更加灵活。设备主机重量约450t，主要由刀盘、主驱动、稳定器、设备立柱、撑靴推进系统、出渣系统等主体部件构成。后配套吊盘系统共分为 4 层，主要用于放置电器、液压、流体等设备。同时，需要配置一套井架、绞车、稳车等地面悬吊系统。

竖井掘进机是一台集机、电、液于一体的大型综合设备，其自身集成了竖井施工的所有功能，可同时实现竖井的开挖、出渣、井壁支护以及施工过程中排水、通风、通信等功能。竖井掘进机采用刀盘进行全断面开挖，刀具可根据不同的地层进行更换；主驱动设计能力充足，考虑不同直径的需要，可通过改造撑靴、稳定器、刀盘等部件，实现不同直径竖井的开挖；出渣装置同样可以更换不同的刮渣板、刮斗，适应不同渣土的清运需求；井壁支护系统采用独立设计，可满足现浇、喷锚等所有形式的井壁施工要求，其相关技术参数如表 2-1 所示。

表 2-1　　　　　　　　　　竖井掘进机设备主要技术参数表

项目	参　　数	单位
设备名称	竖井掘进机	
适用地层	适用于地层稳定、含水较少、软土、硬岩地层	
型号	SBM-8/1000	
开挖直径	7830	m
刀盘转速	0～4.3-7	r/min
加压力	0～1350	t
扭矩	0-3300-5000	kN·m
掘进速度	0～1.2	m/h
旋转方向	顺时针	
刮渣机		
数量	2	部
清渣能力	50×2	m³/h
斗式提升机		
数量	1	部
出渣能力	120	m³/h
排水能力		
柱塞泵	1	台
排量	25	m³/h
扬程	300	m
导向系统		
垂直导向系统	1	套

第四节　竖井掘进机刀盘结构

竖井掘进机在硬岩地层采用隧道掘进机滚刀破岩技术设计。与隧道掘进机刀盘相比，竖井掘进机刀盘对地层适应性的要求更高。除了满足正常的刀盘安装更换以外，还需要考虑到清渣、集渣方面的要求，从刀盘本体，刀具出渣口等关键部件进行了结构设计。

一、破岩机理

当掘进机进行掘进施工时，刀盘上的滚刀在掘进机推力作用下与岩体接触，于是在岩石表面产生局部变形及很大的接触应力。在刀盘推力及扭矩的联合作用下，滚刀在掌子面上切出一系列的同心圆沟，刀刃侵入岩石并且刀刃的两侧劈入岩体，在岩石薄弱处继而出现很多微裂纹。随着滚刀切入深度增加，微裂纹慢慢扩展为显裂纹。当显裂纹与邻近刀具作用生成的显裂纹交汇，或显裂纹发展到岩石表面时，就生成了岩石断裂体，随着刀盘的不断旋转，形成岩渣[65,66]。

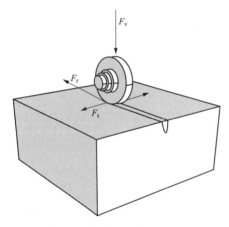

图 2-6　盘形滚刀在破岩过程
中滚刀刀圈的受力情况

在完整、致密和均匀的岩石中，随着掘进机的巨大推力作用，刀盘刀刃切入岩石，在岩石表面形成割痕。由于巨大的推压力作用，与刀刃顶部接触的岩石被急剧压缩，同时随着刀盘的回转，滚刀转动，岩石先被切成粉末状，而后又急剧在刀刃顶部的一定范围内形成粉核区[67,68]。图 2-6 为盘形滚刀在破岩过程中滚刀刀圈的受力情况。根据已有研究结果，盘形滚刀在切割岩石的过程中对岩体的作用力可分解为三个方向的相互作用力：

（1）法向推压力 F_v，即在破岩过程中，对岩石的挤压作用而使岩石的纵向裂纹扩展延伸的推压垂直作用力[69,70]。

（2）切向滚动切割力 F_r，即对岩石的碾压和切削作用而使其在路径上破裂失效的切向滚动作用力。

（3）滚刀侧向力 F_s，即由于刀盘的回转作用使岩体的横向裂纹扩展延伸并与相邻盘形的滚刀共同作用使岩体掉落的侧向作用力。相比之下，侧向作用力是由于滚刀对岩石的挤压力和刀盘旋转产生的离心力共同形成，其方向指向刀盘中心，数值较小，与法向推力和切向滚动切割力不在同一数量级上，通常情况下不考虑[71,72]。

要估算单把盘形滚刀破岩时方向的分力，针对这一问题，科罗拉多矿业学院提出了单把盘形滚刀破岩受力 CSM 预测模型。使用该预测模型，可以估算单把盘形滚刀破岩中所受的合力，并且可以分解细化得到各分力模型[70]，盘形滚刀破岩压力分布见图2-7。

应用该模型，单把盘形滚刀破岩时所受到的法向推力及滚动切割力可以表达如下：

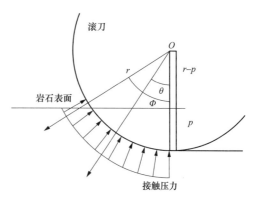

$$F_r = F_t \sin\left(\frac{\Phi}{2}\right) = C\frac{\Phi Tr}{1+\psi}\left(\frac{S\sigma_c^2\sigma_t}{\psi\sqrt{Tr}}\right)^{\frac{1}{3}}\sin\left(\frac{\Phi}{2}\right)$$

(2-1)

$$F_v = F_t \cos\left(\frac{\Phi}{2}\right) = C\frac{\Phi Tr}{1+\psi}\left(\frac{S\sigma_c^2\sigma_t}{\psi\sqrt{Tr}}\right)^{\frac{1}{3}}\cos\left(\frac{\Phi}{2}\right)$$

(2-2)

$$\Phi = \arccos\left(\frac{r-p}{r}\right)$$

(2-3)

图 2-7　盘形滚刀破岩压力分布

式中　　Φ——单把盘形滚刀切削岩体时的接触角；

　　　　T——单把盘形滚刀刀刃宽度；

　　　　r——单把盘形滚刀半径；

　　　　c——岩体单轴抗压强度；

　　　　t——岩体抗剪强度；

　　　　p——单把盘形滚刀贯入度；

　　　　ψ——单把盘形滚刀刀刃压力分布系数（盘形滚刀若为 V 型盘形滚刀，$\psi=0.2$；单把盘形滚刀刀刃宽度较大时，$\psi=-0.2$；一般 $\psi=0.1$）；

　　　　C——无量纲系数，$C\approx2.12$。

二、刀盘选型设计

借鉴隧道掘进机、反循环钻机等装备刀盘设计理论，研究竖井刀盘功能要求，确定刀盘设计要求，满足竖井岩体高效掘进要求。针对不同的地层研究合理刀具配置、刀间距选择及刀高设计，通过刀具配置、刀间距破岩试验等，总结竖井刀具破岩规律，保证合理破岩消耗及理想破岩效率，同时考虑清渣、出渣功能和刀盘维护要求，实现刀盘功能设计。通过优化设计，保证满足开挖、出渣、工作面辅助钻孔空间和便于拆卸维护等功能要求。

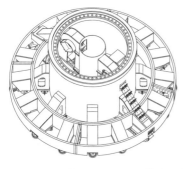

图 2-8　竖井掘进机刀盘整体结构

竖井掘进机刀盘不同于盾构、隧道掘进机刀盘。针对复杂地层、小空间组装的工况，刀盘设计除应具有强大的破岩能力、底部岩渣清理能力和合理的分块设计外，还要满足开挖刀具的安装、更换要求。同时，需要特殊的结构设计来保护清渣装置，防止中心渣土堆积，造成中心集结泥饼问题。刀盘整体结构设计见图 2-8。

竖井掘进机的核心部件为刀盘，对刀盘进行设计时，主要考虑以下方面：掘进速度、掘进周期、施工成本的经济性、刀盘刀具的维护与更换等。由于竖井开挖是垂直的，在进行竖井刀盘结构设计时，综合性考虑刀盘出渣结构刀盘盘体结构形式、刀间距等因素。

　　本次设计的竖井掘进机刀盘直径设置为 7830mm，初步采用主梁式结构设计。由于在刀盘掘进时工作空间有限，为方便出渣系统的布置，刀盘使用筒体结构与主驱动相连接。刀盘中心部位采用锥形结构，与掌子面成一定角度，可以更容易处理刀盘中心部位岩渣。考虑到所设计刀盘直径较大，采用一体化式设计将会对刀盘生产制造以及运输产生一定影响，采用分块式设计，尽量减小刀盘最大单块结构尺寸及质量，方便在现场快速组装。"全断面隧道硬岩掘进机 TBM"常见刀盘分块形式有中心对分、偏心对分、中方五分、中六角七分式、中八角九分式等。因为竖井施工的关键技术要点在于竖井出渣，并考虑到刀盘开挖直径及掘进岩层硬度，确定刀盘结构为中八角九分式。刀盘主体结构形式如图 2-9 所示。

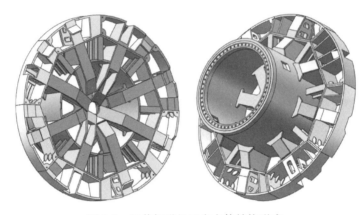

图 2-9　竖井掘进机刀盘主体结构形式

三、刀间距设置

　　滚刀布置形式有背装刀和前装刀 2 种。背装刀常见于盾构、隧道掘进机刀盘，换刀安全方便，但是受到刀盘主体结构的限制，开口率受限，在掘进过程中遇到特殊地层时，满足临时处理的操作空间。同时，背装刀的刀高有限，加大了糊刀的概率。因此，竖井掘进机滚刀采用前装刀设计，通过增加刀高，提高岩渣的流动，减小糊刀率。基于硬岩隧道掘进机刀具结构参数设计规律，结合刀盘出渣装置和地质概况，根据计算整理得该刀盘的滚刀平均刀间距。

$$S = 2h\tan\frac{\theta}{2} + \left(\frac{F_v}{d^{\frac{1}{2}}h^{\frac{3}{2}}\tan\frac{\theta}{2}} - \frac{4}{3}\sigma_c\right)\frac{h}{2\tau} \tag{2-4}$$

式中　h——滚刀切深，mm；

　　　θ——滚刀刃角，rad；

　　　F_v——滚刀所受的法向力，N；

　　　d——滚刀直径，mm；

σ_c——岩石单轴抗压强度，MPa；

τ——岩石无侧限抗剪强度，MPa。

结合实际工程应用参数，通过设计小刀间距来控制岩渣粒径，防止刮渣装置卡渣。根据刀间距选取原则和实际情况进行布刀。

$$Z = D/2S \tag{2-5}$$

式中　Z——滚刀数量，把；

D——刀盘直径，mm；

S——刀间距，mm。

刀盘掘进地层为硬岩地层，因此刀盘面板上需布置一定数量、具有一定规律的盘形滚刀。考虑到滚刀承受的极限载荷与岩层硬度存在很大关系，初步选定 17in 双刃滚刀和 17in 单刃滚刀两种类型。结合刀盘应用地质概况及硬岩掘进机刀具参数设计规律[10~11]，取正面滚刀刀间距为 80mm 左右，初步设计共 46 把滚刀。其中 28 把 17in 单刃正滚刀布置于刀盘正面板上，10 把 17in 单刃边滚刀布置于刀盘边缘处，与刀盘面板成一定角度。中心双刃滚刀 1~16 号刀间距在 85mm 左右，正面滚刀 17~44 号刀间距在 82mm 左右，边缘滚刀 45~54 号刀间距从 75mm 过渡到 25mm，滚刀具体刀具布置图如图 2-10 所示。

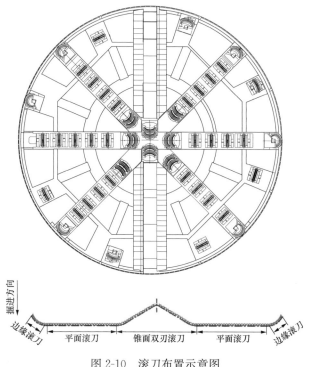

图 2-10　滚刀布置示意图

四、刀盘出渣系统设计

在设计刀盘结构时主要以传统竖井设备的出渣原理为基础以及吊桶出渣这一角度出发，主要考虑其结构如下：渣土在刮板链的清理下运到集渣筒体内，渣土在斗提机提升作用下运输到吊桶，最终吊桶装渣实现三级出渣。左右各设计的两套多余三角形刮渣链并且关于刀盘中心对称，各自独立驱动。刀盘的出渣流程如下，首先刀盘开挖出的岩渣在刮渣链的运动下带入到集渣筒体内，其次岩渣通过斗式提升机提升、最终吊桶装渣出井。达到一边实现刀盘开挖一边出渣，提高竖井施工效率。位于刀盘中心部位的岩渣依靠刮渣链系统是无法清理的，要想清理掉靠刮渣链系统无法清理的岩渣，可以将刀盘中心设计为锥形结构，如图 2-11 所示。

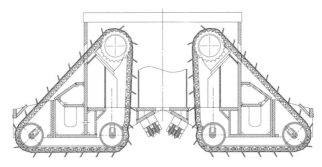

图 2-11　竖井掘进机刀盘出渣结构示意图

第五节　竖井全断面掘进机姿态控制

由于地质构造分布，设备机械结构特点，作业人为操作等原因，全断面竖井掘进机在掘进施工过程中经常偏离井筒基准轴线，轻则影响施工进度，重则造成人员伤亡[72]。针对竖井掘进机在凿岩掘进过程中存在的偏斜问题，需要及时调整竖井掘进机在行进过程中的姿态，以满足施工要求。竖井掘进机在掘进时与井筒的基准轴线产生的水平偏差、俯仰角偏差和滚动偏差，可通过调整撑靴和支撑液压缸来进行校正，从而调整掘进机的姿态，以减小与井筒基准轴线的偏差[73,74]。

竖井掘进机的稳定器为刀盘稳定装置，其作用主要有：提供设备反扭矩以稳定刀盘、减小刀盘震动、调整掘进机钻进方向。我国大部分竖井钻机的钻头导向器采用靴板式结构，而有的硬岩钻机使用辊式结构。当掘进机的钻头与井筒基准轴线发生偏斜时，接触板会接触井壁，避免钻头发生更大的偏斜，从而保持钻头和钻杆的垂直度，从而减少钻头的摆动和偏斜[75]。通过螺栓同主驱动相连，稳定器提供的支撑力，作用于井壁，增加设备工作时的稳定性，上部设计走台，形成设备底部的工作平台，提供井壁支护的操作平台，同时平台易开启，以便进入刀盘区域，进行问题处理等。

撑靴推进系统位于主机的顶部，主要作用有：

（1）撑紧井壁，产生摩擦力，提供推进反力；

（2）推进缸用于提供设备推进力，控制刀盘加压力；

（3）利用径向缸进行设备调向，控制设计掘进方向。

撑靴系统除提供设备推进力外，在设备出现故障及其他施工问题，需要设备提升时，撑靴也可提供设备提升的支点及力量，将设备提升至一定高度，以便于施工及问题处理。

由于掘进机在掘进过程中受地层软硬不均、施工误差等多种因素影响，设备会出现掘进偏转的现象，即设备中心轴线与井筒设计轴线不重合，产生夹角。当发现设备偏转时，按以下方法进行操作：确认设备中心线相对于设计轴线偏转的方向，将设备偏转方向反侧的撑靴板和稳定器护盾收回，将设备偏转方向侧的撑靴靴板和稳定器护盾继续伸出，油缸作用提供反推力，反推力将设备中心轴线调整至与井筒设计轴线重合，即可进行后续正常施工。当发现设备在圆周方向上发生滚转后，收回撑靴和稳定器，启动刀盘，由于整机摩擦阻力大于刀盘上方所有结构件转动的摩擦阻力，刀盘不动，其余结构会产生反转，缓慢转回原有位置，即完成滚转姿态纠正。

第六节　竖井掘进机的出渣关键技术

纵观国内外大直径钻井设备的发展历史，现有竖井掘进机的排渣方式各有异同；然而影响竖井掘进机高效作业的重要环节仍是排渣技术[46]。

一、出渣装置

竖井掘进机与隧道掘进机排渣有着明显的不同，需要重点解决渣土垂直提升的问题，以匹配竖井掘进的高效作业。采用刮板清理收集工作面渣石、通过斗式提升机将渣石提升到上部渣石仓，进行吊桶转载提升到地面的技术方案，需要研究适合各种地层的刮板机以及斗式提升机，确保各种渣石的刮、集、提、储、转载等环节经济、高效。

机械式全断面竖井掘进机配置三级接力上排干渣系统，如图 2-12 所示，经过刮板输送机刮渣、斗式提升机转渣、吊桶运渣，该排渣系统才能完成掘进断面岩渣的连续出井，实现掘进、排渣的平行作业，提高竖井施工速度。

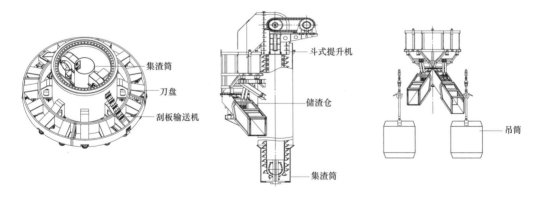

图 2-12　机械式上排干渣系统

（1）刮板输送机刮渣：刮板输送机位于刀盘内部，其刮渣范围基本覆盖整个掘进断面。每套刮板输送机都能独立运转，在工作时，刮板输送机边自转边随刀盘公转，将掘进时产生的岩渣运输至刀盘中间的集渣桶内，完成掘进断面的清理工作。

（2）斗式提升机转渣：掘进机主机内部的斗式提升机用于垂直转运岩渣，斗式提升机上部的落渣口与储渣舱相连，下部的装渣结构则安装于刀盘中间的集渣桶内，在工作时斗式提升机源源不断地将岩渣从集渣桶内垂直运输到上部的储渣舱内，实现岩渣的垂直转运。

（3）双吊桶运渣出井：双吊桶运渣出井即吊桶到达储渣舱的卸渣口时，卸渣口开启，待吊桶装满岩渣后，地面提升机将吊桶提升出井，在吊桶未到达卸渣口时，储渣舱承担临时储渣的功能，这样一来实现了开挖和出渣的连续平行作业，大大提高了掘进机的工作效率。

二、出渣能力计算[62]

竖井掘进机的排渣能力应与掘进能力相匹配，上排渣各系统的排渣能力均会影响竖井掘进机的工作效率。

（1）刮板输送机刮渣能力。竖井掘进机每小时掘进作业产生的岩渣方量的计算公式（2-6）：

$$Q_1 = \frac{\pi D^2}{4} v_1 \varphi \tag{2-6}$$

式中　Q_1——竖井掘进机每小时掘进作业产生的岩渣方量，m^3/h；

　　　D——竖井掘进直径，m；

　　　v_1——掘进机掘进速度，m/h；

　　　φ——松渣系数。

刮板输送机每小时刮渣方量的计算公式如下：

$$Q_2 = 3600 \frac{u_1 c_1}{a_1} v_2 \tag{2-7}$$

式中　Q_2——刮板输送机每小时刮渣方量，m^3/h；

　　　u_1——刮板容积，m^3；

　　　c_1——刮板填充系数；

　　　a_1——刮板间距，m；

　　　v_2——刮板输送机链速，m/s。其中，$Q_2 \geqslant Q_1$。

（2）斗式提升机转渣能力。斗式提升机垂直转运岩渣能力的计算公式如下：

$$Q_3 = 3600 \frac{U_2 c_2}{a_2} v_3 \tag{2-8}$$

式中　Q_3——斗式提升机每小时垂直转运岩渣的方量，m^3/h；

　　　U_2——渣斗容积，m^3；

　　　c_2——渣斗填充系数；

　　　a_2——渣斗间距，m；

　　　v_3——斗式提升机链速，m/s。其中，$Q_3 \geqslant Q_2$。

（3）吊桶运渣能力。全断面竖井掘进机采用双吊桶单钩提升作业，单钩提升循环一次时间计算公式如下：

$$T_1 = 54 + 8\sqrt{H - h_{ws}} + \theta \tag{2-9}$$

$$H = H_h - h_x - h_g \tag{2-10}$$

式中 T_1——吊桶单钩提升循环时间，s；

　　　H——吊桶提升高度，m；

　　　h_{ws}——从储渣舱泄渣口到吊盘最上层的距离，m；

　　　H_h——储渣舱泄渣口至井口的高度，m；

　　　h_x——翻矸台高度，m；

　　　h_g——吊桶过翻矸台后的提起高度，m；

　　　θ——吊桶在接渣口接渣时间和井口卸载时间，s。

吊桶装满系数一般取 0.9，则吊桶运渣能力计算公式为：

$$A_1 = \frac{3600 \times 0.9v}{KT_1} \tag{2-11}$$

$$Q_4 = \frac{7200 \times 0.9v}{KT_1} \tag{2-12}$$

式中 A_1——单吊桶运渣能力，m³/h；

　　　v——吊桶容积，m³；

　　　K——提升不均衡系数；

　　　Q_4——双吊桶运渣能力，m³/h。其中，$Q_4 \geqslant Q_3$。

（4）储渣舱储渣能力。储渣舱容积应不小于双吊桶循环提升间隔时间内产生的岩渣体积，计算公式如下：

$$Q_5 \geqslant \frac{Q_1 T_{2max}}{3600} \tag{2-13}$$

式中 Q_5——储渣舱容积，m³；

　　　T_{2max}——双吊桶单钩提升，作业时在储渣舱处装渣的最长间隔时间，s。

其中，$T_{2max} = T_1$。

以研制的上排渣全断面竖井掘进机为例，刀盘开挖直径为 7.8m³，设备配置 2 个 7m³ 吊桶，储渣舱容积为 7m³，能达到深井掘进时的排渣需求。

第七节　竖井全断面掘进机智能控制

将智能化技术应用到掘进机中，主要目的在于提高掘进机运行过程中的感知能力和适应能力，使其在作业过程中能够保持精准度。其技术构架包括三方面，分别为掘进机位姿检测和纠偏技术、断面自动成形与自适应截割技术、安全运行保障技术。智能感知和自适应作业是智能化掘进机的两大优势，其中智能感知又可以分为位置姿势感知、状态感知以及成形感知。自适应分为自适应截割、自适应诊断以及自适应纠偏。位姿感知作为智能化掘进机中的关键内容，不仅能够感知机体位姿全参数，还能够在机体运动过程中结合位姿规律进行纠偏。

具体来说，在掘进机位姿安全参数感知过程中，主要是利用组合定位计算方式，算出机体位姿误差和测量误差，并结合标准值进行调整和补偿，从而准确感知掘进机位姿参数。在掘进机运行过程感知方面，则是通过建立模型，对掘进机摆臂、荷载以及巷道实际情况进行分析，从而对掘进机位姿进行纠偏和控制。成形感知是智能化掘进机中的核心部分，能够分析和修正巷道截面成形存在的误差，跟踪控制截割头轨迹以及自适应截割。具体来说，在分析和修正巷道截面成形误差方面，主要利用智能化测距技术和侧角技术，对巷道截面特征点位置进行定位，构建巷道截面真实模型和标准模型，从而对巷道截面进行科学检测。从自适应截割方面进行分析，主要是通过构建模型，结合实际情况制定相应的控制策略，并调整截割运动数据。从跟踪控制截割头轨迹方面进行分析，主要是通过识别煤岩，确定软煤岩和硬煤岩，并确定煤岩切割路径，调整掘进机运行轨迹和控制策略，保证巷道截面自动成形。状态感知在智能化掘进机中发挥的作用是保证设备安全运行。通过状态感知能够实时检测掘进机运行状态，同时全过程检测和诊断掘进机故障情况。

智能化技术在掘进机中的应用：

（1）掘进机遥控操作系统，该技术的使用实现了掘进机远程操控需求，工作人员在3m范围内能够有序展开相关作业。该遥控系统具有抗干扰、信号强、稳定性高等诸多优势，不仅能够拓展操作视野，还能够提高操作灵活性，并且掘进机在运行过程中可以适当调整速度。

（2）掘进机数控截割系统。掘进机数控截割系统能够真实记录掘进机动作过程中的油缸行程，并收集截割壁运动过程中产生的所有参数，将相关数据和信息传送到工控机后，能够自动形成截割轨迹图，有利于工作人员通过显示器了解掘进机工作状况，并结合实际情况控制和管理截割作业。

（3）掘进机红外线安全检测系统。利用红外开关检测人体与掘进机的距离，当有人员靠近掘进机时发出声光报警信号，同时自动停止整机的各项动作，确保人员安全。

（4）掘进机安全运行保障系统。掘进机安全运行保障系统包括两个方面：远程监测和故障诊断。智能化掘进机系统实现了掘进机定向、定位、定形的可视化控制目标，工作人员能够通过显示器实时监测掘进机运行状态和相关参数，并且该系统具备自动报警功能，能够在出现异常情况时发出报警信号。故障诊断方面，也融合了神经网络分析法、故障树法等多种针对方式，能够通过多元化故障诊断方法对掘进机单一部件故障进行科学诊断，有利于能够确定故障对象、故障原因和故障范围，使维修人员及时采取措施解决故障，但是该系统也存在一定弊端，即无法有效针对掘进机复杂结构，如果在运行的过程中，掘进机部件与部件之间因互相影响产生故障，则无法用精确模型对故障类型、故障范围进行科学描述，从而增加了故障诊断难度和维修时间。

第八节　工法优势及适用性

一、工法优势

传统凿井法是目前竖井施工最成熟且最常用的施工方法，采用多臂伞钻进行炮眼施工,利用抓岩机抓岩、吊桶出渣,配套设备简单,人员施工比较灵活,针对特殊地层,更易进行针对性及时处理,适用性强。但是传统凿井法存在着工序复杂,炮掘、通风、出渣有着严格的先后顺序,无法进行平行作业,设备自动化程度低,人员需求量较大,劳动强度大,存在一定的安全隐患,施工安全性较差;爆破施工存在地层扰动性大,且存在一定超挖,井壁支护要求高、费用大。

竖井掘进机工法是一种全新的竖井施工工法,结合了隧道掘进机设计理念和传统竖井施工方法。竖井掘进机可完成开挖、出渣连续平行作业,大幅度提高竖井的机械化施工水平,施工高效、安全。主机掘进过程中通过地面远程控制,掘进过程无需人员下井,只有在井壁施工时,需要人员下井进行井壁施工,大大减少井下人员及人员的停留时间,提高施工人员的安全性。采用竖井掘进机施工,具有围岩扰动小、超欠挖易控制、变形沉降小、开挖出渣同步作业、作业人员少、安全性高等特点,可实现24h作业,体现了机械化施工优势。

传统凿井法和竖井掘进机工法优缺点对比如表2-2所示。

表 2-2　　　　　　　　　　　　竖井掘进机工法对比

工法	导井＋钻爆扩挖	竖井掘进机
优点	1. 工法成熟,人员要求低; 2. 设备简单,维修方便; 3. 工法灵活,突发问题易处理; 4. 适用范围广	1. 机械开挖,井壁质量高; 2. 井下人员少,人员防护更好; 3. 工序平行作业,施工效率高; 4. 劳动强度小,机械化程度较高
缺点	1. 爆破开挖,地层扰动大; 2. 超欠挖控制精度差; 3. 井下人员多,工作环境差; 4. 施工效率偏低	1. 设备复杂,拆装难度大; 2. 施工成本偏高; 3. 不适用于小直径竖井

综合对比传统凿井法和竖井掘进机工法,虽然SBM竖井掘进机在一定程度上成本稍高,但其有安全、高效、人员需求少的明显优势,将是竖井施工发展的方向。

竖井掘进机作为一种大型竖井施工机械,可实现竖井掘进和出渣的连续平行作业,施工具有快速、高效性。和过去的传统方法相比,竖井掘进机主要优势主要体现在施工工期,施工安全性以及施工成本等方面。全断面硬岩竖井掘进机与传统工法相比,施工人员减少50%以上,掘进效率提高2倍以上。现对竖井掘进机施工与导井＋钻爆扩挖工法进行工期分析说明。

1. 导井＋钻爆扩挖工法

(1)导井施工准备15天。

(2)先导井导孔施工30天。

(3)先导井反向扩挖施工30天。

(4)钻爆扩挖地面临建施工15天。

(5)扩挖施工95天。扩挖施工采用钻爆破法,综合7.8m开挖直径的竖井施工进度，按 2m/d 计算。

（6）地面设备拆除 5 天。采用导井＋钻爆扩挖施工总工期为 185 天。

2. 竖井掘进机施工

掘进机施工流程为：掘进机工厂组装调试→掘进机运输→掘进机工地组装→掘进机竖井掘进、衬砌→掘进机拆除→退场，如表 2-3 所示。

表 2-3 竖井掘进机施工流程及工期

序号	任务名称	施工工期
1	掘进机组装、调试	30d
2	拆机、运输	30d
3	现场施工准备	45d
4	掘进机工地组装、调试	30d
5	井身掘进	32d
6	掘进机拆除、退场	20d
7	合计	127d

（1）采用竖井掘进机施工，各阶段准备工作可平行开展，掘进机厂内组装及调试、拆机和运输时间可同步进行现场的施工准备，共计 45 天。

（2）掘进机工地组装、调试时间 1 个月。

（3）井身掘进：综合开挖、出渣、支护各工序的时间影响，保守考虑按每天 6m 的掘进进尺计算，每月按照 25 天工作，每月可完成 150m 竖井施工，本项目需掘进深度为 188m，施工总时间为 32 天。

（4）掘进机拆机：拆机、退场时间 15 天。

掘进机单井施工时间共计 127 天，相比导井＋钻爆法节省 58 天。

由上述工期对比可以看出，采用竖向掘进机开挖，将大大缩短竖井开挖工期，节约工程成本。

除此采用竖井掘进机施工，在掘进期间实现了井下无人、自动掘进、地面远程操控。在降低劳动强度的同时，能大幅度，减少作业人员。传统凿井法竖井施工需要爆破组、抓岩装渣组、井壁衬砌组、安全巡检人员、井上把钩工、稳车操控司机等，人员多且工序复杂，存在一定的安全隐患。竖井掘进机开挖、出渣功能主要由设备完成，操控人员在地面进行远程操控，最大限度地减少井下施工人员。竖井掘进机掘进和出渣过程中井下无施工人员，当进行井壁衬砌时井下作业人数最多，作业人数为 8 人，根据施工需要井下主要人员为井壁施工、设备维护、安全监护人员。

二、工法适用性

（1）工程条件：成井直径 5.0～12.0m 的地下井筒工程，具有下部巷道的矿山工程，例如煤炭、金属、非金属、放射性元素等地下开采矿山的改扩建工程；具有下部巷道的水力发电工程，例如抽水蓄能电站、满足电站建设和运行的临时和永久通风井、用于输送电力的电缆、用于人员和设备输送的电梯井、产生发电势能的压力管道井、调压井等；具有下部巷道的隧道工程，例如公路、铁路、地铁等隧道工程的通风井筒；其他地下工程的进出口和联络通道等[27]。

（2）地质条件：竖井掘进机施工要求井筒穿过的地质条件稳定，涌水量少，当井筒穿过例如软岩孔隙富水这类水文和地质条件都复杂的地层时，若采用传统工法凿井，会造成大量涌水且水无法及时排出，而且会造成开挖后的井帮岩土层垮塌，这样做无法继续掘进甚至影响人员和设备的安全，针对这类工程可以先对地层进行改性处理，再开挖凿井。一般采用注浆法对地层结构进行改性处理，即在裂隙发育和涌水量大的岩体中注入具有凝结性能的流体材料填充其裂隙，松散的岩石胶结在一起，经注浆处理后，岩体的密度、强度和抗渗性等性能大幅提升，同时形成一定厚度的帷幕，可以断绝施工井筒工作面和未处理地层的水力联系。通常来说使用注浆法对地层进行改性处理，竖井掘进机也可以在任何地层条件下施工[27]。

竖井井筒作为地下工程的咽喉工程，施工难度大、周期长、安全风险高，现阶段普遍采用的钻爆法施工，钻孔、出矸等工序需要大量人员长期井下作业，环境噪声大、粉尘污染严重，劳动强度大，容易发生坍塌、坠物和机械伤害事故。因此，以机械破岩取代爆破破岩，将人员从恶劣的施工环境中解脱出来，形成新的机械破岩凿井装备及工艺，实现凿井装备的高端智能化，是矿山竖井掘进技术的发展方向，竖井掘进机即是该类型装备及工艺的典型代表。鉴于竖井掘进机工法具有不可比拟的优势，存在着非常广阔的市场应用前景。

第九节　小　　结

（1）竖井掘进机工法相对于其他工法有以下优势，解决了传统的钻爆法爆破所带来的危害、同时井壁质量高、减小施工风险、安全性高等，解决了盲竖井机械化施工的难题，是适应未来地下空间开发机械化、自动化、智能化的方向发展的施工工法，具有较广泛的用推广前景。

（2）竖井掘进机设备设计能力可满足直径10m，深度1000m的竖井施工要求，开挖、出渣速度可达到1.1m/h，同时可满足不同地层的支护要求，实现竖井施工平行作业。设备的综合成井能力200～300m/月，根据施工条件的不同而有差异。

（3）竖井掘进机施工工法在大大加快了施工进度的同时，保证了施工质量，降低了施工成本，解决了现有技术中大断面竖井施工困难、开挖效率低的问题。

（4）通过工法在宁海抽水蓄能电站竖井施工中的应用，验证了该工法技术的可行性和可靠性，完全可以应用于大深度盲竖井工程，为以后的技术发展提供了新思路。

（5）竖井掘进机施工工法在复杂地层中的适应性，清渣、出渣技术等方面还有待进一步改进。同时，该工法实际应用过程中，导向与纠偏的效果不够理想，应开发高精度的自动导向系统和实时纠偏系统。

第三章

竖井掘进机运输、组装和拆装

第一节 概　　述

竖井掘进机凿井技术及装备的迅速发展得益于竖井施工机械化水平的不断提高，全断面竖井掘进机将传统竖井施工技术和全断面隧道掘进机施工理念相融合，属于大深竖井施工中的主要设备，可在大型地下工程竖井、隧道通风竖井、地下采矿竖井等工程的施工中得到有效应用[38]。为了保证掘进机的顺利施工，必须把掘进机从地面拆除，在井下进行重新安装，由于井下作业场所受限制，条件复杂，工作量大，施工难度大，下井前需将综掘机拆成若干部分，以便于运输、起吊和安装。全断面竖井掘进机的设计采用的是分体式，其两套系统分别是主机系统和后配套吊盘系统。将完成竖井开挖、出渣、推进、姿态控制的功能部分独立设计、组装，将用于井壁支护、施工供电、排水等施工保障的设备独立设计组装，将设备分为上下两个部分，设备组装简单，运输方便。

当竖井掘进机进行现场组装时，应根据现场条件、设备组装顺序以及所部署设备的前后顺序将其卸载、放置在现场并记录。起重设备应根据其部件的尺寸、重量和位置进行合理定位。在吊装过程中，起重设备的有效工作范围应尽量避免频繁搬运设备，减少相互干扰和重复换位，提高起重设备的使用率和组装效率，并确保竖井掘进机及其后续支撑设备的组装和调试在最有计划的范围内。竖井掘进机的拆卸采用洞室拆卸法，无需专用井架，现有普通凿井标准井架、稳车即可满足施工条件，通用性更强，施工组织难度大大降低，生产投入资金降低，对于工程造价较低的竖井实现机械化施工，具有非常好的推广前景。本章主要从掘进机设备的运输、设备的组装及调试、掘进始发技术及掘进机的拆卸等方面进行介绍。

第二节 设 备 运 输

一、运输方案

为确保掘进机运输、安装安全、顺利投入使用，需做好以下前期准备工作：

（1）选择道路与办理超限证：

在开始运输前，应当现场勘察运输路线上的道路和交通地面条件、分析和优化。确定后应将行驶路线的路线图报公安部门的交警部署批准，并办理相关手续处理大型设备规格以外的运输。

（2）运输车辆派遣使用前需进行检查维护，确保运输车辆安全可靠，在运输过程中不会发生或尽可能减少机械故障。检查主要包括以下内容：

1）燃料回路和车辆油、车辆和气体回路、冷却水和车辆回路的检查；

2）牵引车以及拖车轮胎的检查和更换；

3）牵引车、拖车运行系统和制动系统的检查和调试；

4）指示灯和照明灯；车辆警告灯的检查和更换。

（3）检查车辆登记，检查常用工具和应急装置是否齐全。

（4）运输时间应避开交通高峰时间，我方标段内的转移保护机械运输应在夜间进行，以确保通行顺畅和运输安全，必要时应申请公共安全援助，寻求交通管理部门和人员的帮助。

根据竖井掘进机设备机的主要结构重量，经过施工过程、工艺及经济分析，由于竖井内装配场地的限制，竖井掘进机组装只能采取分段组装和分步组装的形式。竖井掘进机整机重量较大、且存在超限件，因此其运输、组装费用相比原工法有所增加；机械零件必须存放在安装孔中，并且必须事先指定存放区域。根据现场安装时间表和存放计划，制定竖井掘进机进入顺序，以避免运输设备的二次运输和堵塞。预计竖井掘进机各设备将分三批进入现场，应按以下次序进行输入：

第一批：刀盘和其各部件、主机和其各部件、稳定器、主驱动、斗提机从动结构；

第二批：中心立柱、撑靴、储渣仓及其附属立柱、渣料提升结构；

第三批：吊盘后配套及辅助设备。

根据设备的性能和要求，对车辆要做到合理利用。竖井掘进机运输配车计划如表 3-1 所示。

表 3-1　　　　　　　　　　　　竖井掘进机运输配车计划表

序号	名称	部件	个数	外形尺寸（mm）	重量（kg）	配车计划
1	主机	刀盘中心块	1	5600×5600×3696	86 794	17.5m 半挂车
2		边块	8	2931×1030×1444	5408	专用半挂车
3	主驱动	主驱动	1	Φ5332×3335	86 794	专用半挂车
4		中心环件＋伸缩柱＋油缸＋靴板	4	4556×2390×2565	10 800	专用半挂车
5	稳定器	连接梁	4	1733×592×400	600	和螺旋机拼车
6		下部平台	2	4780×1770×410	690	17.5m 半挂车
7		上部平台	2	4680×1653×410	660	17.5m 半挂车
8		外翻平台	24	710×622×16	34	17.5m 半挂车
9		内翻平台	2	820×630×160	19	17.5m 半挂车
10	撑靴推进系统	靴板＋扭矩梁＋推进缸	4	4000×3450×2915	21 500	专用半挂车
11		撑靴平台 1	2	2518×2518×250	3160	专用半挂车
12		撑靴平台 2，3	4	1300×1020×280	350	专用半挂车
13		中心立柱一	1	Φ2140×4800	15 000	专用半挂车
14		中心立柱、泵站及平台	1	Φ5000×5530	18 000	专用半挂车
15		渣仓	1	4356×3358×1945	4200	专用半挂车

在运输过程中，针对竖井掘进机各部件装车后的捆绑加固，采取以下措施：

（1）在大件货物捆绑时，例如刀盘等设备底座与车板底板接触面或者桥式拖梁承载面之间铺垫数个橡皮垫，防止设备因震动而损坏。

（2）应在设备中心受力点的位置，尽量使用相对应的紧固器材将设备进行固定，避免设备的支座发生前后移动。

（3）合理运用设备的吊点，在设备的前后，根据不同的设备采用对应紧固器材，对设备纵向和横向进行双向加固，避免设备各方向的任何窜动。

（4）应在索具与设备的接触处加垫材料，比如垫木、橡皮垫等，防止设备受损。

以竖井掘进机在具体工程中的运输为例进行说明，该掘进机由郑州厂区发往施工现场的运输车辆基本都为 17.5m 长的大型板车，排风竖井处于半山腰且道路曲折，板车无法直接运至井口附件，需山下卸车进行二次转运至排风竖井对面临时存放场，组装时再转运至井口场地，部件转运情况如图 3-1～图 3-4 所示。运输过程中严格进行装车加固，车宽 3m，长 7m，高度 1.3m。刀盘刮板链方位沿运输车中心轴线放置，刀盘下部垫 4 组 85t，高度 670mm 墩子，沿着车体支撑轴放置。侧部和后部用工字钢支撑加固。在运输主驱动部件车辆转弯时，车辆后部采用推土机推，前部采用挖机向下压着（也可采用推土机拉着）。此外，刀盘运输车辆在直线小斜坡同样出现动力不足的情况，采用了两台推土机前拉后推的方式，后面 S 弯均采用此方式。全程 1.5h 完成。然后将刀盘下放至地面，底部立墩子。

图 3-1　山下营地卸车暂存货物

图 3-2　小结构件转运

图 3-3　小结构件竖井平台临时存放

图 3-4　主驱动及刀盘上山

二、转场运输

（1）成立竖井掘进机运输组织机构，合理组织运输转场，统筹规划拆卸、运输、组装方案，确保拆卸件及时装车运输、运抵工地后及时拼装。

1）司机需要服从现场人员的统一指挥，在指定的位置停、装车。当货物放在车辆上后，应在听到现场指挥才可以启动车辆。

2）对于掘进机关键薄弱部位的转场运输，应使用软安全带进行加固，并将木板或胶垫固定在车辆板上，以防止因加固而导致设备表面变形或涂漆。对于重型和大型零件，应使用紧固链、钢丝绳、葫芦等工具进行八字形绑扎。

3）加固完成后，车辆须由项目部安全员、起重运输公司安全员以及驾驶员确认后，方可驶离装载现场。

4）依照现场的安全规章制度，当遇到以下这些的恶劣自然条件时应当立即停止装、卸车作业：①风力大于或等于四级时停止运行；②大雨和中雨时停止作业；③在大雾或者能见度低于 14m 的情况下停止作业。

（2）竖井掘进机施工现场多处于山岭地区，通常采用公路运输方式，运输过程中应做好以下工作：

1）运输防护机械设备的每一车辆编组应以统一的方式进行，并应指派安全和维护人员监控车厢，以处理运输过程中的一般问题和突然机械故障。

2）运输车辆的速度应根据路况控制在 5～40km/h 范围内，并在最初 10km 停车检查货物连接情况，及时发现连接带松动或货物移位等问题。

3) 车辆应尽可能匀速循环，以避免紧急制动。

4) 车辆停车安全措施。

5) 车辆应停靠在的安全区域：①反射锥应放置在距离车辆 2m 的范围内，以防止其他车辆误入并作为通知；②将遇险信号面板置于显著警告位置；③在现场灯光昏暗的情况下，车外应安装警示灯；④对于防护机械范围外的运输，在运输防护机械之前，应在限界外获得运输通行证。必要时应与交通警察和行政部门进行有效沟通，以确保安全顺利地运输防护机械。

三、运输安全保护措施

竖井掘进机是一种现代化、高价格、高精度的设备，在运输、装卸过程中必须安全。为保证设备完好地运至指定地点，特制定本办法。

（1）所有参与竖井掘进机运输的员工必须牢固树立安全第一的理念。

（2）运输设备的公司应该集中优秀的员工力量，设置具有对应性能的车辆、数码相机、经纬仪、水准仪、钢尺等设备，应该详细调查选择的运输路线。特别是应该调查和现场调查道路、收费站/收费亭、桥梁和可能影响相关设备通行的地方，并应该根据调查的结果制定对应的障碍物清除方案。

（3）装载前进行安全宣传，根据现场要求制定相对应的最完善的装载制度和顺序，仔细填写其中所需的安全指令，询问相关航行安全技术，熟悉设备的特点，检验起重设施是否达到安全要求，其中主要内容包括检查吊环、吊钩等，并且根据所得情况计算出设备的相应起重位置，熟悉列车的分布、装载和编组。

（4）必须严格按照机械设备的安全标准进行操作，并严格控制安全。

（5）在装载过程中，运输车辆的货物承载中心应与货物的重心重合，以实现均匀性和对称性，并做好记录。装车后安全连接组应根据设备情况，合理地将设备与降功率、绳压、钢丝绳、防滑螺栓等工具连接起来，为了防止设备滑到车辆板上，通过陡峭的道路或突然制动，以确保运输过程中货物的安全运输。在运输过程中，应指定专门人员定期检查当前区块的开口情况，并在书面中及时将其说明。

（6）由于货物具有额外宽度，应安装警告标志（警告灯、警告标志、仪表等），以方便车辆在途中安全驾驶，警车应伴随道路开放和沿途全程，BEM 作为中国铁路设备公司的道路开通集团和道路护栏集团。

（7）车辆设置行驶速度要求：通过多个障碍物、转弯和桥梁时速小于 15m/h。

（8）通过特殊路段的要求：

1) 当需要行驶过纵坡的道路时，需要检查车辆的牵引连接部位、刹车系统、转向系统以及装载加固状态，由此来确保设备能够安全地通过纵坡道路。

2) 当需要通过急转弯的道路时，需要让牵引车随动转向并且现场需要安排专人进行监护。

3) 当通过上方悬空时，如：立交桥、桥洞等，必须确认上方高度能否通行后再通行。

4）过桥时，不得换挡和紧急制动。

5）当通过不平路面时，必须先清洁路面，清除异物后才能通过。

6）严格遵守交通规则，在规定的道路上匀速行驶。

（9）停车要求：

1）在设备运输的过程中，当遇到需要临时停车的情况时，应当选择路面宽广、视线良好的路段停车，并且按照相关规定在相应的位置上设置警戒线以及警示标志。

2）在夜间长时间停车时，车辆还必须配备防护装置。

3）停车后，必须立即检查车辆地以及设备情况。发现问题必须立即处理。

（10）在设备运输过程中，如暴风雨、雷暴（5级以上大风）、雾等，设备必须停止等待，以免出现运行风险，以确保安全。

（11）在运输过程中，速度不得超过40km/h，以确保货物的安全；移动应急小组应随时待命，制定多个应急预案，以应对突发事件，确保货物安全到达。

（12）保护机器安全到达目的地后，必须在设计部门的指导下安全下载，设计部门必须统一组织过程中的合作。

（13）所有参与设备运输的人员应当严格遵守相关的明文规定，遵守技术人员的指挥，以此来保证设备运输任务的顺利完成。

四、应急处置基本原则

（1）遵照"科学管理、以人为本"的规章制度，主要任务便是保护人身安全；当尚未发生事故的时候，应当提前做好预防措施；当发生事故后，必须立即展开营救伤员，应当组织安排现场的疏散并且进一步采取相关措施来确保危险区域内尚未撤离的人员的安全。

（2）遵守"统一领导、分级负责"的处理原则，坚持双部门的统一领导、组织协调，事业部按照职责权限，负责起重、拆除事故机械的应急管理和应急处置，建立安全生产预案和应急机制。

（3）遵循事故发生后"属地优先、分级响应"的原则，项目经理部应提供"第一反应"，提前到达的救援队伍必须立即抓住机会，迅速开展有效的措施，尽全力掌控事态的发展，切断事故与灾害之前的链接，防止二次事故、耦合事件、衍生事件的产生，与此同时立即向上级有关部门汇报事故全部内容，以便上级机关能够在第一时间做出有效且迅速的判断。

（4）项目经理部和装甲机械起拆专业队伍，本着"预防为主，平战结合"的原则，认真贯彻落实"第一个综合防治方案"的方针。

（5）坚持"统一领导、责任落实"的原则，要在两个部门的统一领导下进行组织协调，事业部门应当按照权限的划分，全权负责盾构机的吊装、紧急停运和应急处置，建立安全完善的应急预案和应急机制。

（6）项目经理部和装甲机械起拆专业队伍本着"预防为主、双向结合"的原则，认真贯彻"预防为主、联合治理"的方针。

运输过程专项应急预案如下：

1. 天气突变应急预案

在运输过程中气候突然变化的情况下，如雨雪天气，即使货物被遮盖，车辆也能由于事先采取防滑措施，从而保证货物安全运抵指定地点。

2. 车辆故障应急预案

在开始运输之前，需通知检修人员及备用车辆等原地待命，等待通知。一旦发现车辆在运输过程中出现故障，应当立刻通知等候命令的检修人员第一时间前往检修。如果故障无法解决，应当立刻组织备用车辆前往并进行代替运输，以确保设备能在规定的时间内被运送到指定地点[76]。

3. 道路紧急施工应急预案

设计部门须对大型设备运输的陆路路线进行反复检查，应当在设备运输出发前一天再次确认路况，了解路线上所有的细节。如若出现因不可抗力因素导致交通完全受阻的情况，经理必须立即出发前往现场解决问题。如果现场经理难以到达现场并协调内部和外部资源，通过现场经理亲自与项目经理联系。即便提出了修改运输路线的方案，也应当积极配合施工部门，力争尽快对施工道路进行整改，以确保运输畅通。

4. 道路堵塞应急预案

运输设备过程中如若发生交通拥堵，须遵守主管运输部门的协调和指挥，增强交通安全意识。在展会或大型会议上及时与领导沟通，并建议更改交通计划或寻找新的进场路线，以确保顺利通过。

5. 交通事故应急预案

一旦运输车辆发生交通事故时，在场的工作人员应当立即对事故现场展开保护，并向项目经理、业主和保险公司报告并说明情况，如有必要在记录的基础上，积极协调主管处理的交警部门，并协调主管交警部门"处理前着陆"。

6. 加固松动应急预案

在运输途中，因客观原因造成的连接松动，应立即联系专家和质量检测人员对松动原因进行分析，进出拟合出一个切实可行的方案来加固设备和构件。

7. 机械故障应急预案

在施工现场装卸过程中，一旦发现机器或者操作工具发生故障，应立刻安排维修人员进行维修。如果不满足维护条件或无法维护，请致电机器和预订工具，以恢复正常操作。

8. 不可抗力应急预案

如若在设备运输的过程中因不可抗力因素导致运输的中断，首先需要把设备转移到相关安全的地方进行保管，并且立即通知业主现场所发生的情况，在业主应允的情况下再展开接下来一系列的工作。如果现场无法保障最基本的通信条件，应该立即做好相应的通信条件记录，并且及时联系业主告知现场情况。直到不可抗力因素消除后，还是不能继续运输的情况下，项目负责人应当在确保运输人员和设备安全的情况下，继续采用紧急运输计划。

9. 城市内道路运输应急预案

（1）在井和道路覆盖物（损坏或破损）的情况下，应立即向道路管理服务部门报告，随后，应在运输到保护井和道路下方的气管和水管的过程中铺设钢板。

（2）因道路运输条件的限制。

由于道路运输条件有限，液压板井的数量只能在穿越道路和桥梁时增加，以保护桥梁结构，然后在穿越桥梁后拆除。组装和拆卸大约需要 30～60min。

第三节　设　备　组　装

在竖井掘进机组装之前，需要先后完成场地平整、始发井修建和场地整体布置规划等前期工作。然后开始竖井掘进机主机组装、地面井架组装、吊盘组装等过程，最终进入竖井掘进机开展正常的掘进作业。

一、掘进机主机段组装

竖井掘进机主机包含刀盘、主驱动、稳定器和撑靴等多个大部件，需要提前独立组装后放置在暂存区等待下井。下井吊装顺序依次为：刀盘—主驱动—稳定器—稳定器平台—斗式提升机下部—设备立柱—撑靴推进系统—储渣仓—斗式提升机下部上段[77]。竖井掘进机组装流程如图 3-5 所示。

主机段完成组装后进行管线连接，进入设备调试阶段。

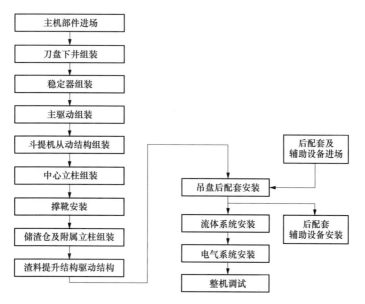

图 3-5　竖井掘进机组装流程

在设备进行组装前，需要进行一些准备工作。设备进场前，组装场地、始发井口需准备完成并达到强度要求；装机工具、人员在设备进场前完成。随后起重机进场，起重机到位后可以对各相关部件进行吊装，刀盘卸车后放置拼装区域，准备进行拼装作业。

刀盘为最重部件，重量约 130t，包含 8 个边块和 1 个中心块。刀盘翻身时需增配辅助翻身吊机。两台汽车起重机同时抬起刀盘，然后主吊钩继续起吊刀盘一端将其抬升，辅助吊钩下降将另一端下降至方木支撑上，这具有极高的安全性要求。当安排两台汽车起重机抬吊部件时，一方面要对两机进行统一指挥，保证两机的抬吊动作协调一致；另一方面要合理分配两机荷载，确保吊重必须小于两机允许起重量的 75%，单机荷载必须小于该机允许起重量的 80%[78]。

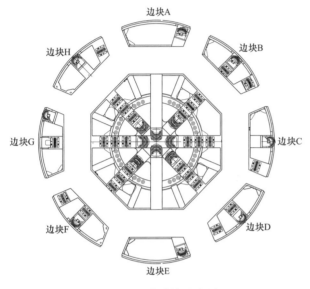

对于刀盘的吊装，在进行一般动作时，仅需要一台起重机进行操作，而若要对刀盘进行翻身等动作，则需要增加辅助起重机进行。首先进行刀盘拼装，刀盘分为 8 个边块、1 个中心块，分块运输到工地后进行拼接组装（见图 3-6）。在对刀盘拼装时，需要对其进行一定的高度支撑，以确保拼装作业的可操作性，同时在拼装结束后要静置观察，并对各个分块高度进行调整另外还要对一些重要参数如刀盘平面度、圆度等展开测量，使其符合设计要求[79]。

图 3-6 刀盘分块示意图

刀盘进场拼装顺序为：刀盘中心块区域钢支撑→刀盘分块支撑拼装→刀盘调平→整体连接。刀盘分块拼装时把千斤顶放置于支撑柱上方对刀盘各个分块进行支撑，通过千斤顶对各个分块的高度进行调整，实现刀盘整体调整。

刀盘翻身时需增配辅助翻身起重机。通常需要两台汽车起重机同时作业，对安全性的要求极高（见图 3-7）。

在完成刀盘面板组件安装后，继续使用辅助起重机进行配合，让刀盘再次翻身；刀盘再次翻身后，两台起重机配合吊装刀盘进行下井安装，面板下方主要采用辅助支撑。

在完成刀盘吊装后，随后要进行稳定器、主驱动等各组件的安装。吊装工序：竖井掘进机总体组装按照从下至上的顺序。组装流程如图 3-8 所示。

图 3-7 刀盘翻身示意图

二、吊盘后配套组装

考虑到竖井井筒锁口深度较浅，在主机安装完成后无法直接安装吊盘。实际工程中通常需在井口安装吊盘，并通过管线连接，完成后启动主机向下掘进机，向下掘进一定深度后，再利用稳车及辅助装置将吊盘放入井内，进行正式掘进（见图 3-8）。

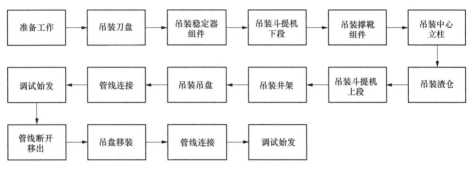

图 3-8 竖井掘进机组装流程图

第四节 设 备 拆 卸

井筒落底后，进行掘进机拆除。在具体拆除前，需要做好一系列的准备工作，包括做好要断开或拆除的掘进机机械构件、流体、液压、电气标示；拆机工具、机具和耗材准备齐全；拆卸场地及相关吊装工作协调完备；掘进机吊耳焊接；现场照明及局部照明设施完成，并有相应负责人；人员准备：各专业作业人员经过技术交底和方案学习、培训，明确职责和作业特点；技术准备：制定周密的工作计划，细致研究拆机方案。

拆机时采用稳车提吊从上部拆除，拆机前先行拆除各设备间油管、电缆等，再拆除悬吊层平台，然后拆除主机段，最后拆除井口溜槽、天轮平台及凿井井架，拆机顺序与组装顺序相反（见图 3-9）。

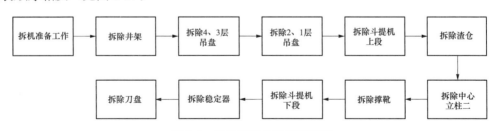

图 3-9 竖井掘进机拆机流程图

吊盘后配套拆除顺序：一层平台——二层平台——三层平台——四层平台。

主机拆除顺序：中心立柱二及附属结构——撑靴——主中心立柱——主驱动——稳定器——刀盘。

除刀盘结构外，其余部件全部利用稳车从井口上部拆除，拆机顺序与组装顺序相反，需注意井下拆机时限于稳车的起吊能力（4 台×25t），整体下井组装的部件根据情况需在井下拆解后才能出井。刀盘落底后，将 8 个边块拆除，分别依次利用平板车运输出洞外。

施工完成后，设备需要进行井下拆解提升出井。根据设备在井内的上下顺序，首先提升吊盘后配套出井，将吊盘后配套同主机间的管线连接断开后，吊盘后配套可整体吊出井外，之后配合井口吊点，逐层完成吊盘后配套拆解工作。

主机的拆机、出井同样利用稳车及上层吊盘，采用组装的反工序，将上层平台及稳绳下放至井下，将拆解的结构通过钢丝绳，吊挂在平台下放，随平台提升出井。重复以上操作，依次拆除立柱、斗式提升机及主驱动，再拆除稳定器，最后将刀盘提升出井，完成井下拆机。

具体的拆卸过程如图 3-10 所示。

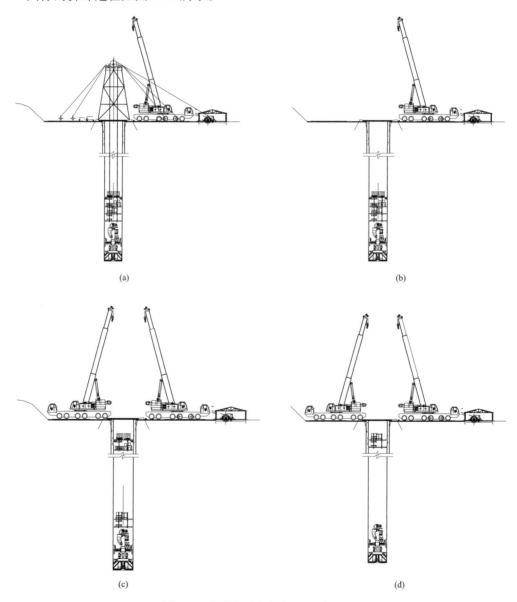

图 3-10　竖井掘进机拆卸过程图（一）

（a）清理场地，准备拆机；（b）拆除井架：用吊机拆除井架；（c）拆除 4、3 层吊盘：拆除管路；（d）拆除 2、1 层吊盘

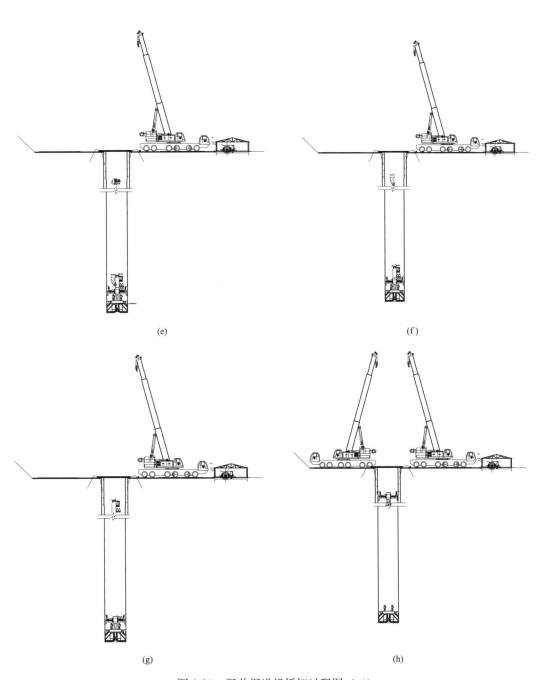

图 3-10　竖井掘进机拆卸过程图（二）

（e）拆除斗提机上段；（f）拆除渣仓；（g）拆除中心立柱二；（h）拆除撑靴

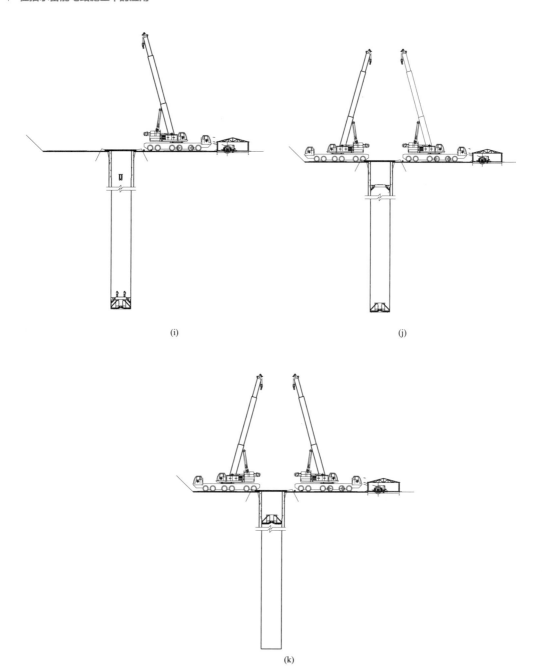

(i)　　　　　　　　　　　　　　　(j)

(k)

图 3-10　竖井掘进机拆卸过程图（三）

(i) 拆除斗提机下段；(j) 拆除稳定器；(k) 拆除刀盘

第五节　小　结

本章主要介绍竖井掘进机运输要求、大坡度、急转弯运输、介绍 SBM 设备组装、拆机以及根据现场的始发技术。包括以下方面：

（1）设备运输。倒运部件，安装稳定器→运输撑靴→倒运部件，焊接 2 组刀盘支撑钢导向板→吊盘组装、运输中心立柱→刀盘中心块驱动卸车→吊盘安装，打螺栓→安装撑靴和中心块→安装中心块撑靴和周边油缸→主驱动装车→运输主驱动→刀盘翻身→刀盘运输。

（2）设备组装以及调试。现场场地应该平整，符合施工要求，根据设备的实际尺寸准备组装的吊机和工作工具。为保证该项目的顺利实施，需要先后完成场地平整、始发井修建、竖井掘进机主机组装、地面井架组装、吊盘组装等过程，最终进入竖井掘进机正常的连续掘进作业。

（3）竖井掘进机的拆卸应该按照顺序有序拆除，要按照先装后拆和后装先拆的理念，在空间受限的洞内拆卸时要小心细致，不能因为操作不当造成设备损坏。拆卸后的设备要达到重复使用的效果，要保障工期顺利结束。

第四章

全断面竖井掘进机始发掘进技术

第一节 概　述

目前抽水蓄能电站重要的竖井井筒工程多采用反井钻机导井法进行施工，在水电行业的施工应用中，在岩石坚硬地层，存在施工进度较慢的问题，探讨在岩层中竖井快速施工技术对抽水蓄能电站、金属矿山和煤炭矿井的安全快速生产建设的全局有重大而深远的意义。

竖井掘进机作为井筒机械化、智能化施工的高端装备，充分满足了竖井建设机械化、自动化、智能化的要求，是未来竖井施工与建设的发展新方向，尤其在坚硬岩层中具有更好的适用性。截止到目前，采矿领域因为穿越地层复杂和支护要求高等限制竖井掘进机较少应用，因此缺乏相应的理论指导和成功经验。抽水蓄能电站的功能竖井一般穿越高强、稳定且含水少岩层，为全断面竖井掘进机的现场试验提供了最有利的地层条件。竖井施工的关键一环即始发掘进的施工，始发掘进的快慢以及成败直接影响到施工的进度、安全、质量与经济性[80]。另外，始发试掘进是正常掘进前的重要环节，需根据始发段的施工技术参数，确定适合本地层掘进的最佳参数，从而保证竖井安全高效地掘进。

地下空间开发以机械化、智能化为未来的发展方向，随着地下工程施工规模的扩大及施工要求的提高，对掘进施工技术提出了更高的要求。竖井掘进机采用整机体始发，分两次进行。前期后配套吊盘放置在地面，主机通过人工开挖的一定深度的始发井进行始发作业；待主机完成预定掘进作业后，再安装后配套吊盘。最后安装井架和其他地面系统，开始竖井掘进机正常掘进工作。本章节结合 SBM 竖井掘进机具体的工程应用，分别介绍了竖井掘进机的调试，始发及试掘进，和二次掘进，并针对始发掘进中的主要技术难题进行了探讨。

第二节 始 发 井 施 工

竖井的施工设备分为井上辅助设备和井下掘进设备两大部分。为保证该竖井工程的顺利掘进，在正式掘进之前，需要按照先后顺序依次完成场地平整、始发井施工，设备组装、井架及吊盘安装等工作。

为便于掘进机械设备组装，排风竖井需提前进行锁口施工，锁口深度应超过设备撑靴高度。竖井井筒锁口施工采用大型挖掘机、破碎锤等传统深基坑设备进行开挖，长臂挖掘机出渣，板利用块模砌壁，并预留通风口。

始发工作井开挖完成后，进行始发工作井锁扣圈梁施工。始发工作井锁口圈梁施工为：

（1）测量放线；

（2）基槽开挖；

（3）钢筋加工与绑扎；

（4）模板安装；

（5）锁口圈梁混凝土浇筑；

（6）拆模。

1．测量放线

测量人员按图纸通过测量放样确定的开挖位置、范围及高程。施工前对场地进行平整，准确标定锁口圈梁的内外结构尺寸，要改移已知管线并人工开挖十字探槽，探测开挖面是否存在未知管线，若有则及时上报相关单位。用挖机沿着放出的竖井锁口桩位进行。开挖后应该连续快速施工并且准确测定竖井轴线、边线位置。锁口基底标高亦应精确测定。经检查满足要求后方可开始开挖施工。

2．基槽开挖

开挖锁口要保证安装模板施工空间，尺寸比图纸设计每边放大 1m，在开挖的同时有专业的技术人员全程测量控制，严格控制在设计标高以上保留 10cm 原基坑土。挖至标高的土质基坑不可以在无支护的情况下长时间暴露、不得扰动周围土体充分利用自身强度，并及时测量锁口高程和尺寸，符合要求后要及时通知监理报验。人工清理完锁口后进行 C25 素混凝土垫层施工，根据图纸设计垫层厚度 10cm，人工对垫层混凝土进行抹平。

3．钢筋加工与绑扎

应根据施工图对锁口圈梁所采用的钢筋规格、种类和型号做好准备，完善材料计划。本项目竖井衬砌混凝土强度等级 C25，喷混凝土强度等级为 C30，挂网钢筋 $\phi 8@150 \times 150$，龙骨筋 $\phi 12@1.5m \times 1.5m$，钢筋网就近与系统锚杆焊接，衬砌钢筋的混凝土净保护层厚度：洞内侧为 40mm，岩壁侧为 50mm。锚杆砂浆强度等级不小于 M25，注浆密实度应大于 80%，锚杆采用 HRB400 级钢筋。施工要参照《岩土锚杆与喷射混凝土支护工程技术规范》（GB 50086—2015）及设计相关要求严格执行，其中Ⅳ类围岩开挖进尺不得大于 0.75m，并及时支护[81]；对于处于不良地质条件下的围岩段，发现存在不稳定因素及异常时应及时提出并处理。竖井井口衬砌长度可以根据现场情况做微调。来料经过验收合格后，进行钢筋加工和绑扎技术交底，继而进行二者的作业，验收合格后进行混凝土的浇筑。在施工过程中要严格按照规范规定进行加工制造和绑扎，确保各类钢筋搭接的质量。

4．模板安装

侧模立模使用标准钢模板，模板均匀的刷好脱模剂，模板接缝密合，模板接缝用双面胶带粘贴，防止混凝土施工漏浆。相邻模板高差不大于 1mm，模板平面度控制在 1mm 以下。模板尺寸正确无误，其误差控制在规范允许范围之内。采用 1000mm × 1500mm 的钢模板及脚手架和拉杆支撑体系，模板支撑采用每 0.5m 一道上下对拉筋和斜撑加固。同时根据测量放线结果，确定预埋提升井架基础、井口护栏、井内步梯及其他临时支撑预埋件的具体位置。绑扎砂浆垫块梅花形布置，保证混凝土保护层厚度。

5. 锁口圈梁混凝土浇筑

模板安装完，自检合格，经监理工程师检查合格后方可浇筑混凝土，混凝土采用商品混凝土，一次性连续浇筑。运用汽车起重机吊入模内，插入式振捣棒振捣。振捣时快插慢拔，振捣棒的作用半径要大于插入的间隔距离，确保无漏振和重振捣。振捣的时间要控制适宜，振捣标准为：混凝土不再下沉、不再冒出气泡，表面为平坦、泛浆，此时可以缓慢抽出振捣棒，切记拔出振捣棒的速度不宜过快，否则会产生空鼓。混凝土要分层灌浇，每一层控制厚度为300mm，用插入式振捣棒时应注意要深入下一层的5～10cm。混凝土圈梁面要用铁抹压平抹光。混凝土养护要求：混凝土初凝后，要及时用草袋覆盖，根据环境气温的变化，进行专人养护，养护时间要大于等于14天。

6. 拆模

锁口圈梁混凝土强度达到2.5MPa时，以同批次的混凝土试块的强度试验为准，方可拆除侧模。拆模顺序依次为：拆除可调支撑→拆除横撑及竖撑→拆除模板→清除模板并进行防锈处理→模板、支撑等堆码→圈梁养护。进行拆模时须小心，严禁碰掉圈梁角部。模板拆除后与下段相接处及时进行凿毛处理。模板拆除完毕后应及时进行堆码整齐，模板拆除完毕后就及时进行场地清理。

竖井掘进机施工顺序详见下述步骤说明（见图4-1）。

（1）修建始发竖井。竖井掘进机相比于以往的钻井机械，具有功能多样、系统复杂的特点，整机高度较高，重量较大，是一种大型的综合掘进设备，为保证竖井的顺利组装和始发，针对工程，结合本次使用的开挖直径为ϕ7830mm的竖井掘进机，拟修建的始发竖井净尺寸为直径8m，深度不小于10m，保证撑靴及撑靴以下部件全部入井，满足最小深度始发要求；另外始发井底部需找平处理，满足500t的主机组装承载力。

（2）竖井掘进机主机组装。为降低井下组装困难，竖井掘进机主机组装采用300t汽车起重机，在地面将SBM竖井掘进机的各大部件独立组装后按一定的顺序依次下放入井，在井下只需将各大部件通过螺栓或销轴连接即可完成主机组装，减少井下作业人数和不必要的作业时间，提高作业效率和安全性。根据10m深度的始发竖井，主机组装完成后还有7m高度漏出井口，所以在井架组装前需对井口做好防护处理，防止人员及异物入井。

（3）地面设施安装。根据排风竖井的深度，结合竖井施工安全规程，地面井架采用Ⅳ型或者ⅣG型井架均可满足需求，井架、稳绞设备均需租赁，需要专业的队伍进行组装作业，在此不进行说明，表4-1为所需的地面稳绞设备。

表 4-1　　　　　　　　　　　　　　设备类型及型号

设备类型	规格型号	数量	备　注
井架	Ⅳ型或Ⅳ_G型	1	单吊桶出渣
提升机	JKZ-2.8/15.5	1	
稳车	JZ-25/800	4	2根充当吊桶稳绳
	JZ-16/800	2	电缆绳
	JZ-10/800	1	通信绳

（4）吊盘安装。原竖井掘进机设计 6 层吊盘，所有配套设备全部下井，根据本排风

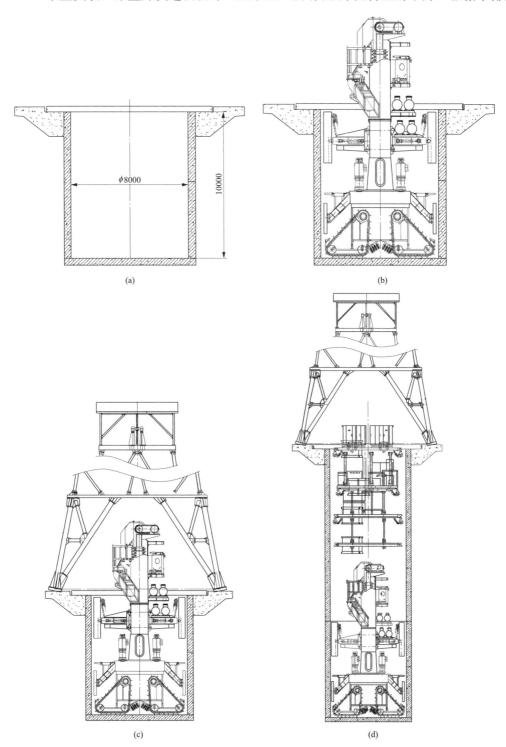

图 4-1　始发技术施工示意图

（a）始发组装井；（b）竖井掘进机主机组装；（c）井架安装；（d）竖井掘进机主机组装

竖井施工深度和操作简单化，采用4层吊盘下井，其中两层放置污水泵站和冷却水系统各1套，第4层吊盘为人工辅助作业盘，用于安装风筒、水管铺设等作业，也可用于临时的井壁支护作业。待井架完成组装作业后，竖井掘进机主机开始进行掘进出渣作业，至主机完全入井后继续掘进15m深度，为吊盘入井预留足够的空间，吊盘在井口采用分层组装方法，从最下层吊盘依次进行完成4层吊盘的组装作业。

第三节　调试及始发

一、整机调试

（一）调试前准备工作

开始调试作业前需检查确认以下事项：

（1）检查刀盘周边，确保刀盘旋转时不发生任何干涉。

（2）确认电气系统电缆连接正常，尤其是高压系统各开关状态确认。

（3）确认液压、流体系统各闸阀处于正确状态。

（4）检查确认冷却水位、液压油位、齿轮油位是否满足掘进机运行的要求。

（5）参与调试及巡检人员必须了解各急停按钮的位置，配置手持式对讲机。

（二）调试工作流程

整机调试分空载调试与负载调试两部分，空载调试结束后试掘进阶段对负载进行调试。空载调试分如下次序进行[82]：首先检查电气系统，进行液压管路、阀组的检查；其次，依次启动各泵站，观察运行情况；接着进行系统联动调试及功能调试等环节。

（三）调试的主要工作

掘进机调试分两部分进行：

1. 配套设备调试

配套设备调试包括以下几个部分的内容：

（1）高压送变电系统及相应设备。

（2）照明及临时用电系统。

（3）主控室用电系统及电脑等相应设备。

（4）设备的通信网络。

（5）渣土输送系统。

（6）水循环系统。

（7）油泵循环系统、液压过滤系统调试。

（8）远程控制系统。

2. 主机联机调试

（1）推进系统调试。

（2）主机推进速度与油缸压力监测。

（3）刀盘驱动系统调试。

（4）测试刀盘正转、反转功能、最大速度、速度调节、压力控制等是否正常[83]。

（5）其他辅助液压系统测试。

（6）整机联动控制是否正常，各环节在控制室的控制情况是否正常。

（7）刀具检测调试。

（8）掘进机故障显示测试。

（9）认真记录测试数据，填写掘进机调试报告。

设备调试完成后，始发步骤如下：

（1）复测井筒中心及设备中心。

（2）始发掘进。由于井筒直径大于刀盘开挖直径，在掘进前期，适当加大撑靴及稳定器撑紧力，保证刀盘开挖过程不发生偏斜。

二、掘进机始发

竖井掘进机开始始发掘进，要求采用小贯入度、小推进速度缓慢掘进机，贯入度设定在 2mm，转速设定为 4r/min，待设备撑靴进入开挖井筒稳定地层后，调整掘进参数，恢复正常掘进。

在具体工程应用中，竖井掘进机始发掘进如图 4-2 所示。

(a)　　　　　　　　　　　　　　　　(b)

图 4-2　首次始发掘进情况

（a）白班掘进；（b）达到刀盘下放深度

第四节　竖井掘进机试掘进

一、试掘进的目的

采用竖井掘进机施工，掘进参数的选择非常重要。在竖井推进期间，依据不同的地质和埋深对围岩稳定性和可掘进性进行判断，并及时对掘进参数进行调整。掘进期间保持推进速度较为稳定，并对每个周期纠偏量进行控制。同时，对初期支护方案，喷射混凝土量按围岩条件、推进速度、出渣条件等进行适时调整。通过试掘进，实现了如下目标[84,85]：

（1）试掘进段主要检验竖井掘进机和液压系统、电器系统和辅助设备的工作情况，完成设备磨合。

（2）试掘进期间，将确保其完成各个单项设备的功能测试，并且进一步调整了各个设备系统，使之处于最佳状态，具有快速掘进能力。

（3）对该项目的地质条件有了一定的认识和理解，并掌握了根据地质情况对竖井掘进参数进行调整的方法，为全程掘进提供参考依据[86,87]。

（4）理顺整个施工组织，在连续掘进的管理体系中抓住关键线路的控制工序，为以后的稳定高产奠定基础。

二、准备工作

（1）接通竖井主机变压器的电源，使变压器投入使用。待变压器工作平稳后，接通电源输出开关，检查竖井所需的各种电压，并接通竖井及后配套上的照明系统，同时检查竖井上的漏电监测系统，确定接地的绝缘值，以满足各设备工作的需要。

（2）检查气体、火灾监测系统监测的数据、结果。确定竖井可以进行掘进作业。确认所有灯光、声音指示元件工作正常。确定所有调速旋钮均在零位。

（3）检查液压系统的液压油油位、润滑系统的润滑油位，如有必要马上添加油料。确认给水、通风正常。

（4）接通竖井的控制电源，启动液压动力站、通风机、竖井自身的给水（加压）水泵。根据施工条件，确定是否启动排水水泵。

（5）确定风、水、电管线延伸等各种辅助施工进入掘进工况。

（6）检查测量导向的仪器工作正常，并提供正确的位置参数和导向参数。根据测量导向系统提供的竖井的位置参数，调整竖井的姿态，确保方向偏差（水平、圆周）在允许误差范围内，撑紧水平支撑靴达到满足掘进需要的压力。

三、注意事项

（1）当竖井到达始发洞室，刀盘和岩面接触后，关注初始掘进参数。

（2）竖井破岩掘进之前，须对洞轴线进行校核，竖井本身导向系统与人工校核2种方法分开进行，并定期进行比较，以保证轴线准确。

（3）掘进机开始掘进时的围岩分类将采用Ⅳ类围岩支护，确保掘进机顺利通过。

（4）在竖井试掘进初期，必须尽快将竖井姿态调整至设计允许的偏差范围内[88]。

（5）用最短的时间熟悉掌握掘进机的操作方法、机械性能，培训合格的设备操作人员与维护管理人员。

四、竖井掘进机试掘进技术研究

竖井掘进机的控制系统位于地面主控制室。在掘进之前，首先检测设备的姿态是否正确，以确保设备处于垂直状态。如果设备不垂直且偏差超过40mm，则通过支撑靴和稳定器进行调整以确保垂直方向。之后撑紧撑靴、稳定器，启动垂直斗提机，刮板除渣装置，然后启动刀头，为竖井施工做准备。竖井施工需要根据地层地质找到合适的转速以及贯入度[77]。

当发现设备偏转时，将设备偏转方向反侧的撑靴靴板和稳定器护盾收回，将设备偏转方向侧的撑靴靴板和稳定器护盾继续伸出，通过反推力将设备中心轴线调整至与井筒设计轴线重合；当发现设备在圆周方向上发生滚转后，收回撑靴和稳定器，启动刀盘，由于整机摩擦阻力大于刀盘上方所有结构件转动的摩擦阻力，刀盘不动，其余结构会产生反转，实现滚转姿态纠正。

在竖井掘进机掘进作业时，需要同步或者交叉进行开挖、出渣、换步、物料运输、井壁支护、管道延伸等工作。由于此时尚未安装井架，设备的出渣、导向和管道延伸均不同于正常施工工序。刮板链排出渣土存放于出渣仓后，通过地面吊车下放吊桶进行接渣，运至地面后进行排放，掘进过程中设备导向主要通过人工测量实现。后配套吊盘放置在地面上，其与主机连接管路预留30m长度。

以宁海具体工程施工为例（见第十章），试掘进期间前2m由于在制作始发井时采取的打眼放炮挖掘，在始发井底有碎石，并且附近地层受爆破影响变得比较破碎，就导致前2m开挖过程中存在大块孤岩，从而影响进尺，首次始发掘进过程岩渣的具体分布情况如图4-3～图4-6所示。

图4-3　始发前2m破碎地层、岩渣堆积

图4-4　正常掘进井底岩渣

图4-5　岩渣遇水

图4-6　渣场岩渣情况

试掘进期间出渣流程如图4-7、图4-8所示。

图 4-7 刮板运行区域岩渣

图 4-8 刮板刮渣

试掘进期间井壁成形如图 4-9、图 4-10 所示。

图 4-9 始发前 2m 成形岩壁

图 4-10 正常成形井壁

在竖井掘进机始发掘进过程中，岩粉遇水泥化，容易黏结在结构上，随着新渣的出现与湿渣混合搅拌，造成岩渣越来越黏，刮板刮渣中岩渣无法脱落，出渣困难。需要对已经成井的井壁破碎带和断层进行锚网喷支护，减小刀盘处的积水，另外可以增加截水槽对井壁渗水进行预处理。同时，在掘进过程中需要密切关注凿岩掘进过程中存在的偏斜问题。

第五节 竖井掘进机正常掘进

竖井掘进机正常掘进主要施工工序为：掘进、出渣、换步、物料运输、井壁支护、管道延伸等，具体施工流程如图 4-11 所示。

（1）掘进、出渣同步施工。在设备开始掘进之前，应保证设备处于垂直状态。如果设备的姿态不垂直且偏差大于 40mm，则需要通过支撑靴以及稳定器对设备进行调整。在设备状态调整之后，撑紧靴撑与稳定器，依次启动垂直斗提机以及刮板除渣装置，最后启动掘进机刀盘，准备掘进施工[77]。

掘进施工需要根据现场地层地质状态，调整合适的转速及贯入度。鉴于该竖井掘进机设备的最大掘进行程为 1.2m，以一次支护段高 1.5m 计算，竖井掘进机每 1m 换步一次，每掘进 3m 支护两次，水管、风管等每 6m 延伸一次。

（2）换步作业：竖井掘进机换步时需要增加稳定器的撑紧力，刀盘停转，继而将刀盘置于地面上，待刀盘置放稳定后，收拢撑靴然后控制推进缸，将撑靴下置完成换步作业，换步完成后重新撑紧撑靴，确认撑紧后，降低稳定器的撑紧力，之后检查设备姿态准备重启刀盘，进行下个循环掘进[77]。

（3）井壁支护：掘进工序完成后，根据地层情况进行井壁支护，需要支护班人员下井，依据井筒设计，可锚网喷支护或模板浇筑支护进行灵活选择。

（4）管线延伸：每掘进 4m 后，对管线进行延伸，需要延长的管线有软风筒、供水管、排水管，其中供水管、排水管为 2 台 5t 稳车钢丝绳悬挂固定，软风管采用 2 台 25t 吊盘稳车钢丝绳悬挂固定。

（5）姿态调控：采取掘进自动导向系统和人工测量相辅的方式进行竖井掘进机姿态监测。通过调整推进油缸压力差和控制稳定器油缸压力，保证竖井掘进精度。

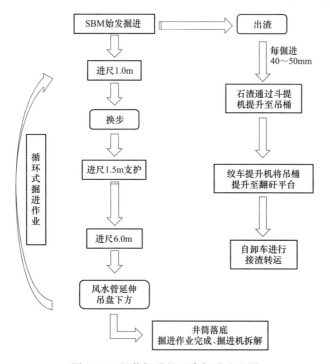

图 4-11　竖井掘进机正常掘进流程图

竖井掘进机采用掘进出渣、支护、管线安装单行作业形式进行施工组织，根据支护循环高度每 3m 为一个施工循环进行综合效率分析，理论上每掘进 3m 竖井综合耗时为 7.75h，平均每天可完成 3 个循环工 9m 竖井施工，每月按照 25 天工作，综合施工效率可达 225m/月。

竖井掘进机正常掘进具有如下特点：

（1）施工速度快：竖井掘进机实现了连续作业，在掘进作业的同时完成排渣，一次成孔，施工速度快、效率高[89]。

（2）施工质量高：竖井掘进机避免了爆破作业对围岩造成的扰动，机械开挖井壁光滑平整，超挖量小，减少了混凝土衬砌支护的工作量[90]。

（3）综合经济效益好：施工速度快，施工工期短，大大提高经济效益和社会效益，运营后还可降低运行维护费用。

（4）安全文明施工：掘进机的施工大幅度减少了施工人员的体力工作量，有效改善了工人的劳动条件，完全避免了爆破施工造成的人员伤亡，大大减少了事故的发生[91]。

（5）环保施工：降低了环境破坏、尘埃及弃渣减少，施工环境较好。

（6）系统化程度高：整个竖井系统中的各个子系统都要同时运转，这些链接中的任何一个若不协调或故障，将导致整个系统的故障[90]。

（7）导向精度高：竖井掘进机导向系统借鉴了国际先进导向系统进行设计，具备实时监控的功能；掘进方向可及时/随时调整，保证竖井轴线在设计允许偏差范围内[92]。

（8）信息智能化程度高：竖井掘进机主机监控系统获取竖井掘进施工全过程中的装备运行参数和运行状况参数，并可实时传输到地面管理决策人员，实现对竖井的施工运行做到了实时监控[90]。

（9）施工管理要求高：竖井掘进机是涉及多学科技术的大型施工设备，要求施工管理人员具备包括电气工程、机械工程、地质工程和隧道施工等多学科在内的综合知识和较高的施工管理技能[90]。

第六节 小 结

结合竖井掘进机应用工程实际，介绍竖井掘进机整机调试，始发井的施工，掘进等相关内容，总结了竖井掘进机掘进施工工法及关键技术，得到以下主要结论：

（1）竖井工程正式掘进之前，需完成场地平整、始发井修建、设备组装、地面井架及吊盘组装等准备工作。竖井施工设备可分为井上辅助设备和井下掘进设备两大部分。

（2）竖井掘进机掘进参数应根据地层状况进行调整。在正式掘进之前，通常采用小贯入度和小推进速度开始缓慢掘进。通常贯入度设定为 2mm，转速调整为 4r/min，待设备进入稳定地层后恢复正常掘进状态。

（3）竖井掘进机通过地面主控室控制设备运行，掘进前要对掘进机的位置姿态进行检测，确保掘进机处于垂直状态。如果掘进设备不满足垂直状态且偏差大于 40mm，需要通过撑靴和稳定器进行调节。然后撑紧撑靴、稳定器，启动竖直斗提机及刮板清渣等设备，启动刀盘，准备进行掘进施工。掘进机的贯入度以及转速等关键参数需根据地层状态而定。

（4）竖井掘进机主要包括掘进、出渣、井壁支护等关键施工工序。按照各工序需要的时间计算，竖井掘进 3m 共需花费 7.75h，按平均每天完成 3 次工序循环，每月 25 天工作，可计算得到设备综合月进尺可达 225m/月。

第五章

竖井掘进机导向技术

第一节 概 述

随着地下空间开发利用的不断发展，社会对竖井工程的需求日益旺盛。竖井深度越大，其对竖井开挖设备的导向精度要求越高，以保证在达到目标深度时，其垂直度在设计允许范围内。传统竖井施工，一般采用边掘进边测量的方法。在施工过程中依据测量数据人工对设备方位进行调整，对测量人员水平、测量精度和对设备的操控技能依赖性高，现场容易产生掘进偏斜问题。竖井掘进机将隧道掘进理念引入竖井施工，实现了盲井施工的机械化、智能化、产业化，既保证了施工安全，又提高了施工效率。竖井掘进机相比于传统的竖井钻机工具，不但安全可靠性与施工效率较高，而且成本与对环境的影响都较小，但掘进机在掘进方向偏离设计方向时，不能通过后退进行方向纠偏。因此，必须在竖井掘进机中采用自动导向技术。本章主要介绍采用竖井掘进机施工过程中，设备自身的姿态检测、导向技术以及井筒自身的检测及成井质量检测技术。

第二节 导向系统概况

随着巷道，竖井施工向安全、优质、高效和无人化方向发展，一个大的趋势已经显现，即加强掘进机向智能化方向发展。对于全自动掘进机，必须面对的一个核心问题是掘进机位置及姿态的自动测定，而要解决该问题，一个必然的方向就是要开发研制自动掘进机[93]。目前，自动导向技术在隧道掘进施工过程中已日臻成熟。目前得到广泛应用的导向系统主要包括：日本 ENZAN 公司所开发的 Robotec 系统，采用三棱镜法测量三个全反射棱镜的三维坐标，而掘进机前进的三维坐标也可以求解并运算出来；上海力信电气技术有限公司 DS2000 自动导向系统和德国的 PPS 导向系统利用掘进机轴线与两个反射棱镜轴线之间的夹角并以两棱镜法为基础，解算得到掘进机的方位角[94]；日本的 KEIKI 公司开发的 TMG-32B 和 TELLUS 导向系统，采用陀螺仪和倾角仪相结合的方法测量掘进机的姿态；德国 VMT、英国 ZED 系统利用光敏器接收全站仪激光，并通过激光靶内部倾角仪实现掘进机的姿态测量；天津大学精密测试技术及仪器国家重点实验室为了有效的提高测量精度，研发了新型激光标靶并结合倾角仪和 CCD 相机来达成此目的[95]。相比而言，导向系统在竖井掘进机的应用还较少，很多关键技术，如导向算法，图像处理等还不够成熟。

近几十年来，随着隧道掘进机技术取得了突飞猛进的发展，关键导向技术也得到了充分的研究。导向系统主要有以下形式：

1. 陀螺仪导向系统

陀螺仪导向系统是采用陀螺仪测量掘进机的方位角，自行测定方位角和倾斜度。结合相关的姿态管理系统，能够更好地进行对掘进机的施工过程管控。但是由于影响陀螺准确度的原因众多，加工过程偏差以及信号测量偏差所导致的陀螺漂移都将严重影响测量准确度。另外，温度的变动也对陀螺仪的机械特性有着很重要的影响，无疑会导致陀螺仪精度的下降。

2. 棱镜法自动导向系统

棱镜法自动导向系统是使用全站仪测量安装在掘进设备上的三个反射棱镜，凭借掘进机的轴中心与其之间的相互位置来计算掘进机的掘进路线是否偏移。采用此方法需要预留出充足的空间，保证全站仪的测量路径不会被遮阻。目前通过对该导向系统的棱镜法进行改良，只需要两个发射棱镜外加一个双轴可倾角传感器，大大减小了所需工作空间，可应用性更强。鉴于竖井掘进过程中能够有效利用的空间较小，故此导向系统仍有很大的局限性。竖井掘进机施工时产生的晃动较大，对全站仪测量的精度影响较大。

3. 激光靶式导向系统

激光靶式导向系统采用激光及全站仪作为主要测量设备，是一种定向装置，利用激光束离地面有一定的距离，并产生干涉效应，从而达到探测目标位置及方向的目的。为了能够更加精确地获取掘进工作面的地质参数，提出了一套基于激光技术的掘进机智能引导方法。该方案中先利用全站仪对激光靶反射棱镜坐标进行测量，再利用激光靶对测量激光进行接收计算掘进机方位角，同时利用激光内部倾角传感器对掘进机俯仰角及滚动角进行测量。方案仅需一个测量通道即可在一个测量过程内完成隧道掘进机的姿态测量，从而节省测量空间，提高测量精度。掘进机最常用的导向系统是海瑞克 VMT 激光靶式自动导向系统。通过对这 3 个角度值进行处理后就可得出掘进机所要到达的位置以及相应的方向。该方法不仅适用于地下工程领域，而且也适用于其他类似场合的作业。德国 VMT 公司激光靶式自动导向系统以其功能齐全，测量精度高的优势，代表掘进机自动导向技术国际领先水平。VMT 激光靶式自动导向系统以实际施工所得测量数据为基础，可使掘进机掘进偏差量测量精度控制在 ±10mm 以内，有效地控制掘进机掘进，最终使隧道顺利贯通[96,97]。

综合而言，棱镜式的结构简单、价格便宜，并且在改进棱镜式导向系统的各项方案中，设计了使用调光玻璃可遮挡测量棱镜装置。但由于激光靶式技术与棱镜式相比具有占用测量通道少，精度高等优点，因此竖井掘进机导向系统设计应重点参照激光靶式技术[96]。

第三节　导　向　装　置

竖井掘进机导向系统是利用传统竖井测井技术结合光电传感技术设计的。在井筒中心设计一套垂线装置，为井筒中心同设备的标定校准提供基准参考，同时在设备中心设置激光靶，设备撑靴平台设置倾角仪，利用倾角仪测得掘进方向两个轴上的偏转角度。

通过两束激光发射器、激光靶、采用图像定位算法得出旋转角，最终达到设备导向的目的，导向系统示意图如图 5-1 所示。

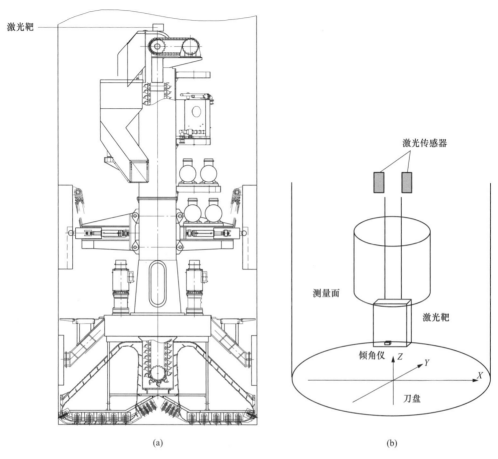

图 5-1　导向装置系统示意图

（a）导向装置剖面图；（b）导向原理示意图

　　竖井掘进用激光导向装置，包括竖井掘进机，在竖井掘进机中部设置有供激光穿过的通孔，在通孔下方的竖井掘进机内设置有激光靶，激光靶的靶面为 PVC 透明塑料板且与通孔相对应；激光发射器设置在地面并通过通孔将发射的激光照射到激光靶的靶面上；在激光靶的底部设置有倾角仪，倾角仪检测激光靶的倾斜角度并将检测信号通过光纤传输到地面的上位机内；所述激光发射器选用量程 300m 的测距量程；相机选用 600 万 basler 黑白工业相机；倾角仪选用±15°范围的倾角仪。

　　在竖井掘进机中间位置开直径 300mm 的通孔，通孔下部平台上放置一个激光靶导向盒子，用于接收放置地面上的激光发射器发射的两束激光点；倾角仪放置激光靶底部面上，用于测量左右倾，前后倾的角度，如图 5-1 所示。激光靶内置相机，用于拍摄激光点的位置。测得竖井掘进机的旋转角，及刀盘面上 X 轴和 Y 轴方向的两个偏差。

　　在硬件方面，检测装置的选取原因如下：

（1）因激光发射器和上位机放置洞上，随掘进深度加深，在通信方式上仅靠网线传输已不能满足通信的实时性，通过采用网线转光纤传输模式解决通信传输问题。

（2）因激光靶面是竖直朝上的，需保证激光靶面防砸，且透光性好。先后采用防砸玻璃、尼龙板、透明 PVC 塑料板进行对比测试：防砸玻璃有一定厚度，会导致激光发生折射现象，相机拍摄采点与实际不符；尼龙板在黑暗环境下透光性较差；最终选用既防砸、透光性好、且不会造成折射现象的 PVC 透明塑料板。

（3）倾角仪选用±15°的范围进行测量。

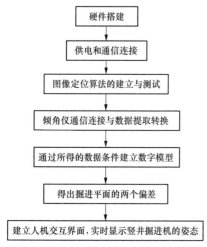

图 5-2 竖井掘进机导向控制流程图

（4）相机选用 600 万 basler 黑白工业相机进行采集并计算旋转角度和偏差值。激光发射器选用量程 300m 的测距量程。

通过上述硬件选型并进行硬件搭建，按照如图 5-2 所示流程图进行研究测试并验证优化，保证测量准确可靠。

竖井掘进机在电控方面设计原则为尽可能减少井下电器元件，能放置地面的设备尽可能放置地面，经过讨论分析在具体工程项目中，供电、控制设备均采用地面放置、电缆下井的方式进行供电、信号传输及控制，减少下井装备。设备控制系统设计 2 套，其中 1 套为液压本地控制，1 套为地面控制室控制。设备掘进、出渣、监控等可采用计算机远程控制，主控室设计在地面操作，操作人员无需下井，减少井下施工人员需求。

第四节 导向控制技术

竖井掘进机导向系统是结合测井技术和光电传感技术研制而成。基本原理为利用一套垂线装置来进行井筒中心同设备的标定，在设备中心处放置激光靶，同时将倾角仪放置在设备撑靴平台处。通过两束激光发射器、激光靶、采用图像定位算法得出滚动角；采用倾角仪测得掘进方向两个轴上的偏转角度；达到设备导向的目的。该系统通过两束激光发射器、激光靶、通过图像定位算法得出滚动角；采用倾角仪测得掘进方向两个轴上的偏转角度；通过两束激光点的位置坐标和三个轴上的偏转角度建立数学模型，经数学模型计算得出掘进机掘进方向两个轴向的偏差值。得出的三维坐标轴的三个角度和两个偏差值可实时监测竖井掘进机的一个姿态，确保竖井掘进机沿着直线向下掘进。该测量系统有助于避免施工中出现掘偏事故，具有重要经济效益。

图 5-3 为深竖井掘进机施工导向控制技术示意图，导向控制系统主要由高清电子眼、井架、图像识别处理器、高清显示器、控制器、主机控制柜、目标主机、液压推进油缸和液压支承油缸等部分组成。高清电子眼固定于井架上，图像识别处理器、高清显示器、控制器和主机控制柜位于地面主控室内；高清电子眼、井架和目标主机的中轴线重合；

液压推进油缸和液压支承油缸附属于目标主机下方与竖井井壁紧密贴合；主机控制柜和目标主机通过无线网络连接；主机控制柜控制目标主机的掘进参数，高清电子眼捕获目标主机轮廓图像后通过图像识别处理器集中处理获得目标主机的掘进量和偏斜量信息，并将图文信息输出到高清显示器中，控制器将掘进量和偏斜量信息与阈值比对后将调整指令输出至主机控制柜进而控制目标主机及其附属液压推进油缸和液压支承油缸的工作参数，通过循环判断调整进而对掘进导向进行精确控制，从而避免偏斜掘进现象发生（见图 5-4）。

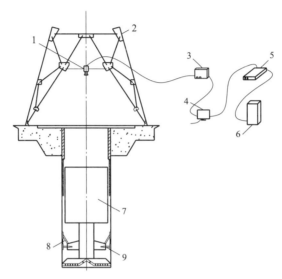

图 5-3　基于图像识别的深竖井掘进机施工导向控制技术示意图
1—高清电子眼；2—井架；3—图像识别处理器；4—高清显示器；5—控制器；
6—主机控制柜；7—目标主机；8—液压推进油缸；9—液压支承油缸

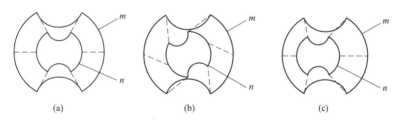

图 5-4　目标主机正常掘进、逆时针旋转和向左倾斜执行动作示意图
(a) 正常掘进；(b) 主机逆时针旋转；(c) 主机向左倾斜
注：m 为上次轮廓，n 为本次轮廓

使用所述的基于图像识别的深竖井掘进机施工导向控制技术，包括以下步骤：

（1）依次连接高清电子眼、图像识别处理器、高清显示器、控制器、主机控制柜和目标主机进行联测联调，确认各功能部件和网络延迟均符合施工要求；

（2）目标主机掘进的同时启动高清电子眼，根据掘进深度设定高清电子眼对目标主机 7 轮廓图像的采集频率，深度越大频率越高，最低采集频率不低于 6 张/min；

（3）图像识别处理器对高清电子眼拍摄图像进行处理，识别主机轮廓后与前次数据对比，得到目标主机位置及姿态数据并传输至显示屏进行显示，为操作者和工程技术人员决策提供依据；

（4）设定偏斜阈值，当目标主机发生偏斜并达到阈值时，相关数据传送至控制器，控制器依据偏斜方向和偏斜量做出控制决策；

（5）控制器与主机控制柜进行通信，将相关控制决策传输至液压推进油缸和液压支承油缸等动作执行部件，进行目标主机姿态调整。

第五节　导向控制算法

一、偏差及旋转角算法

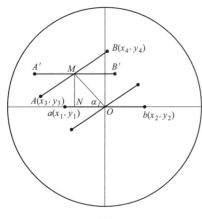

图 5-5　竖井掘进机偏差
及旋转角计算模型图

竖井掘进机偏差及旋转角计算模型如图 5-5 所示，$a(x_1, y_1)$ 和 $b(x_2, y_2)$ 为初始标定时两束激光点的坐标，$A(x_3, y_3)$ 和 $B(x_4, y_4)$ 为竖井掘进机发生旋转和偏移后定位的两个激光点的坐标，$A'B'$ 为 AB 旋转回正后的两点，$M(x, y)$ 为 AB 之间的中点。

NO 为 X 轴上的偏差值，MN 为 Y 轴上的偏差值。算法计算过程：

$$\vec{OP} \times \vec{OQ} = |OP||OQ|\cos\alpha \tag{5-1}$$

$$x = \frac{(x_3 + x_4)}{2} \tag{5-2}$$

$$y = \frac{(y_3 + y_4)}{2} \tag{5-3}$$

$$|ON| = |OM|\cos\alpha \tag{5-4}$$

$$|PQ| = |OM|\sin\alpha \tag{5-5}$$

由公式可得偏向角 α 的值：$|ON|$ 和 $|MN|$ 分别为两个方向的偏差值。

旋转角 β 由 ab 向量和 AB 向量计算得出：

$$\vec{ab} \times \vec{AB} = |ab||AB|\cos\beta \tag{5-6}$$

二、掘进设计轴线计算算法

竖井导向系统其根本任务就是对竖井整个施工过程进行导向测量，指导掘进机按设计轴线掘进，并在规定时间内以规定精度正确贯通。竖井导向系统以坐标转换算法为核心，将掘进机特征点联测至相应工程坐标系中，再由设计轴线求解得到特征点相应设计工程坐标，借助位姿算法计算出掘进机导向参数，指导技术人员掘进。同时借助于推进油缸位移传感器行程值纠偏曲线的规划与预测排版，提供了基准数据[98]。

接下来进行直线段算法的介绍[96]：

在直线段上，北坐标和东坐标是一个简单的线性关系。如图 5-6 所示设直线段上两点，θ 为点 A 到点 B 的方位角，其中 A 点的坐标已知。在城市坐标系中，点 B 坐标可表示为下式：

$$X_B = X_A + L \times \cos\theta$$
$$Y_B = Y_A + L \times \sin\theta \tag{5-7}$$

式中　$A(X_A, X_B)$——起始点坐标；

　　　$B(X_A, X_B)$——距离起始点 A（X_A，X_B）里程处 L 的一点；

　　　　θ——直线段上点 A 到点 B 的方位角。

坐标转换算法如下：

竖井导向中存在三个空间直角坐标系：施工坐标系，掘进机刚体坐标系和激光标靶坐标系。掘进导向的坐标转换旨在把掘进机机身盾首和盾尾等特征点刚体坐标变换到施工坐标系中，并求得它们对应的工程坐标[98]。

坐标的转换过程[98]：

（1）先转换姿态角度，为了三个坐标轴与目标坐标系坐标轴平行，经过姿态角转换现有的坐标系，同时坐标值也随之改变（见图 5-7）；

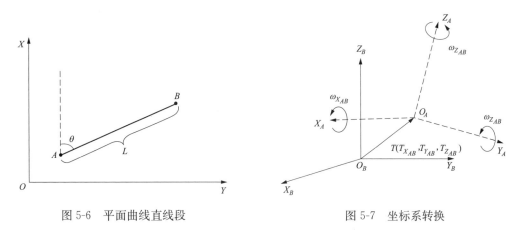

图 5-6　平面曲线直线段　　　　　　　图 5-7　坐标系转换

（2）其次缩放长度单位，使其与目标坐标系一致。此时，新旧两个坐标系之间只存在位移差，如图 5-8 所示。

三、图像定位算法

掘进机主控系统控制器硬件软件建立完成后，通过相机完成靶面激光光斑的测量，在不同测量距离且不同亮度环境条件下采集多组照片，基于 Gamma 校正完成图像的预处理，调整图像亮度或者对比度。而后使用最大类间算法、卷积运算进行阈值分割和激光点的边缘拟合定位。最后通过多组采集照片进行定位分析，同时进行参数优化验证，满足多种情况下的激光准确定位。

1. 图像预处理

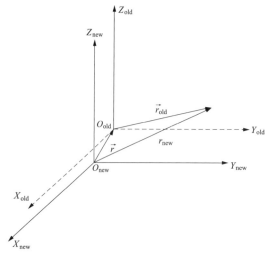

图 5-8　新旧坐标系位移差

图像预处理指对图像应用亮度、对比度进行 Gamma 校正，即对图像的 Gamma 曲线进行编辑。Gamma 曲线通常是一个乘幂函数，如下式所示：

$$Y = (X + e) \cdot \gamma \tag{5-8}$$

式中　Y——亮度；

X——输出电压；

e——补偿系数；

γ——乘幂值 Gamma 值。

Gamma 校正原理假设图像中任何一个像素值只能是 $0 \sim 255$ 这 256 个整数中的某一个；在 Gamma 值已知的前提下，经过"归一化、预补偿、反归一化"操作后，得到一个唯一并且落在 $0 \sim 255$ 这个范围内的结果。对每个整数依次执行一次预补偿操作，在预先建立的 Gamma 校正查找表中存入预补偿操作得到的预补偿值，就可以使用该表进行校正[99,100]。

2. 阈值分割

在阈值分割图像时，选定的分割阈值应使前景区域的平均灰度、背景区域的平均灰度与整幅图像的平均灰度之间差别最大，通常以区域的方差来表示这种差异。本章采用最大类间方差法进行阈值选取。

令图像中前景（即目标）和背景的分割阈值记作 T，前景像素点数占整幅图像的比例记为 ω_0，其平均灰度 μ_0，背景像素点数占整幅图像的比例为 ω_1，其平均灰度 μ_2，图像的总平均灰度记为 μ，类间方差记为 σ[101,102]。

$$\mu = \omega_0 \mu_0 + \omega_1 \mu_1 \tag{5-9}$$

$$\sigma^2 = \omega_0 (\mu_0 - \mu)^2 + \omega_1 (\mu_1 - \mu)^2 \tag{5-10}$$

采用遍历的方法得到使类间方差最大的阈值 T。

3. 定位优化算法

激光光斑点外沿需去除一些较暗无效点，从而提高激光点位置坐标的精准度，减小误差。通常采用中值滤波方法在保护感兴趣区域的同时，去除孤立噪声点。图像预处理后的二值图像，激光点外沿通过二维卷积进行边缘检测。二维卷积可采用线性卷积的 direct 算法或者基于 FFT 的二维卷积的 frequency domain 算法[100]。

四、导向技术试验验证

为了验证竖井掘进机导向系统的有效性、可靠性，在正式掘进施工前在室内进行试验验证，共设计两组试验，试验验证装置如图 5-9 所示。

试验 1：通过改变不同距离条件下激光发射器激光点大小和亮度变化，验证不同距

图 5-9　定位优化算法验证装置

离下定位优化算法是否准确定位激光点的位置坐标。

试验 2：模拟竖井激光导向的位置，移动激光靶位置或者激光靶发生倾斜，验证实际旋转角与倾斜角及偏差与测量值是否一致。

导向技术试验验证测量数据如表 5-1 所示。结果显示偏差误差在 ±1mm 内，旋转角度的误差在 0.5° 以内，满足现场施工需求。

表 5-1　　　　　　　　　　　　导向技术试验验证数据

序号	X 方向		Y 方向		Z 方向	
	实际偏差（mm）	测量偏差（mm）	实际偏差（mm）	测量偏差（mm）	实际旋转角（°）	测量旋转角（°）
1	5.0	4.6	0.0	0.0	0.0	0
2	5.0	4.6	5.0	6.0	0.0	0
3	5.0	4.6	5.0	6.0	10.0	9.68
4	10.0	9.1	5.0	6.0	10.0	9.68

第六节　导向技术优化

浙江宁海抽水蓄能电站工程建设过程中引入了国内首台大直径全断面竖井掘进机进行竖井开挖，基于竖井掘进机在宁海抽水蓄能电站竖井工程，结合导向系统在实际应用中存在的问题，对导向技术的误差原因做进一步分析并提出相应的优化措施。

一、导向技术误差原因分析

1. 仪器精度

测量工作由仪器完成，测量误差不可避免地受仪器精度影响。对于导向系统，仪器包括全站仪，激光包括工业相机，倾角传感器以及棱镜等，这些仪器的精度决定着竖井掘进机直接测量的精度，全站仪以及棱镜决定着坐标测量的精度，而激光则决定着角度测量的精度。在选择导向系统的硬件时，可以用《城市轨道交通工程测量规范》为依据，竖井测量平面偏差高程偏差取位精度 1mm，角度（俯仰角、方位角、滚动角）取位精

度 $1'$[96]。

本章所选全站仪测距精度 1mm＋1ppm，测角精度 2″，竖井一般测量距离在 200m 以内，棱镜对中精度低于 1mm，光束角偏差低于 2″；使得该型全站仪与棱镜匹配精度基本达到了 1mm 的测量要求。激光靴的精度从 0.01° 转换到 0.6′ 即可达到角度精度要求[103]。

2. 激光靶导向系统测量精度

掘进机姿态解算方法在激光导向系统与掘进机控制测量有着本质的区别：前者通过直接采集一个参考点的地面坐标及三个转角参数，正解刀头和盾尾的地面坐标；而掘进机的控制测量则通过采集若干个（至少三个）参考点地面坐标，反解刀头和盾尾的地面坐标以及三个转角参数。偶然误差也可以通过采用三个地面坐标点来进行反复消除。掘进机控制测量比激光导向系统具有降低偶然误差产生的优点，这就是采用掘进机控制测量来配置及校核激光导向系统参数的必要性。掘进机控制测量与激光导向系统的地面坐标原始数据均采用闭合导线形式从洞外控制点得到的测站坐标与定向点（后视）坐标[104]。因此，激光导向系统和掘进机控制测量的误差主要还是需要提高洞内外控制测量的精度，这是提高测站点，后视点的主要因素。通过以上分析，实时地对测站点与后视点的复测是非常重要。每一个周期必须要对施工洞内的闭合导线控制网加强复测与平差，减少测量误差对激光导向系统的影响。

3. 导向系统通信延迟或中断

掘进机在掘进过程中，导向系统通信延迟或中断，主要是导向系统接收天线的问题，可能天线损坏、折断或者接触不良，应及时更换。

4. 计算模型精度

竖井掘进机导向计算过程分两步进行，首先是进行竖井掘进机首尾坐标的计算，接下来是将竖井掘进机首尾坐标与设计曲线进行比较得到平面与高程偏差[96]。

5. 安装精度

导向系统选型的一个重要依据就是在上文中提到的仪器精度与计算精度。现场安装的精度则是在导向系统现场使用中最重要的，它包括全站仪的安装精度、棱镜的安装精度，以及激光的安装精度。在后续测量中，要以全站仪棱镜以及激光勒的安装位置为基准，以全站仪棱镜以及激光勒的安装精度来决定精度。接下来首先讨论全站仪和后视棱镜的安装精度。全站仪及后视棱镜装在架子上，随着竖井连续开挖需连续移站。按转弯半径一般在掘进数十米至百余米时需移站一次。这样，移站的精度就显得尤为重要。全站仪安置时的定位误差和整平误差也同样存在在导线测量过程中。同时，全站仪以及后视棱镜在竖井导向测量中会长期使用，而且移站后视棱镜会置于原全站仪位置。为了避免全站仪的定位误差和移站时安放测量的复杂性，可以制作强制归心盘放在放置全站仪的架子上。但为了保证后续测量的精度，在每次安置全站仪时，必须要对其进行调平。接下来讨论激光勒的安装。我们可以通过激光靶测量来得到竖井掘进机的俯仰角和滚动角。在设计中，激光靴两轴线方向应分别与盾构机轴线及盾构机断面重合。但在这个过程中安装误差是避免不了的，因此不会与其完全一致。这样测得的俯仰、滚动角与实际俯仰、滚动角之间存在一定的差异[96]。

6. 外界环境的影响

在进行测量时，测量结果会有一定的偏差，这是因为外界环境随时都在发生变化。具体在竖井施工计量工作中，外部因素主要包括空气度、竖井通风风力、施工出土粉尘及其他因素[96]。

7. 人为因素

首先，因为在整个测量过程当中，会进行对中，整平以及瞄准等人工操作，在这些人工操作过程当中一定会因为人们在感觉器官观测过程当中鉴别能力不同而出现误差。除此之外，不同技术水平和不同的操作熟练程度的观察者也会对测量结果造成大小程度不等的差异[96]。

二、导向误差的修正

1. 仪器误差修正

一般通过对获取的数据使用数据滤波技术来修正仪器误差。以多次测量并求其平均值的方式计算来修正倾角传感器的误差；采用中值滤波对拍摄图像去噪处理，使中心点像素凸出来修正工业相机产生的误差；由于激光发射要保持设备处于水平状态才能保证良好的测量精度，因此每一次测量都会把设备水平状态读回并显示在控制电脑中，提醒操作员全站仪正常运行。所以采用状态提示的方式来修正激光发射器的误差。

2. 外界环境修正

通常以参数修正的方式来应对空气密度和温度的变换问题。对于倾角传感器，一般采用修正温漂的方式来保证其测量精度。对于全站仪的测量精度，要对全站仪的温度与大气环境的参数进行调整来保证。

3. 安装误差修正

正在安装时，为了保证定位精度，在全站仪和后视棱镜安装时，要使用强制归心盘。在激光发射器安装时，要保证安装精度偏差小于标准要求。

4. 人的原因修正

在该系统中，主要是对比人为测量的后视棱镜与全站仪坐标的数据与实际输入的理论数据，如果这两组数据的差距过大，则要重新对它们进行测量。

隧道掘进信息管理系统，包括通过盾尾间隙测量系统及其他自动化测量系统测得的掘进姿态参数以及隧道掘进机掘进参数记录成报表，便于施工单位管理施工情况。

预警系统，隧道施工中因地质情况不清极易发生一些预料不到的危险灾害。当地质探测尚不能完成地质情况的预测时，对已有隧道掘进的信息数据进行数据挖掘来分析已有工程中存在的问题，然后针对可能发生的危险情况做出预警以确保安全掘进。

基于专家系统的自动掘进系统，通过对隧道掘进信息数据的分析和学习形成专家系统，以帮助驾驶员乃至代替驾驶员实现自动掘进。系统将其拓展到其他需要进行定位的装置上，如顶管机、竖向隧道掘进机、预切槽及其他设备；现已扩展应用于中国铁建重工集团预切槽工程[96]。

第七节　姿态控制及纠偏技术

一、姿态调整原理

在井下施工的掘进机，应当严格按预先设计的巷道轴线进行行走，但施工时由于地质环境、掘进机设备及施工人员技术等原因的影响，掘进机所挖巷道常常偏离设计路线，则需通过掘进机位姿调节控制系统来调节掘进机行进姿态，以确保掘进机按预定设计路线前进。掘进机掘进时可能与设计轴线存在水平偏差、俯仰角偏差以及滚动偏差等，需通过调整撑靴和支撑液压缸来纠正位姿偏移[74]。

刀盘稳定装置是竖井掘进机的稳定器，它主要是用来提供装置反扭矩，稳定刀盘，减小刀盘震动和控制装置掘进方向。我国竖井钻机钻头导向器以靴板式为主，部分硬岩钻机以辑式为主。导向器辑子或者靴板工作原理是在钻头偏斜情况下，接触板与井壁发生接触，产生一定的约束作用，从而对钻头与钻杆之间的垂直度进行约束，进而减小钻头摆动及偏斜量[75]。稳定器提供支撑力，施加在围岩上，保证掘进机稳定掘进施工。稳定器下方的工作平台提供了进行井壁支护的空间，同时方便进入掘进机刀盘区域。

在主机顶部位置的撑靴推进系统为掘进机提供推进反力，推进反力由撑靴与井壁产生的摩擦力提供。同时，通过推进缸提供设备推进力，通过径向缸控制设备的掘进方向。除此以外通过撑靴系统的撑靴可以将掘进机进行提升，方便设备的检修。

由于施工误差或地层软硬不均等多种因素影响，掘进过程中可能会出现掘进偏转的现象，即井筒设计轴线和设备中心轴线产生夹角。此时，应首先确定偏转方向，将偏转方向反侧的稳定器护盾和撑靴靴板收回，利用油缸提供的作用力将设备中心轴线重新推回至井筒设计轴线，后续正常进行施工。如果在掘进过程中发现掘进机发生滚转，此时应收回稳定器和撑靴，启动刀盘，由于摩擦力的作用，此时刀盘不动而其余结构反转，会逐渐转回原来的位置。

二、姿态调向机械结构设计

研究推进撑靴、稳定器协同调向机理，通过稳定器、撑靴水平方向不同的推进行程，控制设备左右偏移，实现调向；通过控制不同推进油缸压力，造成刀盘掘进力不同，在掘进过程中实现实时调向，控制设备姿态，调向原理如图 5-10 所示。

借鉴竖井施工测量技术、隧道掘进机导向及调向技术，研究竖井激光导向、设备姿态监测技术，结合竖井施工工艺，提出导向要求。

设计实验室导向监测模型，研究姿态监测算法，通过试验模拟现场工况，测试导向系统的可行性、精度。

三、纠偏方法

竖井掘进机的姿态调整与掘进操作都是在位于地面的主控室内完成的，对设备的开

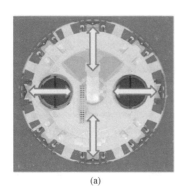 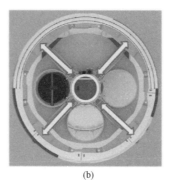 

(a) (b) (c)

图 5-10　稳定器撑靴推进调向控制
(a) 撑靴板调节；(b) 稳定器护盾回收；(c) 油缸调控

挖掘进控制，掘进前首先应对设备姿态是否正确进行检测，从而确保设备呈垂直状态，如若设备不垂直且偏差大于 40mm，则利用撑靴和稳定器达到调整的目的，以确保方向垂直。在设备姿态调整后，将撑靴及稳定器撑紧，启动垂直斗提机以及刮板清渣装置，启动刀盘准备掘进施工。掘进施工的转速和贯入度应当根据地层情况进行选择[107]，根据竖井掘进机掘进机在实际工程中应用表明，该设备在岩层中最大掘进形成可达 1.2m，据此设计支护段高为 1.5m，掘进机每掘进 1m 换步一次，每掘进 3m 共支护 2 次。

换步时需要增加稳定器的撑紧力，与此同时刀盘停止转动后，先把设备放置在地面上待其稳定后，将撑靴收拢，然后再推进控制缸并下移撑靴，完成下移后再重新将撑靴撑进。确认撑紧并减小稳定器的撑紧力，最后检查设备姿态并重启刀盘进行下循环掘进。每次设备掘进 1m，综合计算需要掘进 1 次，换步 1 次。掘进工序完成后，进行井壁支护，需要支护班人员下井，进行材料的倒运，打锚杆、挂网、喷浆整个工序。

第八节　井　筒　检　测

井筒安全检测法通过在国内外的长期发展，现如今已在世界上逐渐在走向规范化、一体化、信息化，逐步形成了先采用先进仪器与手段获取矿井各种信息，再运用计算机科学技术对信息进行处理与统计，最后建立矿井一体化安全检测体系。相对于国外而言，我国井筒安全检测技术虽然正在不断地发展，但不可否认的是与发达国家相比依然还存在着一定的差距与不足，主要表现为检测手段比较单一以及缺乏先进的检测方法及仪器设备[108]。

目前井筒形变及安全检测的主要方法有如下几种方式：首先是在传统测量手段基础上采用钢丝基线法建竖井口下垂钢丝的基线，通过测得井壁特征点距钢丝的距离值求得特征点坐标并由拟合断面获得井筒三维变形来实现井筒形变观测。其次是基于光纤光栅传感器在线监测技术（FBG），通过对井筒周边厚土表层受力规律进行分析，将光纤光栅应力应变传感器（FOG），温度传感器（温度传感器），位移传感器（位移传感器）嵌入到井筒的不同深度处，传感器环境的变化触发了光纤芯区域折射率周期的变化而引起光纤波导条件发生变化，使某一波长产生对应模式耦合，智能解调仪对波长进行分析并采用计算机翻译得到对应变化值，从而实现在线监测的目的。另外还有专业仪器法，即采用专业仪器对井筒罐道垂直度和罐笼三维坐标来反映井筒及内部设备安全形势[108]。

1. 钢丝基线法

钢丝基线法是矿井井筒变形中传统测量手段中使用广泛、稳定、直观的测量方法。测量过程中需要的设备有钢丝、锤球、测量仪器等。先在井口适当地点选择基准点，选择原则是相邻各点间连线应尽量平行于罐笼的长短边，待钢丝下放到地面控制测量中并稳定下来后即可展开地面控制测量。如若条件不能满足设置棱镜的要求，则可选用反射贴片测量，铺设反射贴片时应注意点一定要有良好的视野，同时要保证贴片中心轴线应尽可能地与钢丝重叠[108]。

钢丝顺利下放后由地面控制室将罐笼缓慢下放，到达规定深度时停止下放并测量井壁特征点至钢丝之间的距离，同时由地面控制室对罐笼下放的深度及高程数据进行记录。在数据采集结束后，根据加权整体最小二乘抗差算法对采集到的数据进行平面拟合以准确计算井筒中心偏移并分析井筒变形。从钢丝基线法的整个操作程序上看，该类方法虽然稳定性可靠并且操作难度一般，但由于在整个过程中测量部分都是靠人工进行测量，导致效率较低，而且长时间占用生产通道，产生一定的经济影响[108]。

2. 光纤光栅在线监测法

1978 年加拿大学者 Hill 通过氩离子激光器改变光纤芯的光辐照时间使得光纤芯中产生了光栅，从此光纤光栅走进了人们视野。后来，Meltz 等用紫外光源对条纹进行侧面曝光法，在光纤芯内生成折射率被调制的相位光栅，从而促进了光纤的研究和应用。1989年，Morey（美国）首先对光纤光栅温度和应变传感器进行研究并获得很大成功，从而开创了光纤传感器学科的先河。同年布朗大学 Mendez 教授提出将光纤光栅传感器埋置于混凝土建筑梁内以实现监测的方法，并对实际使用过程中可能存在的问题和基本思路进行了阐述，此后各国都加大了将光纤光栅传感器用于混凝土结构的应用力度[108]。

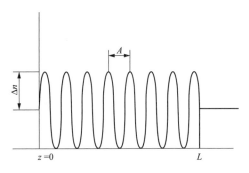

光纤光栅的原理可以理通俗地解释为光纤芯区的折射率由于周期变化从而导致光纤波导条件的改变，进而导致一定波长产生相对应的模式耦合，并使其投射光谱与反射光谱对该波长出现了奇异性 W[108]。可以通过均匀周期正弦光纤光栅为例阐释其耦合模型，其结构见图 5-11。

图 5-11　光纤光栅模型

3. 专业仪器法

在检测矿井井筒方面，国内外都采用过专业仪器法。例如德国 DMT 公司所采用的 ISSM，其先通过解算容器升降过程中的三维坐标，再根据三维坐标的变化便可计算出罐道的偏移量，并且这对研究井筒的形变具有一定的参考价值。但由于该方法测量过程比较烦琐，费用也比较昂贵，所以在我国的应用案例不多，但是对今后井筒变形问题的研究提出了一种新的设想[108]。

第九节　小　　结

从导向系统的原理、装置和算法研究三个方面论述了在竖井掘进机项目中使用导向系统的可行性，并设计相关试验方案验证了自动导向控制技术的可行性。更进一步结合竖井掘进机在具体竖井工程中的应用，对导向技术的误差原因做进一步分析并提出相应的优化措施。在今后的工作中，对于竖井掘进机的导向控制技术，还需要从优化自动导向算法，加强图像处理能力，提高掘进机姿态定位精度等方面进行深入研究。

第六章

竖井掘进机支护设计与施工技术

第一节 概 述

竖井掘进机在进行掘进过程时，上撑靴与稳定器之间会一直存在空帮段，而且掘进过程中还有可能遇到软弱地层、含水层及煤层等特殊地层，如不采取可靠措施，可能会引起片帮、塌方、岩壁涌水及瓦斯等灾害事故，严重威胁着施工人员的人身安全。

对于竖井掘进机存在的空帮段问题，可采用喷射早强混凝土等措施来加固空帮段，不同材料对早期混凝土的性能均有影响，需对比研究影响因素，得到性能良好的早强混凝土配比。对于软弱地层如软岩破碎带等的防护，软弱地层的结构改性需要用注浆法，对于裂隙发育、涌水量大的岩体，在裂隙注入具有凝结性的浆液材料，不仅可以将松散岩石胶结在一起，而且也使岩体密度、强度变高、抗渗透性变好。一般来说，注浆加固可以用于处理断层、破碎带以及突水、突泥等地质灾害，并在实践中取得了良好效果。在井筒水害防治方面，经长期研究总结了"探、堵、引、挡、排、截、封"竖井井筒综合防治水施工技术。水害防治的前置条件是探水，一般可以采用物探和钻孔两种技术结合探水。矿井物探是在煤矿井下针对不同地质异常及问题，运用各种合适的地球物理勘探技术装备进行探查研究的勘探方法总称。井筒掘进工程中，一般可以利用电法进行探水试验，只要测试方法得当，预测结果通常相对准确，可以减少钻探工程量。本章主要介绍适应竖井掘进机施工过程中空帮段临时支护，工作面的防治水以及永久井壁支护设计与施工技术。

第二节 空帮段的应急支护技术

受竖井井壁特殊要求和施工工艺影响，在竖井掘进机掘进过程中，刀盘和撑靴之间会一直存在空帮段。当掘进过程中遇到易风化岩层或低强度岩层时，有必要对开挖暴露面进行混凝土临时支护，以避免出现片帮等问题。因此，这就需要研制超早强混凝土，在喷射施工 1~2h 的龄期即能达到设计强度的 60% 左右。

一、早强高强混凝土配比设计

混凝土配制使用的原材料如下：

（1）水泥：唐山六九水泥厂生产的 P.O.42.5 快硬硫铝酸盐水泥和普通 P.O.42.5 普通硅酸盐水泥（见表 6-1~表 6-3），初凝时间分别为 47min 和 195min，终凝时间分别为 80min 和 320min。

表 6-1　　　　　　　　　　　　　硫铝酸盐水泥性能参数

标准稠度水量 (%)	初凝时间 (min)	终凝时间 (min)	3d 抗折强度 (MPa)	3d 抗压强度 (MPa)
24	47	80	7.1	43.3

表 6-2　　　　　　　　　　　P. O. 42. 5 普通硅酸盐水泥性能参数

标准稠度水量 (%)	初凝时间 (min)	终凝时间 (min)	3d 抗折强度 (MPa)	3d 抗压强度 (MPa)
28	195	320	64.6	21.8

表 6-3　　　　　　　　　　　　　两种水泥的化学成分（%）

水泥	Al_2O_3	SiO_2	Fe_2O_3	SO_3	CaO	MgO	Na_2O	K_2O
硫铝酸盐水泥	28.93	10.9	3.71	8.88	45.2	1.45	/	/
普通水泥	4.71	19.9	2.90	3.2	60.5	1.41	0.2	1.2

（2）骨料：细石英砂（20～40 目和 40～70 目，细度模数 0.95）和普通河砂（见表 6-4）。

表 6-4　　　　　　　　　　　　不同粒径段骨料的粒径分布

筛孔直径（mm）	分记筛余（%）	累计筛余（%）
4.75	0.2	0.2
2.36	14.3	14.5
1.18	25.9	40.4
0.60	52.0	92.4
0.30	7.6	100.0
0.15	0	100.0
<0.15	0	100.0

（3）减水剂：天津飞龙混凝土外加剂有限公司生产的聚羧酸高性能减水剂，含固量 25%，减水率 20%。

（4）其他外加剂：保水剂、膨胀剂、早强剂和缓凝剂。

混凝土配比如表 6-5 所示。

表 6-5　　　　　　　　　　　　　　混凝土配合比

水泥（kg）	粉煤灰（kg）	矿渣粉（kg）	河沙（kg）	碎石（kg）	水		减水剂（kg）
					用量（kg）	水灰比	
420	90	90	632	1124	144	0.24	2.4

该配合比混凝土拌和物的坍落度为 210mm，扩展度为 550mm，具有良好的和易性，且不产生离析和泌水现象，满足混凝土拌和物的工作性要求。工作性测试结果见表 6-6、图 6-1。

表 6-6 工作性测试结果

指标	坍落度（mm）	扩展度（mm）
测试结果	210	550

图 6-1 工作性测试现场图

二、抗压强度变化特性分析

混凝土搅拌采用 HJW30 型单卧轴强制式混凝土搅拌机，进行充分拌和。卸料后采用 100mm×100mm×100mm 的混凝土立方体试模进行浇筑，并利用混凝土试块振动台振捣 60s。在室温环境条件下，将成型后的试件静置 2h 后置于设计养护条件中养护，养护 24h 后脱模，脱模后继续置于相应养护条件中至相应龄期。依据 GB/T 50081—2019《混凝土物理力学性能试验方法标准》测试试块强度。试验采用 YAW-3000 微机控制电液伺服压力试验机，最大轴向压力为 3000kN，立方体抗压强度测试加载速率为 1.0MPa/s，立方体劈裂抗拉强度测试加载速率为 0.1MPa/s。

图 6-2 为不同普通水泥掺量条件下硫铝酸盐水泥-普通硅酸盐水泥混合水泥砂浆的抗压、抗折强度测试结果。由图 6-2 可见，随着龄期的增加，28d 之内试块的抗压强度也在增长，随着普通硅酸盐水泥的掺量增加，抗压强度呈下降趋势。纯硫铝酸盐水泥试件的早期强度大于掺入了普通硅酸盐水泥的试件，这是因为硫铝酸盐水泥，在水化早期生成了大量的钙矾石，给浆体提供了较大的抗压强度。使得硫铝酸盐水泥具有快硬早强性。2h 抗压强度分别为 30MPa、21.3MPa、14MPa 和 12MPa。随着普通硅酸盐水泥替代量

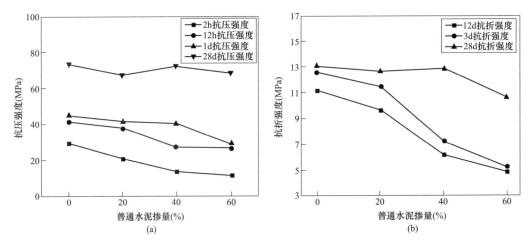

图 6-2 不同普通水泥掺量影响

（a）抗压强度；（b）抗折强度

的增加，四个配比的砂浆试件抗压强度在 3d 以内均降低，在掺量为 60％时，抗压强度最低，不足 30MPa。28d 时普通水泥取代 40％和 60％硫铝酸盐水泥的试件抗压强度均有所提高，这是由于后期普通硅酸盐水泥较于硫铝酸盐水泥在强度仍有较大增长，超过了硫铝酸盐水泥早期产生的强度所致。

由抗折强度的试验结果可以看出：随龄期的延长，28d 内砂浆的抗折强度逐渐增长。另外随着普通硅酸盐水泥替代量的增长，砂浆抗折强度试件的抗折强度呈下降趋势，比抗压值的下降速率快。28d 的抗折强度实验结果和抗压强度实验结果效果一致：即在普通硅酸盐水泥掺量为 40％和 60％时，试件强度很高，几乎和纯硫铝酸盐水泥一样，这主要是由于普通硅酸盐水泥相较于硫铝酸盐水泥，前者后期强度增长速度明显高于后者。28d 龄期后，抗折强度小幅增长。四组试件的 24h 抗折强度分别为 11.2MPa、9.7MPa、6.2MPa 和 4.9MPa。

图 6-3 为不同胶砂比条件下混合水泥砂浆的抗压、抗折强度测试结果。随着龄期的增长，砂浆的抗压强度逐渐增长，其中胶砂比为 1∶1.2 时抗压强度最高。2h 时三组胶砂比试件的抗压强度均超过了 20MPa，接近 30MPa，1d 抗压强度最高超过了 50MPa，其余两者也达到 45.0MPa 以上。纯硫铝酸盐水泥的后期强度基本并没有发生倒缩现象，胶砂比在 1∶1.2 时的抗压强度达到最高。胶砂比为 1∶1.5 的试件抗压强度略有下降。随着龄期的增长，试件的抗折强度也呈现上升趋势，在胶砂比为 1∶1.2 时抗折强度最强，与抗压强度保持一致。24h 时前两者的强度均超过了 10MPa，分别为 11.2MPa 和 11.3MPa，胶砂比为 1∶1.5 的试件为 9.8MPa。3d 时抗折强度分别增长到 12.6MPa，12.9MPa 和 12.3MPa。同样各试件的强度均没有倒缩现象。

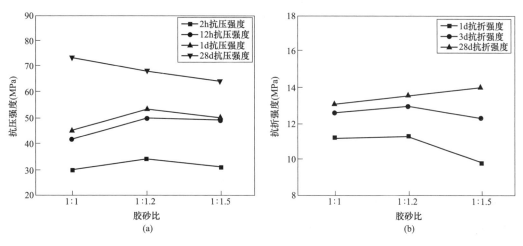

图 6-3　不同胶砂比影响
（a）抗压强度；（b）抗折强度

综上所述得出结论：砂浆的力学性能最强对应胶砂比 1∶1.2，这是由于砂浆的强度与浆体中骨料的强度有关，骨料含量与强度呈正相关关系。因此胶砂比为 1∶1.2 的试样强度要大于 1∶1 的试样。但由于该砂浆的水灰比很低，仅为 0.28，当胶砂比为 1∶1.5

的时候，砂浆水量相对较少且水泥和骨料的固体颗粒太多，导致水化不均匀，将会有一些水泥颗粒并没有水化，砂浆的强度会由此下降。所以再选取灌浆料的胶砂比时，应尽量控制在 1∶1 和 1∶1.2 之间，这样不仅可以保证好的工作性，也可以保证力学性能。

灌浆料不同石灰掺量 28d 之内抗压强度和抗折强度的变化曲线如图 6-4 所示。可以看出不同石灰掺量的灌浆料 28d 之内的力学性能规律，如图 6-4（a）所示，随着龄期的增长，砂浆的抗压强度逐渐增加，随着石灰掺量的增加，砂浆的抗压强度也在逐渐增长，2h 抗压强度都超过了 20MPa，分别到 30MPa、29.6MPa 和 30MPa，均能满足标准的要求。且 2h 到 12h 之间强度增长幅度很大，约增长了 10MPa。1d 时抗压强度达到 50MPa 左右，28d 时均超过了 70MPa。砂浆的抗折强度曲线趋势与抗压强度曲线趋势一致，28d 之内也是随着龄期的增长抗折强度不断增长，24h 时所有试件都大于 10MPa，分别达到了 11.2MPa、11.4MPa 和 11.5MPa。也均满足标准的要求。28d 抗折强度超过了 12MPa，最高者达到 13.1MPa。

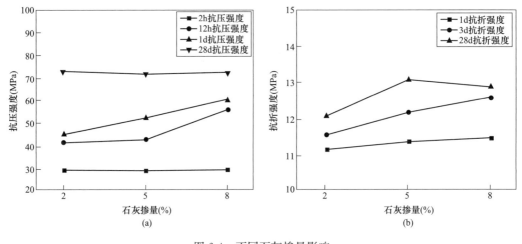

图 6-4　不同石灰掺量影响
（a）抗压强度；（b）抗折强度

不同普通砂替代量灌浆料试件 28d 抗压强度和抗折强度曲线如图 6-5 所示。由图可知，随龄期的增长，28d 之内三组试件的抗压强度也在增加，然而普通砂掺量越多强度反而呈现下降趋势。三组试件的 2h 抗压强度均超过了 20MPa，分别达到 30MPa、27.9MPa 和 27.0MPa。2h 到 24h 之间砂浆的抗压强度增长幅度较大，即便是掺了普通砂的试件也达到 40MPa 左右，随着龄期的增长，到 28d 的时候纯石英砂试件抗压强度达到了 73.5MPa，掺入了普通砂的试件分别达到了 67.8MPa 和 66.3MPa。抗折强度曲线与抗压强度保持一致，龄期增加强度增加、普通砂掺量越多强度减小。纯石英砂试件 24h 抗折强度相对掺入普通砂的试件降低得较少，纯石英砂试件是 11.7MPa，而后两者分别为 9.2MPa 和 8.7MPa。标准要求为 10MPa，未达到标准要求。24h 到 3d 式样强度的增长幅度较大，而 3d 到 28d 式样抗折强度增幅都很小。

通过对实验数据分析，建议控制早强混凝土配比为石灰掺量为 2%；选取硫铝酸盐

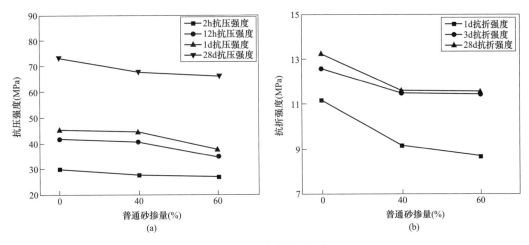

图 6-5　普通砂掺量影响

（a）抗压强度；（b）抗折强度

水泥与普通硅酸盐水泥比例为 8∶2。胶砂比控制为 1∶1.2；普通砂取代量要控制在 40%。

三、锚喷支护技术

在竖井掘进工程中遭遇软弱地层时，难以采用传统的模板浇筑混凝土工艺支护空帮段，此时更适宜采用喷射混凝土工艺。按照喷射混凝土施作方式总共有干喷、潮喷和湿喷。在许多混凝土喷射作业领域中，湿喷相对于干喷与潮喷（回弹和粉尘），优势得以体现并已成为目前地下施工程的重要技术手段。湿喷工艺中，首先将用粗骨料、水泥、水和添加剂按一定配比搅拌和好形料浆，通过喷射机械，利用压缩空气或其他动力，在管道输送并高速喷射到受喷面上凝结硬化而成混凝土。

工程实践表明，喷射速度、喷射角度、喷射距离及工作风压等参数决定了喷射混凝土的质量。

1. 喷射速度

工程实践表明，混凝土射流对受喷面的冲击力，混凝土颗粒的挤压、捣实效果，回弹率的高低，与射流冲击力都与混凝土的喷射速度的大小有关，喷射混凝土的强度与质量也与喷射速度有关。在确定混凝土拌和料的配合比及水灰比后，选取合适的喷射角度以及喷射距离时，最佳喷射速度对应能够获得使混凝土具有较好捣固密实效果的射流冲击力时的喷射速度。在工程实践中，在满足混凝土喷射强度的前提下，最佳喷射速度取回弹率最低时所对应的喷射速度。最佳喷射速度可由式（6-1）计算：

$$V_0 = \frac{(R_0 + X\tan\theta)\,V_m}{2.73\,R_0} \pm \sqrt{2gX\sin\phi} \tag{6-1}$$

式中　V_0——混凝土最佳喷射速度，m/s；

R_0——喷嘴的半径，mm；

θ——混凝土射流的扩散角，°；

ϕ——混凝土射流基于水平线的倾角，°；

X——喷嘴至受喷面的水平距离，m。

混凝土射流基于水平线向上倾斜为正，向下倾斜为负。

2. 喷射角度

当受喷面为完整的平面时，喷嘴的喷射角度为90°（与受喷面垂直）时喷射混凝土的回弹最小。但是实际条件下，喷射角度会调整，通常小于75°，否则较大粗骨料回弹大，混凝土的强度降低。在喷射混凝土作业时，也应根据不同的受喷面、喷射位置调整角度。大量试验表明，回弹较低，喷射效果较佳对应的喷射角度为80°～90°。

3. 喷射距离

混凝土与受喷面发生碰撞、回弹、黏结、捣实、凝结的过程是否合理恰当决定其喷射质量。理论与实际均表明，当喷射距离大于1.5m后，混凝土的喷射方向几乎完全偏离了受喷面，严重影响精确度。喷射距离若选取过小，混凝土颗粒发生碰撞，粗骨料反弹较多，回弹增加，高动能混凝土射流也会冲掉新喷射上混凝土。一般情况纯圆柱形结构的喷嘴喷射距离要小于圆锥形结构喷嘴的喷射距离；粗骨料粒径小喷射距离小于粗骨料粒径大的。经试验喷射距离控制在0.9～1.2m最佳。

4. 风压控制

由工程实践表明，喷射过程风压会影响喷射速度，工作风压低，则喷射速度太低、压实力小、混凝土强度降低；工作风压过高，喷射速度过大、动能过大、回弹增加。在选取工作风压时，不仅考虑喷射速度等因素，也应根据拌和料的配比、含水率、输料管长度、喷嘴离喷射机出料口水平的高度进行调整。综合试验结果表明，喷射机工作风压最佳约为0.1～0.15MPa。

注浆施工工艺采用双液注浆方式，工作平台使用吊盘，将风、水、电接至吊盘工作面，湿喷机主体安设在吊盘上，喷嘴用软管引至待喷射区。

启动湿喷机时，先送风，再加料，待混凝土从喷嘴喷出后，供给液态速凝剂。

在供料过程中，上料应连续均匀，保持料满。在喷射之前，先观察喷射面整体超欠挖的情况，然后初扫一遍整环喷射面，再从底到顶逐次喷射超挖较严重的地方，即先补坑，把坑填平，喷射速度宜控制在20～24m³/h。

喷射作业应以适当厚度分层进行，一次喷射厚度以不坠落时的临界状态或达到所需厚度为宜。

岩面尽可能与喷头垂直，喷嘴应均匀地呈螺旋形转动，最佳喷射距离控制在0.9～1.2m为宜。

将坑喷平后，从边墙往拱顶喷射第一层混凝土，喷射速度宜控制在22～26m³/h。

在结束喷射时，首先关闭速凝剂计量泵，再停止加料，待喷嘴的混凝土和速凝剂吹净后，停风、停机。

第三节　含水层探测技术

防治水害施工方案设计主要包括探水与治水两部分。首先确定是否需要治水及采取何种水害治理方式，这主要是探水情况决定的。井筒掘砌适用于探水孔不涌水或涌水量有限情形，掘砌一段后再采用壁后注浆的方式治理井壁残存渗水，工作面预注浆的方式提前进行水害治理适用于探水孔水量较大情形，然后再进行掘进。综上所述，竖井掘进机竖井施工采取的水害治理的路线为：先探水，根据探水孔水量，进行井筒掘砌或预注浆，最终的井壁渗水再通过壁后注浆来治理完成；即："工作面预注浆＋分段掘砌＋壁后注浆"的竖井施工水害治理方案。

一、物探探水

反射地震波、瞬变电磁法等超前预报技术手段在竖井领域也比较完善，在竖井施工前，对竖井采用超前预报系统超前预报掌握围岩的地质情况并验证富水程度。

当掘进至富水区时，按照"有疑必探、先探后掘"的施工原则，组织施工。采用反射地震波及瞬变电磁综合地球物理勘探方法技术来先行探测富水区，对竖井井筒进行超前探测与预报。反射地震波法是利用地震波在弹性介质传播的理论，通过人工在地面激发地震波向地下深处传播，遇弹性不同的介质分界面，就会产生波的反射；用检波器接收其反波信号，通过浅层地震仪接收返回的反射地震波，进行时频特征和振幅特征分析，便能解到地下地质体的特征信息，从而达到工程地质勘察的目的。仪器可选用西北大学研究的井中地震波勘探光纤三分量测井仪器，如图 6-6 所示。

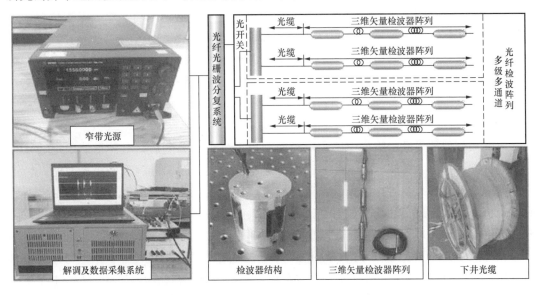

图 6-6　井中地震波勘探光纤三分量测井仪器

瞬变电磁法是通过向井筒掘进前方发射脉冲磁场，断开发射回线中的电流后，观测

图 6-7 CUGTEM-8 型资源勘查型瞬变电磁仪

二次涡流场随时间的变化特征，来得到前方介质的电性、规模、产状等，从而进行目标异常体探测的方法。该项目瞬变电磁法探测试验施工可使用中国地质大学（武汉）高科资源探测仪器研究所生产的 CUGTEM-8 型资源勘查型瞬变电磁仪，如图 6-7 所示。该仪器对高、低阻异常体反应灵敏度较高、体积效应小、纵横向分辨率高，大大提高施工效率。瞬变电磁仪系统可以加大发射功率对二次场增强，提高信噪比，使勘探深度加深；通过多次脉冲激发场的重复测量叠加和空间域多次覆盖技术的应用提高信噪比，适用用于各种、噪声干扰大、工作复杂的施工环境，1000m 为有效勘探深度的最大临界值。

瞬变电磁装置的参数选择将直接影响测量结果，瞬变电磁装置参数包括回线边长、回线匝数、叠加次数、终端窗口和增益等。线圈边长越小，其体积效应也越小，纵、横向分辨率也愈高，但边长太小会影响到发射磁矩，大大降低勘探深度。在确定回线边长情况下，回线匝数愈多发射磁矩愈大，接收回线感应信号也愈强，进而增大探测深度。综上所述，不仅要考虑井筒施工限制范围，也要保证足够的发射功率采集到有用的感应信号，综合确定回线边长、回线匝数、叠加次数等参数。

反射地震波法可以获得前方地质界面有效的反射波组，对地质界面位置进行准确预报；瞬变电磁法可以获得前方岩层电性特征分析其富水性，辅助判定地质界面位置。对于上述两种方法，要综合利用，相辅相成，必要时可利用其他物探方法对前方地质进行探测。特别是在可能存在复杂地质的情况下，应该增加超前地质预报的频次和方法。采用多种方法相互印证，多种方法相融合，取长补短，综合评价，提升预报的准确性。

二、钻孔探水

当利用反射地震波、瞬变电磁法等超前预报系统进行预测后，对异常处采用钻孔进行验证，在探孔施工完成前，工作面严禁掘进施工。在全断面隧洞掘进机施工时，由于空间有限，其前部刀盘遮挡人员及钻机无法直接接触到工作面，需要拆除滚刀留出刀座孔或退机等方式创造空间，通过刀盘进入孔将人员设备送入作业现场。相比之下，采用竖井掘进机施工，进行掘进工作面探水时，不需要退机和拆刀。

钻孔探水初步设计 30m 为一个轮次，每一轮次布设探水孔 4 个，4 孔均匀分布于刀盘周边，对称布置，如图 6-8 所示。探水孔设计倾角 85°，设计深度 30m。钻机能在狭小空间内应满足钻距长、尽量减少超前帷幕灌浆作业循环频次的要求。因此，钻机应选择体积小、功率大、重量轻、解体性好的型号，以便于搬迁和运输。钻机的选型很关键，要想达到要求的钻孔深度，应选取功率小，输出扭矩小的钻机；要想达到钻机切割岩石所需要的线速度，完善钻机功能，转速的选取也尤为重要；没有打捞钻杆和排渣的设备等，则打向下倾斜孔时易出现问题，从而影响效率；钻机的质量若不能得以保证，则容易出现故障从而延误施工工期。综上所述，在钻头类型直径和钻机转速的选择上要慎重选择，在具体工程中，应根据岩石特性选取合适的钻头类型直径和钻机转速进而保证钻孔进尺稳定。

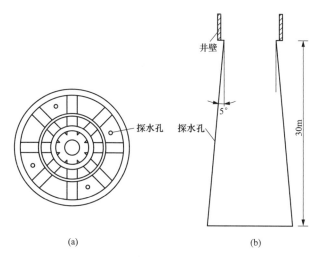

图 6-8　探水孔布设示意图

（a）俯视图；（b）侧视图

在进行探水孔施工前，先用 3.5m 的钎子短探开孔位置，钻孔 $\phi42mm$，孔深 3.5m，潜孔钻机适用于孔内无水情况，按探水孔布置参数钻孔，采用直径 $\phi108mm$ 的钻头造孔，孔深 3.2m。安装 $\phi89mm$ 孔口管 3.2m，外露不超过 0.2m，采用返浆法固管，固管采用水泥-水玻璃双浆液，孔口管上端焊接法兰，安装抗压 2.0MPa 的阀门。孔口管凝固 4h 后，扫孔至孔深 4.0m，安装高压阀门用注浆机试压，试压压力 10MPa 且持续不少于 20min，孔口管无异常方可进行套孔钻进。套孔钻进采用 $\phi75mm$ 无芯钻头进行。在钻进过程中，要对钻孔涌水情况（可间隔停钻观察）实时观察、测量，当探水孔孔内涌水量达到 $40m^3/h$ 时停止钻进，退出钻机、测量水量水压、关闭孔口阀门；如整个探水段内水量均未大于 $40m^3/h$，则钻进至设计孔深停钻，分析涌水情况决定下一步的施工。

钻孔编录工作在钻孔施工中也是必不可少的重要组成部分，钻孔编录工作不仅仅要求准确记录探水孔出水的层位、水量，并且要求通过钻进速度及返屑情况判别岩性层位。由于在钻探过程钻井循环液对测试段岩层渗透性产生一定影响，钻探过程应做到清水钻进，钻孔成型后要加大冲洗泵量，减小岩屑的沉积，若实际条件允许，也可以简易地观测水文地质条件。

另外，砂岩层是探查的重点，若某层位探查的水量与预测水量及地层结构相差较大，则要增加 1~2 个探水孔进一步探查。在进行探水作业时，可能会发现存在断裂构造，一定要及时停钻分析，并可借助于地球物理方法（反射地震波、瞬变电磁法）进行进一步探查。在探水过程中，必须要保证竖井工作面排水能力，做好探水孔防水措施。

第四节　注浆堵水技术

竖井掘进机施工对井筒所穿过的地质条件、涌水量情况要求性较高。当井筒穿越的岩层地质条件、水文条件复杂，如穿过冲积层、软岩孔隙富水地层及断层破碎带等复杂的岩层时，会发生大量涌水，无法及时排出，开挖后的井帮岩层、土层坍塌、垮落，影响掘进安全或造成无法掘进。因此，面对这类工程，掘进机使用前预处理所穿过的地层显得尤为重要。可采用预注浆技术或局部冻结等施工技术，对地下含水层或断层破碎带进行预处理，实现打"干井"。在实际工程中，针对那些裂隙、涌水量大的岩体，通过注浆法可以实现对地层结构进行改性处理。利用具有凝结性能的注浆材料提高岩体的强度和抗渗性。注浆处理还可以形成止水帷幕，阻断开挖面和周围地层的水力联系。

一般来说，经过注浆改性改性后的地层，竖井掘进机可以在改性后的地层中开挖施工。

一、压水试验

压水试验是用高压方式把水压入钻孔的一种原位试验，原理是通过岩体吸水量计算了解岩体裂隙发育情况和透水性。压水试验是用专门的止水设备把一定长度的钻孔试验段隔离出来，然后用固定的水头向这一段钻孔压水，水通过孔壁周围的裂隙向岩体内渗透，最终渗透的水量会趋于一个稳定值。根据压水水头、时段长度和稳定渗入水量，可以测定岩体透水性的强弱。压水试验的目的主要有：

（1）对孔内岩屑及裂隙内壁上的黏滞物进行清洗，并使浆液与破碎岩体能够充分黏结。

（2）测试止浆垫的堵漏效果。

（3）测定岩层的吸水率从而核定岩层的渗透性，作为注浆参数和浆液的配比的选取依据。

压水试验的压力应大于静水压力 1～2 大气压，压水时间对大裂隙约需 10～15min，中小裂隙约为 15～30min。

钻孔吸水率 q 按式（6-2）计算：

$$q = \frac{Q}{Hh} \tag{6-2}$$

式中　Q——单位时间内钻孔在恒压下的吸水量，L/min；

　　　H——试验用的压力，米水柱；

　　　h——注浆段高，m。

在实际注浆中对于在破碎带以及壁后空穴可以不进行压水试验，而用稀浆压入，测得吸浆率，为注浆参数的选择提供指导。

二、浆液配比和注浆参数

按照灌浆材料类型可分为无机和有机两大类，在我国的化学灌浆工程实践中，共有 10 个系列类型可供研究和应用的灌浆材料。无机浆材主要有水泥、水玻璃和黏土等，有机浆材有丙烯酰胺、木质素等。将水泥和水玻璃配合起来使用制成水玻璃类浆液，不仅可以集合水泥—水玻璃两种灌浆材料的优点，还提高了灌浆效果和工程质量，这种水玻璃类浆液发展前景也比较可观。

注浆参数包括注浆压力、扩散半径、注浆注入量、注浆流量、注浆孔数量和间距等，分别按照下列方法确定：

1. 注浆压力

注浆压力是浆液克服流动阻力进行扩散，充塞和压实的能量。影响注浆压力的因素诸多且比较复杂，目前精确确定注浆压力的公式也不复存在，在实际工程中，往往采取经验公式结合注浆经验对注浆终压进行估算，公式为：

$$P_0 = K \frac{H\gamma_w}{100} + \frac{H\gamma_c}{100} \tag{6-3}$$

式中　P_0——注浆结束时孔口的最大压力，MPa；

　　　H——受注点深度，m；

　　　γ_w——水的相对密度，取 1；

　　　γ_c——注浆液相对密度，按水灰比 1∶1 考虑，取 1.5；

　　　K——压力系数，取 1~3.5，与静水压和浆柱压力有关。

2. 有效扩散半径

注浆扩散半径是在一定工艺条件下，浆液在地层中扩散程度的数学统计的描述值，这一参数为加固厚度以及孔位布置等提供了指导依据。虽然目前关于浆液扩散半径的公式众多，但是实际工程中，浆液往往会不规则扩散，这是由于地层的不均匀性，裂隙的形状等因素变化很大，因此利用公式精确计算注浆扩散半径是比较困难的，实际工程中多选用经验数据。

我国根据实践总结出，将井筒工作面预注浆注浆有效扩散半径选取为 2~8m，浆液的扩散半径不仅与浆液的性质、裂隙宽度等有关，而且也受岩层的层位及注浆压力的影响。注浆压力 2~7MPa 时，裂隙宽度在 5mm 以下，浆液扩散半径变化在 1~5m；注浆压力 7~10MPa 时，裂隙宽度 5~30mm，浆液扩散半径为 5~25m；注浆压力大于 10MPa 时，当裂隙宽度大于 30mm，浆液扩散半径大于 25m。矿井井筒壁后破碎围岩裂隙宽度小于 5mm，且各层破碎带注浆压力不同。综合上述结合工程经验，将浆液扩散半径拟为 5m。

3. 浆液注入量

浆液注入量根据下式计算：

$$V = \frac{A\pi R^2 \beta \eta H}{m} \tag{6-4}$$

式中　V——浆液注入量，m^3；

　　　A——浆液损失系数，取 1.2；

　　　R——浆液扩散半径，取 5m；

　　　β——岩层裂隙率，取 2%～5%；

　　　η——浆液在裂隙内的有效充填系数，一般 0.8～1.0，建议取 0.9；

　　　H——注浆段长，取 15m；

　　　m——浆液结石率，一般为 0.8～1.0，建议取 0.9。

4. 注浆流量

注浆过程中，注入的浆液充填裂隙，注浆压力越高流量则越小。为提高注浆效果并且增加浆液的注入量，流量越小越好，但太小容易被地下水稀释，影响结石体的强度和结石率。所以将基岩裂隙中流量控制在 50～60L/min 较宜，而在软岩和断层带中，以大于或等于 20L/min，稳定时间大于或等于 15min 较合适。

5. 孔位布置

由于竖井掘进机刀盘的阻挡，注浆垫难以设置，因此只能用围岩充当注浆垫的角色。在实际施工时，利用刀盘间隙进行注浆施工，注浆孔分布根据刀盘形状设置。

合理的孔位布置方式是以注入浆液的扩散性能使 2 个注浆孔之间的岩石裂缝被堵塞为原则进行。孔距越小则对应的浆液扩散半径越小，注浆压力小，同时要求钻更多的注浆孔，使施工变得复杂。根据岩石裂隙大小和含水层的条件以及注浆孔径来确定注浆孔的数目，当采用等距布孔时，可按下式计算：

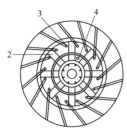

$$N = \frac{\pi(D - 2A)}{L} \tag{6-5}$$

式中　D——井筒净径，m；

　　　A——注浆孔布置直径距井帮距离，m；

　　　L——钻孔间距，为保证注浆效果，取 4m。

工作面预注浆时，为了使钻孔和更多的裂隙交切并在井筒外围形成隔水帷幕防止潜在的水害发生，钻孔可布置成螺旋状。

让注浆孔的方向径向倾斜可以扩大注浆影响范围，一般钻孔底部落在一个直径比井径大 3～4m 的同心圆周上，如图 6-9 所示，径向倾角可用下式计算：

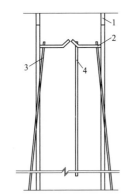

$$\theta = \arctan \frac{L + A}{H} \tag{6-6}$$

式中　L——孔底超出井帮的距离，一般为 1.5～2m；

　　　H——注浆段高，m，取 15m；

　　　A——孔口至井帮距离，m。

图 6-9　注浆孔布置示意图

1—混凝土井壁；2—刀盘；

3—注浆孔；4—探查孔

三、钻注施工

采用双液注浆工艺进行注浆施工。注浆机械选择如下：

1. 钻孔机械

注浆加固工程中,钻孔注浆作为最重要的一道工序,占整个注浆工程时间的 60%～70%,本项目注浆段高定为 15m,属中深孔预注浆,故采用轻型 TXu-75 钻机。

2. 注浆泵

采用 YZB63-2-32 液动压注浆泵。工作平台使用吊盘,将风、水、电接至吊盘工作面,在吊盘上安设注浆站,注浆采用孔口混合方式,在凝固过程中常常会因为浆液凝固过早产生堵塞事故。为避免这类事故,开泵时先启动水玻璃泵,然后启动水泥泵。

注浆前,压水试验作为不可或缺的组成部分,应检查注浆管是否漏浆,同时记录灌浆时间和灌浆量,以确定注浆材料的大体用量;注浆过程注浆压力和注浆情况应动态实时观察给予反馈,针对跑浆、窜浆、不升压等问题,需要及时采取有效的措施进行处理,保证注浆的顺利进行。

若在注浆过程中,发现跑浆时,若跑浆轻微时,可通过嵌塞棉纱、棉丝、道钉等物或塑胶泥糊壁在跑浆的裂缝中,使用浆液进行封孔。跑浆严重时,可采用调整浆液比例,缩短凝胶时间的措施进行控制。在注浆施工中,每个钻孔的注浆情况都要被准确记录,施工条件往往会动态变化,孔位布置也可能会随之发生变化,所以在实际施工过程中,准确标出平面图和剖面图每个注浆孔位置显得尤为重要。

当注浆达到注浆终压时,在持续灌注一段时间后,注浆结束。在注浆完成后为了防止浆液冒出,封堵注浆孔,施工流程见图 6-10。

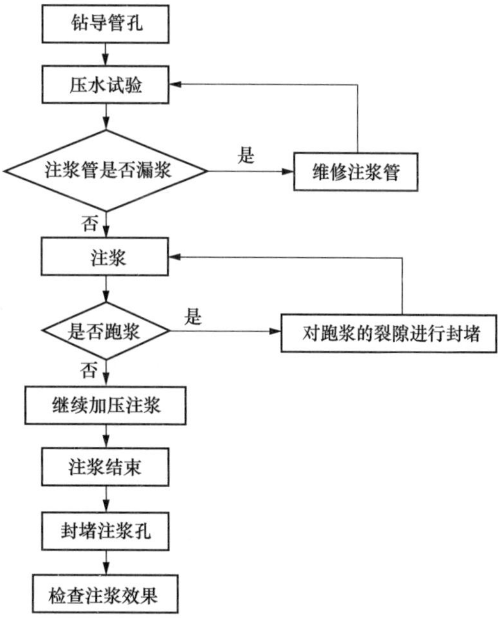

图 6-10 注浆工艺流程图

四、注浆效果检测

对于富水破碎岩体的注浆治理,破碎程度越高,承载力越低的岩石经过注浆加固后力学性能改善越明显,加固系数越大。通过注浆加固处理后的孔隙率低、致密度高的灰岩类岩石,结石体塑性增大,单轴压缩条件下,滑移破坏面沿岩-浆胶结界面为主。孔裂隙发育、致密度低的砂岩类岩石,注浆加固结石体刚性增大,岩-浆界面胶结能力强。注水泥浆液胶结后的岩体强度为胶结前破碎岩石强度的 2～5 倍,超细水泥浆液注浆后强度为破碎岩石强度的 7～12 倍,随水灰比的增大,破碎泥岩胶结试件的抗压强度减小。

注浆效果好坏关系到竖井掘进机的安全、快速开挖,可以从以下方面对注浆效果进行改善:

1. 注浆孔

从注浆质量这一角度出发,为了保证浆液的有效扩散,应该使各个注浆孔尽最大可能揭露裂隙。合格的注浆钻孔应保证注浆整体范围,确保钻孔之间浆液的有效扩散。

2. 浆液质量

浆液质量在施工过程必须要严格控制、保证注入量和注浆质量的前提是根据注浆情况进行适当调整在实际工程中,由试验获得浆液配置参数,施工过程中进行抽样检查,要求全部达到设计要求。

3. 注浆交圈

注浆段浆液扩散半径是对井筒预注浆效果分析的一种方法,是基于注浆岩层和浆液有效扩散后作出的分析,一定程度上反映了钻孔偏斜、落点情况,可以直观地看出注浆加固帷幕的形成情况。

4. 注浆压力

决定注浆质量的重要参数是注浆压力。浆液正是通过压力克服系统管阻、受注地层的水头压力等流动阻力在岩层裂隙中流动、扩散、充填,从而实现有效注浆。浆液注入量也影响注浆压力,选择的压力低,浆液的扩散距离短、受注范围小、不能密实充填裂隙,注浆效果也不能尽如人意;反之,对于裂隙不发育的地层位,以保证注浆质量则需要提高压力。

注浆完成结束后,还面临着一大难题,那就是如何正确评价注浆治理效果。目前,国内外许多岩体工程规范和规程都采用岩石质量指标(RQD 值)作为重要的分级参数。RQD 值方法的原理是,岩体的质量通过钻探时岩芯完好程度来判断的,此方法广泛用于岩体的完整性分析和岩体的质量评价。在进行钻孔取芯验证时,钻孔数应该不少于注浆孔总数的 5%,在注浆孔间布置;可通过观察注浆前后岩芯样的情况以及对比前后 RQD 值来分析判断注浆的效果。

此外,对于注浆加固工程,最直截了当评价注浆效果的方法是压水试验检测。压水试验的具体要求是在注浆孔间布置检测钻孔,孔数应该为注浆孔总数的 2%,且在每个注浆段落应该至少有两孔。当注浆后的吕荣值小于注浆前的 3%~5% 或者注浆后的吕荣值满足施工规范要求时,证明注浆效果良好。选取注浆钻孔进行注浆前后压水试验对比分析,注浆前的压水试验间接反映了垮塌区的贯通和矿岩体空洞以及裂隙等情况;而将注浆之后的压水试验与注浆前的作对比分析,可以了解垮塌区范围内单位吸水量及渗透系数的变化情况。

第五节 井壁设计理论

一、不考虑地层共同承载时井壁受力模型

1. 问题描述及控制方程

在不考虑地层共同承载时,井壁主要受到周围地应力的作用;因为地层疏水沉降、

地层变形等因素，井壁自重将不能由地层摩擦力抵消，因此需要考虑井壁受力，井壁受力示意图如图 6-11 所示。

如图 6-11 所示，r_1 为井筒内半径，r_2 为外半径，长为 $2L$，图中 $g(z)$ 为井壁所受到的侧向土压力，$N(r)$ 为端部法向荷载，M 为井壁自重。边界条件可以表示为下式：

$$\begin{cases} r=r_1, \sigma_r=0, \tau_{rz}=0 \\ r=r_2, \sigma_r=g(z), \tau_{rz}=0 \\ z=L, \sigma_z=0, \tau_{zr}=0 \\ z=-L, \sigma_z=N(r), \tau_{zr}=0 \end{cases} \quad (6\text{-}7)$$

为了对问题进行求解，考虑边界条件 $g(z)$ 可能为一般函数，因而引入傅里叶变换得到。

$$g(z)=g_0+\sum_{n=1}^{\infty}\left(g_{nc}\cos\frac{n\pi z}{L}+g_{ns}\sin\frac{n\pi z}{L}\right)$$

$$(6\text{-}8)$$

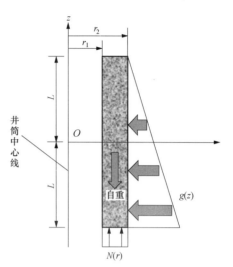

图 6-11　不考虑共同承载井壁受力示意图

其中 g_0 为应力边界函数 $g(z)$ 的 Fourier 级数的常数项部分；Fourier 级数的第 n 项正弦及余弦系数分别对应 g_{ns}，g_{nc}。

2. 基于 Timpe 解答的井壁内力分析

上述问题的求解可以利用线性叠加原理由三部分加和得到，分别为重力作用下的特解，侧面边界作用下的解答及端部作用下的解答。

首先容易求得一组考虑自重作用的应力解答：

$$\begin{cases} \sigma_r^{(0)}=\dfrac{1-r_1^2/r^2}{1-r_1^2/r_2^2}g_0 \\[2mm] \sigma_\theta^{(0)}=\dfrac{1+r_1^2/r^2}{1-r_1^2/r_2^2}g_0 \\[2mm] \sigma_z^{(0)}=\gamma z, \tau_{rz}^{(0)}=0 \end{cases} \quad (6\text{-}9)$$

式中　γ——井壁混凝土材料的容重。该应力解答对应的外侧法向 g_0，即侧面边界式中的常数部分。

下面考虑 Fourier 级数部分侧面边界的求解，传统的井筒变形分析是在 Love 通解的基础上采用双重级数展开法进行的，本文采用空间轴对称问题的 Timpe 通解，仅应用 Fourier 级数展开，计算相对较简洁，Timpe 通解如下

$$\begin{cases} u=T^*-\dfrac{1}{4(1-v)}\dfrac{\partial(T_0+rT^*)}{\partial r} \\[3mm] w=-\dfrac{1}{4(1-v)}\dfrac{\partial(T_0+rT^*)}{\partial z} \end{cases} \quad (6\text{-}10)$$

其中 T^*，T_0 满足

$$\begin{cases} (\nabla^2-1/r^2)T^*(r,z)=0 \\ \nabla^2 T_0(r,z)=0 \end{cases} \quad (6\text{-}11)$$

式中 　$\nabla^2 = \partial^2/\partial r^2 + \partial/r\partial r + \partial^2/\partial z^2$——轴对称调和算子；

u——径向位移；

w——轴向位移；

v——泊松比。

求解上面式子中的两个函数可通过分离变量法，可以得到如下地将位移函数用级数形式表达。

$$T^*(r,z) = \sum_{n=1}^{\infty} I_1(\alpha_n r)[A_n^* \sin(\alpha_n z) + B_n^* \cos(\alpha_n z)] + K_1(\alpha_n r)$$

$$[C_n^* \sin(\alpha_n z) + D_n^* \cos(\alpha_n z)], \tag{6-12}$$

$$T_0(r,z) = \sum_{n=1}^{\infty} I_0(\alpha_n r)[A_n^0 \sin(\alpha_n z) + B_n^0 \cos(\alpha_n z)] + K_0(\alpha_n r)$$

$$[C_n^0 \sin(\alpha_n z) + D_n^0 \cos(\alpha_n z)], \tag{6-13}$$

式中 　a_n——$\alpha_n = n\pi/L$ ，$n = 1,2,3,\cdots$；

A_n^*，B_n^*，C_n^*，D_n^*，A_n^0，B_n^0，C_n^0，D_n^0——待定系数，通过边界条件来确定；

I_0，I_1，K_0，K_1——零阶、一阶第一、二类变形 Bessel 函数。

将式（6-12）、式（6-13）代入式（6-10），并利用空间轴对称问题的几何方程、本构关系得到：

$$\frac{\sigma_r}{2G} = \sum_{n=1}^{\infty} \sin(\alpha_n z)[A_n^* a_{rn1}^*(r) + C_n^* a_{rn3}^*(r) + A_n^0 a_{rn1}^0(r) + C_n^0 a_{rn3}^0(r)] +$$

$$\sum_{n=1}^{\infty} \cos(\alpha_n z)[B_n^* a_{rn2}^*(r) + D_n^* a_{rn4}^*(r) + B_n^0 a_{rn2}^0(r) + D_n^0 a_{rn4}^0(r)] \tag{6-14}$$

$$\frac{\sigma_\theta}{2G} = \sum_{n=1}^{\infty} \sin(\alpha_n z)[A_n^* a_{\theta n1}^*(r) + C_n^* a_{\theta n3}^*(r) + A_n^0 a_{\theta n1}^0(r) + C_n^0 a_{\theta n3}^0(r)] +$$

$$\sum_{n=1}^{\infty} \cos(\alpha_n z)[B_n^* a_{\theta n2}^*(r) + D_n^* a_{\theta n4}^*(r) + B_n^0 a_{\theta n2}^0(r) + D_n^0 a_{\theta n4}^0(r)] \tag{6-15}$$

$$\frac{\sigma_z}{2G} = \sum_{n=1}^{\infty} \sin(\alpha_n z)[A_n^* a_{zn1}^*(r) + C_n^* a_{zn3}^*(r) + A_n^0 a_{zn1}^0(r) + C_n^0 a_{zn3}^0(r)] +$$

$$\sum_{n=1}^{\infty} \cos(\alpha_n z)[B_n^* a_{zn2}^*(r) + D_n^* a_{zn4}^*(r) + B_n^0 a_{zn2}^0(r) + D_n^0 a_{zn4}^0(r)] \tag{6-16}$$

$$\frac{\tau_{rz}}{G} = \sum_{n=1}^{\infty} \sin(\alpha_n z)[B_n^* b_{n2}^*(r) + D_n^* b_{n4}^*(r) + B_n^0 b_{n2}^0(r) + D_n^0 b_{n4}^0(r)] +$$

$$\sum_{n=1}^{\infty} \cos(\alpha_n z)[A_n^* b_{n1}^*(r) + C_n^* b_{n3}^*(r) + A_n^0 b_{n1}^0(r) + C_n^0 b_{n3}^0(r)] \tag{6-17}$$

式中 　G 为剪切模量；

$a_{rn1}^*(r) = a_{rn2}^*(r) = k_1 dI_1(\alpha_n r)/dr - k_2 d^2[rI_1(\alpha_n r)]/d^2 r + k_3 I_1(\alpha_n r)/r -$

$k_4 d[rI_1(\alpha_n r)]/rdr + k_4 \alpha_n^2 rI_1(\alpha_n r)$ ；

$$a_{rn3}^*(r) = a_{rn4}^*(r) = k_1 \mathrm{d}K_1(\alpha_n r)/\mathrm{d}r - k_2 \mathrm{d}^2[rK_1(\alpha_n r)]/\mathrm{d}^2 r + k_3 K_1(\alpha_n r)/r -$$
$$k_4 \mathrm{d}[rK_1(\alpha_n r)]/r\mathrm{d}r + k_4 \alpha_n^2 rK_1(\alpha_n r);$$

$$a_{rn1}^0(r) = a_{rn2}^0(r) = -k_2 \mathrm{d}^2 I_0(\alpha_n r)/\mathrm{d}^2 r + k_4 \alpha_n^2 I_0(\alpha_n r) - k_4 \mathrm{d}I_0(\alpha_n r)/r\mathrm{d}r;$$

$$a_{rn3}^0(r) = a_{rn4}^0(r) = -k_2 \mathrm{d}^2 K_0(\alpha_n r)/\mathrm{d}^2 r + k_4 \alpha_n^2 K_0(\alpha_n r) - k_4 \mathrm{d}K_0(\alpha_n r)/r\mathrm{d}r;$$

$$a_{zn1}^*(r) = a_{zn2}^*(r) = k_3 \mathrm{d}I_1(\alpha_n r)/\mathrm{d}r - k_4 \mathrm{d}^2[rI_1(\alpha_n r)]/\mathrm{d}^2 r + k_3 I_1(\alpha_n r)/r -$$
$$k_4 \mathrm{d}[rI_1(\alpha_n r)]/r\mathrm{d}r + k_2 \alpha_n^2 rI_1(\alpha_n r);$$

$$a_{zn3}^*(r) = a_{zn4}^*(r) = k_3 \mathrm{d}K_1(\alpha_n r)/\mathrm{d}r - k_4 \mathrm{d}^2[rK_1(\alpha_n r)]/\mathrm{d}^2 r + k_3 K_1(\alpha_n r)/r -$$
$$k_4 \mathrm{d}[rK_1(\alpha_n r)]/r\mathrm{d}r + k_2 \alpha_n^2 rK_1(\alpha_n r);$$

$$a_{zn1}^0(r) = a_{zn2}^0(r) = -k_4 \mathrm{d}^2 I_0(\alpha_n r)/\mathrm{d}^2 r - k_4 \mathrm{d}I_0(\alpha_n r)/r\mathrm{d}r + k_2 \alpha_n^2 I_0(\alpha_n r);$$

$$a_{zn3}^0(r) = a_{zn4}^0(r) = -k_4 \mathrm{d}^2 K_0(\alpha_n r)/\mathrm{d}^2 r - k_4 \mathrm{d}K_0(\alpha_n r)/r\mathrm{d}r + k_2 \alpha_n^2 K_0(\alpha_n r);$$

$$a_{\theta n1}^*(r) = a_{\theta n2}^*(r) = k_3 \mathrm{d}I_1(\alpha_n r)/\mathrm{d}r + k_1 I_1(\alpha_n r)/r - k_4 \mathrm{d}^2[rI_1(\alpha_n r)]/\mathrm{d}^2 r -$$
$$k_2 \mathrm{d}[rI_1(\alpha_n r)]/r\mathrm{d}r + k_4 \alpha_n^2 rI_1(\alpha_n r);$$

$$a_{\theta n3}^*(r) = a_{\theta n4}^*(r) = k_3 \mathrm{d}K_1(\alpha_n r)/\mathrm{d}r + k_1 K_1(\alpha_n r)/r - k_4 \mathrm{d}^2[rK_1(\alpha_n r)]/\mathrm{d}^2 r -$$
$$k_2 \mathrm{d}[rK_1(\alpha_n r)]/r\mathrm{d}r + k_4 \alpha_n^2 rK_1(\alpha_n r);$$

$$a_{\theta n1}^0(r) = a_{\theta n2}^0(r) = -k_4 \mathrm{d}^2 I_0(\alpha_n r)/\mathrm{d}^2 r - k_2 \mathrm{d}I_0(\alpha_n r)/r\mathrm{d}r + k_4 \alpha_n^2 I_0(\alpha_n r);$$

$$a_{\theta n3}^0(r) = a_{\theta n4}^0(r) = -k_4 \mathrm{d}^2 K_0(\alpha_n r)/\mathrm{d}^2 r + k_4 \alpha_n^2 K_0(\alpha_n r) - k_2 \mathrm{d}K_0(\alpha_n r)/r\mathrm{d}r;$$

$$b_{n2}^*(r) = -b_{n1}^*(r) = -\alpha_n I_1(\alpha_n r) + k_5 \alpha_n \mathrm{d}[rI_1(\alpha_n r)]/\mathrm{d}r;$$

$$b_{n4}^*(r) = -b_{n3}^*(r) = -\alpha_n K_1(\alpha_n r) + k_5 \alpha_n \mathrm{d}[rK_1(\alpha_n r)]/\mathrm{d}r;$$

$$b_{n2}^0(r) = -b_{n1}^0(r) = k_5 \alpha_n \mathrm{d}I_0(\alpha_n r)/\mathrm{d}r;$$

$$b_{n4}^0(r) = -b_{n3}^0(r) = k_5 \alpha_n \mathrm{d}K_0(\alpha_n r)/\mathrm{d}r;$$

$$k_1 = (1-v)/(1-2v);\quad k_2 = 1/4(1-2v);\quad k_3 = v/(1-2v);$$
$$k_4 = v/[4(1-v)(1-2v)];\quad k_5 = 1/2(1-v)。$$

将式（6-14）～式（6-17）在内外侧面取值，并与边界条件式比较，通过对比 Fourier 系数建立式（6-12）～式（6-13）中待定系数线性方程组如下：

$$\begin{cases} A_n^* a_{rn1}^*(r_1) + C_n^* a_{rn3}^*(r_1) + A_n^0 a_{rn1}^0(r_1) + C_n^0 a_{rn3}^0(r_1) = f_{ns}/2G \\ A_n^* a_{rn1}^*(r_2) + C_n^* a_{rn3}^*(r_2) + A_n^0 a_{rn1}^0(r_2) + C_n^0 a_{rn3}^0(r_2) = g_{ns}/2G \\ A_n^* b_{n1}^*(r_1) + C_n^* b_{n3}^*(r_1) + A_n^0 b_{n1}^0(r_1) + C_n^0 b_{n3}^0(r_1) = 0 \\ A_n^* b_{n1}^*(r_2) + C_n^* b_{n3}^*(r_2) + A_n^0 b_{n1}^0(r_2) + C_n^0 b_{n3}^0(r_2) = p_{nc}/G \end{cases} \tag{6-18}$$

$$\begin{cases} B_n^* a_{rn2}^*(r_1) + D_n^* a_{rn4}^*(r_1) + B_n^0 a_{rn2}^0(r_1) + D_n^0 a_{rn4}^0(r_1) = f_{nc}/2G \\ B_n^* a_{rn2}^*(r_2) + D_n^* a_{rn4}^*(r_2) + B_n^0 a_{rn2}^0(r_2) + D_n^0 a_{rn4}^0(r_2) = g_{nc}/2G \\ B_n^* b_{n2}^*(r_1) + D_n^* b_{n4}^*(r_1) + B_n^0 b_{n2}^0(r_1) + D_n^0 b_{n4}^0(r_1) = 0 \\ B_n^* b_{n2}^*(r_2) + D_n^* b_{n4}^*(r_2) + B_n^0 b_{n2}^0(r_2) + D_n^0 b_{n4}^0(r_2) = p_{ns}/G \end{cases} \tag{6-19}$$

式中：$n = 1, 2, 3, \cdots$。联立求解式（6-18）～式（6-19）就可以获得式（6-12）～式（6-13）中的待定系数，将系数代入式（6-14）～式（6-17）中即获得满足式（6-14）中 Fourier 级数和部分侧面边界的一组应力解答，将该组应力解答记为 $\sigma_z^{(1)}$，$\sigma_\theta^{(1)}$，$\sigma_r^{(1)}$，$\tau_{rz}^{(1)}$。

将上面两组解叠加就可以获得一组考虑自重，满足侧面边界条件的应力解答（以下称侧面解答），由于上述建立方程的过程中仅考虑了重力及侧面边界，因而侧面解答在端部一般不能严格满足式（6-7）中的后 2 个式子，下面通过该组侧面解答获得一组圣维南解。

首先，由于端部剪应力是轴对称的，因而侧面解答其端部剪应力与边界条件式（6-7）中静力等效。

对于端部的正应力条件，叠加上一组均匀分布端部力作用下的特解，使上端面的正应力静力等效于 0，该组特解的形式为：

$$\sigma_z^{(2)} = Q, \sigma_r^{(2)} = 0, \sigma_\theta^{(2)} = 0, \tau_{rz}^{(2)} = 0 \tag{6-20}$$

式中：Q 为常数，因为叠加上特解（6-20）后上端面的正应力静力等效于 0，所以有：

$$\int_{r_1}^{r_2} [Q + \sigma_z^{(0)}(r, L) + \sigma_z^{(1)}(r, L)] 2\pi r \mathrm{d}r = 0$$

于是：

$$Q = \int_{r_1}^{r_2} [-\sigma_z^{(0)}(r, L) - \sigma_z^{(1)}(r, L)] 2\pi r \mathrm{d}r / \pi(r_2^2 - r_1^2) \tag{6-21}$$

利用竖向平衡关系容易证明侧面解答叠加上解式（6-20）后下端部正应力条件静力等效于 $N(r)$，因此该叠加后的解答即为满足边界条件式（6-7）的圣维南解。

以上即获得了在不考虑围岩共同承载时井壁受外荷载后的响应，这是一组圣维南解，仅在井筒端部附近不能严格满足端部条件，其余位置可以准确描述井壁内力情况。

二、考虑地层共同承载时井壁受力模型

1. 问题的描述及求解思路

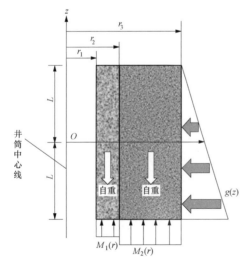

图 6-12 考虑围岩共同承载后井壁-围岩受力示意图

在竖井掘进机进行掘进衬砌后，井壁将和周围围岩形成共同承载结构，如图 6-12 所示。井壁内径为 r_1，外径为 r_2，理论上周围围岩的厚度为无穷，实际过程中不好推导公式，因此假设围岩外部的半径为 r_3，这是一个较大的数值，从后面的算例看，取到 15m 左右基本就不再有较大影响。

根据图 6-12 所示，井壁-围岩复合结构满足的边界条件为：

$$\begin{cases} r = r_1, \sigma_r = 0, \tau_{rz} = 0 \\ r = r_2, \sigma_r = g(z), \tau_{rz} = 0 \\ z = L, \sigma_z = 0, \tau_{zr} = 0 \\ z = -L, \sigma_z = N(r), \tau_{zr} = 0 \end{cases} \tag{6-22}$$

式中 $g(z)$ 为侧向土压力，$M_1(r)$ 及

$M_2(r)$ 为井筒下端部受到的基岩反力，该力使得井筒处于平衡状态，实际上当获得一组考虑自重，满足内外侧面及上端部边界的平衡解答后，井筒下端部边界必然在圣维南意义下满足，因而该力未在图 6-13 中标出。上标"（1）""（2）"分别表示在井壁、围岩中。

对于上面满足式（6-22）中相应应力边界可以展开为 Fourier 级数如下：

$$g(z) = g_0 + \sum_{n=1}^{\infty} \left(g_{nc} \cos \frac{n\pi z}{L} + g_{ns} \sin \frac{n\pi z}{L} \right) \tag{6-23}$$

对于图 6-13 所示的力学问题，根据线性叠加原理，可以分解为三个子问题。

（1）重力作用下满足井壁-围岩接触条件的一组特解，容易给出如下一组。

$$\sigma_r^{(1)} = \left[\frac{\eta r_2^2}{(r_2^2 - r_1^2)} - \frac{\eta r_1^2 r_2^2}{(r_2^2 - r_1^2)} \frac{1}{r^2} \right](L-z), \sigma_\theta^{(1)} = \left[\frac{\eta r_2^2}{(r_2^2 - r_1^2)} + \frac{\eta r_1^2 r_2^2}{(r_2^2 - r_1^2)} \frac{1}{r^2} \right]$$
$$(L-z), \sigma_z^{(1)} = \gamma_1(z-L), \tau_{rz}^{(1)} = 0 \tag{6-24}$$

$$\sigma_r^{(2)} = \left[\frac{-\eta r_2^2}{(r_3^2 - r_2^2)} + \frac{\eta r_2^2 r_3^2}{(r_3^2 - r_2^2)} \frac{1}{r^2} \right](L-z), \sigma_\theta^{(2)} = \left[\frac{-\eta r_2^2}{(r_3^2 - r_2^2)} - \frac{\eta r_2^2 r_3^2}{(r_3^2 - r_2^2)} \frac{1}{r^2} \right]$$
$$(L-z), \sigma_z^{(2)} = \gamma_2(z-L), \tau_{rz}^{(2)} = 0 \tag{6-25}$$

其中，

$$\eta = (\mu^{(2)} \gamma^{(2)}/E^{(2)} - \mu^{(1)} \gamma^{(1)}/E^{(1)}) / \left[\frac{r_2^2 + r_1^2}{E^{(1)}(r_2^2 - r_1^2)} + \frac{r_2^2 + r_3^2}{E^{(2)}(r_3^2 - r_2^2)} - \frac{\mu^{(1)}}{E^{(1)}} + \frac{\mu^{(2)}}{E^{(2)}} \right],$$

材料泊松比、弹性模量及容重分别对应 μ，E，γ。该组特解内外侧面均不受力，井壁、围岩在上端部也不受力。

（2）三角级数和部分侧面边界特解。

在内侧面不受力，同时还将满足内外壁的接触条件。该组特解满足式（6-21）中三角级数和部分外侧面边界。

（3）常外侧力与均布端部力作用下的解答。

前两组解答均为特解，对端部受力没有预先限制，第三个子问题的目的是使得三组解答叠加后成为一组圣维南解，利用叠加后上端部静力等效为 0 有：

$$N_{13}\pi(r_2^2 - r_1^2) + \int_{r1}^{r_2} N_{12}(r) \cdot 2\pi r \mathrm{d}r = 0 \, , \, N_{23}\pi(r_3^2 - r_2^2) + \int_{r2}^{r_3} N_{22}(r) \cdot 2\pi r \mathrm{d}r = 0$$

$$\tag{6-26}$$

式中 N_{13}（N_{12}）、N_{23}（N_{22}）分别表示第三（二）个子问题内、外壁上端部正应力，由式（6-24）推导得到：

$$N_{13} = -\int_{r1}^{r_2} N_{12}(r) \cdot 2\pi r \mathrm{d}r / \pi(r_2^2 - r_1^2), N_{23} = -\int_{r2}^{r_3} N_{22}(r) \cdot 2\pi r \mathrm{d}r / \pi(r_3^2 - r_2^2)$$

$$\tag{6-27}$$

该组解答在外侧受到均布正应力 g_0，内侧不受力，上端部受到均布正应力 N_{13} 与 N_{23}，同时还需要满足内外壁接触条件。

2. 三角级数和部分侧面边界特解

同样引用空间轴对称问题的 Timpe 通解如下

$$u = T^* - \frac{1}{4(1-\mu)} \frac{\partial(T_0 + rT^*)}{\partial r} \ , \ w = -\frac{1}{4(1-\mu)} \frac{\partial(T_0 + rT^*)}{\partial z} \tag{6-28}$$

其中 T^*，T_0 满足：$(\nabla^2 - 1/r^2)T^*(r,z) = 0$，$\nabla^2 T_0(r,z) = 0$。$\nabla^2 = \partial^2/\partial r^2 + \partial/r\partial r + \partial^2/\partial z^2$ 是轴对称调和算子，u，w 对应径向、轴向位移。

T^*，T_0 可通过分离变量法求解，位移函数（井壁、围岩中选择相同的形式）用如下级数形式表达：

$$T^{*(i)}(r,z) = \sum_{n=1}^{\infty} I_1(\alpha_n r)\left[A_n^{*(i)}\sin(\alpha_n z) + B_n^{*(i)}\cos(\alpha_n z)\right] +$$
$$K_1(\alpha_n r)\left[C_n^{*(i)}\sin(\alpha_n z) + D_n^{*(i)}\cos(\alpha_n z)\right] \tag{6-29}$$

$$T_0^{(i)}(r,z) = \sum_{n=1}^{\infty} I_0(\alpha_n r)\left[A_n^{0(i)}\sin(\alpha_n z) + B_n^{0(i)}\cos(\alpha_n z)\right] +$$
$$K_0(\alpha_n r)\left[C_n^{0(i)}\sin(\alpha_n z) + D_n^{0(i)}\cos(\alpha_n z)\right] \tag{6-30}$$

式中：$\alpha_n = n\pi/L$，$n = 1$，2，3，$\cdots$；而 $A_n^{*(i)}$，$B_n^{*(i)}$，$C_n^{*(i)}$，$D_n^{*(i)}$，$A_n^{0(i)}$，$B_n^{0(i)}$，$C_n^{0(i)}$，$D_n^{0(i)}$ 为待定系数，通过边界、接触条件来确定，上标 i 在井壁、围岩中分别为 "1"，"2"，；I_0，I_1，K_0，K_1 分别为零阶、一阶第一、二类变形 Bessel 函数。

将式（6-29）、式（6-30）代入式（6-28），并利用几何方程、本构关系可以得到（主要列出与建立方程有关的量）：

$$\frac{\sigma_r^{(i)}}{2G^{(i)}} = \sum_{n=1}^{\infty} \sin(\alpha_n z)\left[A_n^{*(i)}a_{rn1}^{*(i)}(r) + C_n^{*(i)}a_{rn3}^{*(i)}(r) + A_n^{0(i)}a_{rn1}^{0(i)}(r) + C_n^{0(i)}a_{rn3}^{0(i)}(r)\right] +$$
$$\sum_{n=1}^{\infty} \cos(\alpha_n z)\left[B_n^{*(i)}a_{rn2}^{*(i)}(r) + D_n^{*(i)}a_{rn4}^{*(i)}(r) + B_n^{0(i)}a_{rn2}^{0(i)}(r) + D_n^{0(i)}a_{rn4}^{0(i)}(r)\right]$$
$$\tag{6-31}$$

$$\frac{\sigma_z^{(i)}}{2G^{(i)}} = \sum_{n=1}^{\infty} \sin(\alpha_n z)\left[A_n^{*(i)}a_{zn1}^{*(i)}(r) + C_n^{*(i)}a_{zn3}^{*(i)}(r) + A_n^{0(i)}a_{zn1}^{0(i)}(r) + C_n^{0(i)}a_{zn3}^{0(i)}(r)\right] +$$
$$\sum_{n=1}^{\infty} \cos(\alpha_n z)\left[B_n^{*(i)}a_{zn2}^{*(i)}(r) + D_n^{*(i)}a_{zn4}^{*(i)}(r) + B_n^{0(i)}a_{zn2}^{0(i)}(r) + D_n^{0(i)}a_{zn4}^{0(i)}(r)\right]$$
$$\tag{6-32}$$

$$\frac{\tau_{rz}^{(i)}}{G^{(i)}} = \sum_{n=1}^{\infty} \sin(\alpha_n z)\left[B_n^{*(i)}b_{n2}^{*(i)}(r) + D_n^{*(i)}b_{n4}^{*(i)}(r) + B_n^{0(i)}b_{n2}^{0(i)}(r) + D_n^{0(i)}b_{n4}^{0(i)}(r)\right] +$$
$$\sum_{n=1}^{\infty} \cos(\alpha_n z)\left[A_n^{*(i)}b_{n1}^{*(i)}(r) + C_n^{*(i)}b_{n3}^{*(i)}(r) + A_n^{0(i)}b_{n1}^{0(i)}(r) + C_n^{0(i)}b_{n3}^{0(i)}(r)\right]$$
$$\tag{6-33}$$

$$u^{(i)} = \sum_{n=1}^{\infty} \cos(\alpha_n z)\left[B_n^{*(i)}c_{n2}^{*(i)}(r) + D_n^{*(i)}c_{n4}^{*(i)}(r) + B_n^{0(i)}c_{n2}^{0(i)}(r) + D_n^{0(i)}c_{n4}^{0(i)}(r)\right] +$$
$$\sum_{n=1}^{\infty} \sin(\alpha_n z)\left[A_n^{*(i)}c_{n1}^{*(i)}(r) + C_n^{*(i)}c_{n3}^{*(i)}(r) + A_n^{0(i)}c_{n1}^{0(i)}(r) + C_n^{0(i)}c_{n3}^{0(i)}(r)\right]$$
$$\tag{6-34}$$

其中 G 为剪切模量，参数函数 $a(r) \sim b(r)$ 已经在前面不考虑共同承载作用时给出，不再赘述。对于 $c(r)$ 系列则有：

$$c_{n1}^{*(i)}(r) = c_{n2}^{*(i)}(r) = I_1(\alpha_n r) + \alpha_n r I_0(\alpha_n r)/(4\mu^{(i)} - 4) \ ;$$

$$c_{n1}^{0(i)}(r) = c_{n2}^{0(i)}(r) = \alpha_n I_1(\alpha_n r)/(4\mu^{(i)} - 4) \ ;$$

$$c_{n3}^{*(i)}(r) = c_{n4}^{*(i)}(r) = K_1(\alpha_n r) - \alpha_n r K_0(\alpha_n r)/(4\mu^{(i)} - 4) \ ;$$

$$c_{n3}^{0(i)}(r) = c_{n4}^{0(i)}(r) = -\alpha_n K_1(\alpha_n r)/(4\mu^{(i)} - 4)$$

利用内侧面的边界条件可以得到：

$$\{A_n^{*(1)}a_{n1}^{*(1)}(r_1) + C_n^{*(1)}a_{n3}^{*(1)}(r_1) + A_n^{0(1)}a_{n1}^{0(1)}(r_1) + C_n^{0(1)}a_{n3}^{0(1)}(r_1) = 0$$

$$B_n^{*(1)}a_{n2}^{*(1)}(r_1) + D_n^{*(1)}a_{n4}^{*(1)}(r_1) + B_n^{0(1)}a_{n2}^{0(1)}(r_1) + D_n^{0(1)}a_{n4}^{0(1)}(r_1) = 0,$$

$$A_n^{*(1)}b_{n1}^{*(1)}(r_1) + C_n^{*(1)}b_{n3}^{*(1)}(r_1) + A_n^{0(1)}b_{n1}^{0(1)}(r_1) + C_n^{0(1)}b_{n3}^{0(1)}(r_1) = 0$$

$$B_n^{*(1)}b_{n2}^{*(1)}(r_1) + D_n^{*(1)}b_{n4}^{*(1)}(r_1) + B_n^{0(1)}b_{n2}^{0(1)}(r_1) + D_n^{0(1)}b_{n4}^{0(1)}(r_1) = 0\} \tag{6-35}$$

利用外侧面的边界条件可以得到：

$$\{A_n^{*(2)}a_{n1}^{*(2)}(r_3) + C_n^{*(2)}a_{n3}^{*(2)}(r_3) + A_n^{0(2)}a_{n1}^{0(2)}(r_3) + C_n^{0(2)}a_{n3}^{0(2)}(r_3) = g_{ns}/2G^{(2)}$$

$$B_n^{*(2)}a_{n2}^{*(2)}(r_3) + D_n^{*(2)}a_{n4}^{*(2)}(r_3) + B_n^{0(2)}a_{n2}^{0(2)}(r_3) + D_n^{0(2)}a_{n4}^{0(2)}(r_3) = g_{nc}/2G^{(2)}$$

$$A_n^{*(2)}b_{n1}^{*(2)}(r_3) + C_n^{*(2)}b_{n3}^{*(2)}(r_3) + A_n^{0(2)}b_{n1}^{0(2)}(r_3) + C_n^{0(2)}b_{n3}^{0(2)}(r_3) = p_{nc}/G^{(2)}$$

$$B_n^{*(2)}b_{n2}^{*(2)}(r_3) + D_n^{*(2)}b_{n4}^{*(2)}(r_3) + B_n^{0(2)}b_{n2}^{0(2)}(r_3) + D_n^{0(2)}b_{n4}^{0(2)}(r_3) = p_{ns}/G^{(2)}\} \tag{6-36}$$

利用井壁-围岩交界面上接触条件可以得到：

$$\{A_n^{*(1)}b_{n1}^{*(1)}(r_2) + C_n^{*(1)}b_{n3}^{*(1)}(r_2) + A_n^{0(1)}b_{n1}^{0(1)}(r_2) + C_n^{0(1)}b_{n3}^{0(1)}(r_2) = 0,$$

$$B_n^{*(1)}b_{n2}^{*(1)}(r_2) + D_n^{*(1)}b_{n4}^{*(1)}(r_2) + B_n^{0(1)}b_{n2}^{0(1)}(r_2) + D_n^{0(1)}b_{n4}^{0(1)}(r_2) = 0,$$

$$A_n^{*(2)}b_{n1}^{*(2)}(r_2) + C_n^{*(2)}b_{n3}^{*(2)}(r_2) + A_n^{0(2)}b_{n1}^{0(2)}(r_2) + C_n^{0(2)}b_{n3}^{0(2)}(r_2) = 0,$$

$$B_n^{*(2)}b_{n2}^{*(2)}(r_2) + D_n^{*(2)}b_{n4}^{*(2)}(r_2) + B_n^{0(2)}b_{n2}^{0(2)}(r_2) + D_n^{0(2)}b_{n4}^{0(2)}(r_2) = 0,$$

$$2G^{(1)}[A_n^{*(1)}a_{n1}^{*(1)}(r_2) + C_n^{*(1)}a_{n3}^{*(1)}(r_2) + A_n^{0(1)}a_{n1}^{0(1)}(r_2) + C_n^{0(1)}a_{n3}^{0(1)}(r_2)]$$

$$= 2G^{(2)}[A_n^{*(2)}a_{n1}^{*(2)}(r_2) + C_n^{*(2)}a_{n3}^{*(2)}(r_2) + A_n^{0(2)}a_{n1}^{0(2)}(r_2) + C_n^{0(2)}a_{n3}^{0(2)}(r_2)],$$

$$2G^{(1)}[B_n^{*(1)}a_{n2}^{*(1)}(r_2) + D_n^{*(1)}a_{n4}^{*(1)}(r_2) + B_n^{0(1)}a_{n2}^{0(1)}(r_2) + D_n^{0(1)}a_{n4}^{0(1)}(r_2)]$$

$$= 2G^{(2)}[B_n^{*(2)}a_{n2}^{*(2)}(r_2) + D_n^{*(2)}a_{n4}^{*(2)}(r_2) + B_n^{0(2)}a_{n2}^{0(2)}(r_2) + D_n^{0(2)}a_{n4}^{0(2)}(r_2)],$$

$$B_n^{*(1)}c_{n2}^{*(1)}(r_2) + D_n^{*(1)}c_{n4}^{*(1)}(r_2) + B_n^{0(1)}c_{n2}^{0(1)}(r_2) + D_n^{0(1)}c_{n4}^{0(1)}(r_2)$$

$$= B_n^{*(2)}c_{n2}^{*(2)}(r_2) + D_n^{*(2)}c_{n4}^{*(2)}(r_2) + B_n^{0(2)}c_{n2}^{0(2)}(r_2) + D_n^{0(2)}c_{n4}^{0(2)}(r_2),$$

$$A_n^{*(1)}c_{n1}^{*(1)}(r_2) + C_n^{*(1)}c_{n3}^{*(1)}(r_2) + A_n^{0(1)}c_{n1}^{0(1)}(r_2) + C_n^{0(1)}c_{n3}^{0(1)}(r_2)$$

$$= A_n^{*(2)}c_{n1}^{*(2)}(r_2) + C_n^{*(2)}c_{n3}^{*(2)}(r_2) + A_n^{0(2)}c_{n1}^{0(2)}(r_2) + C_n^{0(2)}c_{n3}^{0(2)}(r_2)\} \tag{6-37}$$

以上各式中：$n = 1，2，3，\cdots$。联立求解式（6-35）~式（6-37）中的方程就可以获得式（6-29）~式（6-30）中的待定系数，将系数代入式（6-31）~式（6-34）中即获得三角级数和部分侧面边界的一组特解。

3. 圣维南解的获得

对于第三个子问题，需要用到空间轴对称弹性力学中的 Love 通解，其形式为：

$$
\begin{cases}
\sigma_r = \dfrac{\partial}{\partial z}\left(\mu \, \nabla^2 \varphi - \dfrac{\partial^2 \varphi}{\partial r^2}\right) \\[2mm]
\sigma_\theta = \dfrac{\partial}{\partial z}\left(\mu \, \nabla^2 \varphi - \dfrac{1}{r}\,\dfrac{\partial \varphi}{\partial r}\right) \\[2mm]
\sigma_z = \dfrac{\partial}{\partial z}\left[(2-\mu)\,\nabla^2 \varphi - \dfrac{\partial^2 \varphi}{\partial z^2}\right] \\[2mm]
\tau_{rz} = \dfrac{\partial}{\partial r}\left[(1-\mu)\,\nabla^2 \varphi - \dfrac{\partial^2 \varphi}{\partial z^2}\right]
\end{cases}
\tag{6-38}
$$

式中应力函数 $\varphi(r,z)$ 满足:

$$
\nabla^2 \nabla^2 \varphi = 0 \tag{6-39}
$$

式（6-28）中, $\nabla^2 = \dfrac{\partial^2}{\partial r^2} + \dfrac{1}{r}\,\dfrac{\partial}{\partial r} + \dfrac{\partial^2}{\partial z^2}$。

在 Love 通解中选择应力函数:

$$
\begin{aligned}
\phi^{(i)} = {} & C_1^{(i)} z^3 + C_2^{(i)} zr^2 + C_3^{(i)} z\ln(r) + C_4^{(i)}(r^4 - 4z^2 r^2) + \\
& C_5^{(i)}(3z^2 r^2 - 2z^4) + C_6^{(i)} z^2 \ln(r) + C_7^{(i)} r^2 \ln(r)
\end{aligned}
\tag{6-40}
$$

于是可以得到（主要列出与建立方程有关的量）:

$$
\begin{aligned}
\sigma_r^{(i)} = {} & 6\mu^{(i)} C_1^{(i)} + 2(2\mu^{(i)}-1)C_2^{(i)} + C_3^{(i)}/r^2 + 2[8(1-2\mu^{(i)})C_4^{(i)} - 6(1+2\mu^{(i)})C_5^{(i)} + \\
& C_6^{(i)}/r^2]z
\end{aligned}
$$

$$
\sigma_z^{(i)} = 6(1-\mu^{(i)})C_1^{(i)} + 4(2-\mu^{(i)})C_2^{(i)} - 8[4(2-\mu^{(i)})C_4^{(i)} - 3\mu^{(i)} C_5^{(i)}]z
$$

$$
\tau_{rz}^{(i)} = 4[4(2-\mu^{(i)})C_4^{(i)} - 3\mu^{(i)} C_5^{(i)}]r - 2[\mu^{(i)} C_6^{(i)} - 2(1-\mu^{(i)})C_7^{(i)}]/r
$$

$$
u^{(i)} = -(2C_2^{(i)} r + C_3^{(i)}/r - 16C_4^{(i)} zr + 12C_5^{(i)} zr + 2zC_6^{(i)}/r)/2G^{(i)}
\tag{6-41}
$$

由复合结构内、外侧面边界条件:

$$
6\mu^{(1)} C_1^{(1)} + 2(2\mu^{(1)}-1)C_2^{(1)} + C_3^{(1)}/r_1^2 = 0,
$$

$$
8(1-2\mu^{(1)})C_4^{(1)} - 6(1+2\mu^{(1)})C_5^{(1)} + C_6^{(1)}/r_1^2 = 0,
$$

$$
4[4(2-\mu^{(1)})C_4^{(1)} - 3\mu^{(1)} C_5^{(1)}]r_1 - 2[\mu^{(1)} C_6^{(1)} - 2(1-\mu^{(1)})C_7^{(1)}]/r_1 = 0,
$$

$$
6\mu^{(2)} C_1^{(2)} + 2(2\mu^{(2)}-1)C_2^{(2)} + C_3^{(2)}/r_3^2 = g_0,
$$

$$
8(1-2\mu^{(2)})C_4^{(2)} - 6(1+2\mu^{(2)})C_5^{(2)} + C_6^{(2)}/r_3^2 = 0,
$$

$$
4[4(2-\mu^{(2)})C_4^{(2)} - 3\mu^{(2)} C_5^{(2)}]r_3 - 2[\mu^{(2)} C_6^{(2)} - 2(1-\mu^{(2)})C_7^{(2)}]/r_3 = p_0
\tag{6-42}
$$

由井壁-围岩接触条件得到:

$$
\{4[4(2-\mu^{(1)})C_4^{(1)} - 3\mu^{(1)} C_5^{(1)}]r_2 - 2[\mu^{(1)} C_6^{(1)} - 2(1-\mu^{(1)})C_7^{(1)}]/r_2 = 0
$$

$$
4[4(2-\mu^{(2)})C_4^{(2)} - 3\mu^{(2)} C_5^{(2)}]r_2 - 2[\mu^{(2)} C_6^{(2)} - 2(1-\mu^{(2)})C_7^{(2)}]/r_2 = 0
$$

$$
(2C_2^{(1)} r_2 + C_3^{(1)}/r_2)/2G^{(1)} = (2C_2^{(2)} r_2 + C_3^{(2)}/r_2)/2G^{(2)}
$$

$$
(-16C_4^{(1)} r_2 + 12C_5^{(1)} r_2 + 2C_6^{(1)}/r_2)/2G^{(1)} = (-16C_4^{(2)} r_2 + 12C_5^{(2)} r_2 + 2C_6^{(2)}/r_2)/2G^{(2)}
$$

$$
6\mu^{(1)} C_1^{(1)} + 2(2\mu^{(1)}-1)C_2^{(1)} + C_3^{(1)}/r_2^2 = 6\mu^{(2)} C_1^{(2)} + 2(2\mu^{(2)}-1)C_2^{(2)} + C_3^{(2)}/r_2^2
$$

$$
8(1-2\mu^{(1)})C_4^{(1)} - 6(1+2\mu^{(1)})C_5^{(1)} + C_6^{(1)}/r_2^2 = 8(1-2\mu^{(2)})C_4^{(2)} - 6(1+2\mu^{(2)})C_5^{(2)} + C_6^{(2)}/r_2^2
\tag{6-43}
$$

由井壁、围岩在上端部均布正应力条件:

$$\{6(1-\mu^{(1)})C_1^{(1)}+4(2-\mu^{(1)})C_2^{(1)}-8[4(2-\mu^{(1)})C_4^{(1)}-3\mu^{(1)}C_5^{(1)}]L=N_{13}$$

$$6(1-\mu^{(2)})C_1^{(2)}+4(2-\mu^{(2)})C_2^{(2)}-8[4(2-\mu^{(2)})C_4^{(2)}-3\mu^{(2)}C_5^{(2)}]L=N_{23} \quad (6\text{-}44)$$

联立求解式(6-40)~式(6-43)获得系数 $C_1^{(i)}-C_7^{(i)}$ 后回代入式（6-38）便可以获得该子问题的解答。

三个子问题的解答叠加后考虑了自重，满足内外侧面边界及上端部正应力条件，容易证明其下端部正应力条件必然在圣维南意义下满足，而端部的剪应力在空间轴对称问题中均静力等效为 0，因此叠加后的解答是一组圣维南解。

以上建立了考虑井壁-围岩共同承载时，井壁受力响应计算方法。

三、计算算例分析

本节主要对考虑围岩共同承载作用和不考虑围岩共同承载作用的两种情况下的井壁内力作计算分析，通过对比分析考虑围岩共同承载后对井壁本身安全性的影响，从而为竖井掘进机配合迈步模板施工中的衬砌设计奠定基础。

考虑竖井施工总深度为 650m，井壁内径为 3.5m，壁厚为 0.7m；材料为 350 号钢筋混凝土，材料容重为 0.024MN/m^3，弹性模量为 30GPa，泊松比为 0.21。

已有文献对于井壁所受水平地压的计算公式进行了评述，指出目前对于深部土地地压认识较少，只有应用经验公式（6-44），尚能够服务于一定的工程。

$$P_h=KH \quad (6\text{-}45)$$

式中 P_h——水平地压，MPa；

$\quad K$——侧压力系数，算例中取 0.0118MPa/m；

$\quad H$——深度，m。

对于井筒围岩部分，主要考察弹性模量的影响，实际上弹性模量也可以表征围岩的综合性能。如果弹性模量比较高，那么围岩整体较坚硬，整体性能较好，而如果弹性模量较小，说明围岩较软，围岩的整体性能较差，选择 20 000MPa，10 000MPa，3000MPa 分别代表较高弹性模量、中等弹性模量和较低弹性模量围岩。对于围岩的泊松比和重度，则分别取为 0.3 和 0.015MN/m^3。

为了分析井壁的安全性，在经过各个主应力计算后，主要采用第四强度理论进行评判，其基本公式为：

$$\sigma_{r4}=\sqrt{\frac{1}{2}[(\sigma_1-\sigma_2)^2+(\sigma_2-\sigma_3)^2+(\sigma_1-\sigma_3)^2]} \quad (6\text{-}46)$$

其中 σ_1，σ_2，σ_3 分别为三个方向的主应力，在本问题中即为轴向正应力、环向正应力及径向正应力。

1. 围岩性质较好时

首先看围岩弹性模量 20 000MPa 时的情形，此时对应的围岩力学性质整体较好。

图 6-13 为考虑和不考虑围岩共同承载时等效应力随深度的变化，对于考虑围岩共同承载时，围岩的厚度设置了 5m 和 15m 两种情形，即 $r_3=5\text{m}$ 和 $r_3=15\text{m}$，实际上，也计算了 100m 厚度的情形，但其与 15m 厚的围岩相比差别不大，故而没有画出。

从图 6-13 中可以看出，无论考虑共同承载作用与否，等效应力都是随着深度的增加而增加的，因为在深处，井壁本身受到的各个方向上的力都增大。不考虑围岩的共同承载作用，则井壁的等效应力是较高的，650m 深处达到约 45MPa。而若充分考虑围岩的共同承载作用，按 15m 围岩算，该处等效应力降低为 19MPa。等效应力的降低意味着井壁安全性能的提高，该处等效应力降低了 57％，安全性能大幅度提高。

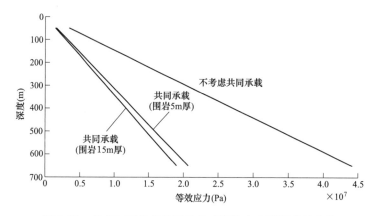

图 6-13　考虑与不考虑共同承载时等效应力随深度的变化

图 6-14 为计算深度为 618m，对比不考虑共同承载，在考虑围岩共同承载条件下等效应力随半径变化曲线。同样，共同承载时的曲线图中展示了 5m 厚围岩和 15m 厚围岩。从图 6-14 中可以看出，井壁的内缘等效应力最高，是最危险的位置；考虑了围岩的共同承载后，沿半径方向分布的等效应力有较大减小；以井壁外缘为例，该处等效应力从 30MPa 降低到了 13MPa，减少了 57％，井壁安全性得到较大提高。

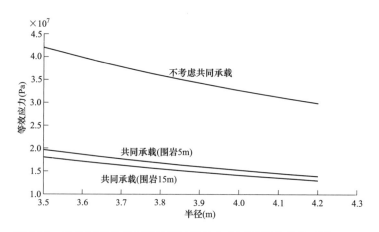

图 6-14　考虑与不考虑共同承载时等效应力随半径的变化（深 618m）

为了能够更清晰地弄清井壁等效应力变化的原因，图 6-15 分析了围岩共同承载时井壁中各主应力随深度的变化特性，并对比了不考虑围岩共同承载的情况。图中虚线为不考虑共同承载时各主应力变化，实线为考虑共同承载时各主应力的变化。从图 6-15 中可以看出，在考虑了围岩的共同承载后，径向正应力有所减小，从受压 7.5MPa 减小到受压 3.2MPa；而环向正应力则从受压 42.5MPa 减小到 18.0MPa；轴向正应力在考虑围岩共同承载后基本未有变化。

在考虑了围岩共同承载后，由于围岩力学性能较好，作用在井壁上的环向正应力得到大幅度降低，这直接导致了井壁等效应力的降低，从而提高了井壁安全性。

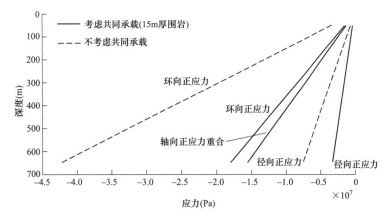

图 6-15　考虑与不考虑共同承载时各主应力随深度的变化

2. 围岩性质中等时

围岩弹性模量取为 10 000MPa，此时代表围岩本身的力学性能处于中等水平。

图 6-16 为在围岩共同承载时围岩等效应力随深度变化的曲线，并在图 6-16 中给出了不考虑共同承载作用下的变化特征。从图 6-16 中可以看出，考虑共同承载后，随深度变化的等效应力同样也有所降低。以 15m 厚围岩的计算结果为例，650m 处等效应力由不考虑共同承载时的 45MPa 减小为 27MPa，减小了 40%。由于井壁等效应力的降低，井壁的安全性会有所提高，但是与井壁弹性模量较高时相比，等效应力减小的幅度有所降低。这说明随着围岩力学性能的降低，其所参与的共同承载的份额有所降低。

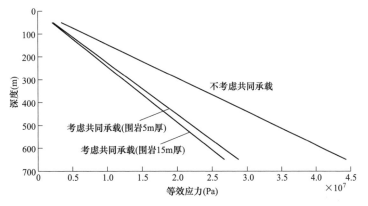

图 6-16　考虑和不考虑共同承载时等效应力随深度的变化曲线

图 6-17 为考虑和不考虑共同承载时等效应力随半径的变化曲线，该位置深度为 618m。在考虑共同承载后，随半径变化的等效应力有所降低。以井壁外缘为例，等效应力从 3MPa 减小到 1.77MPa，减小了 41%，考虑共同承载后井壁安全性增加的幅度较第一种情形有所降低。

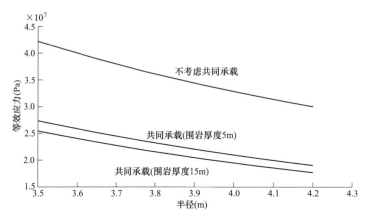

图 6-17　考虑和不考虑共同承载时等效应力随半径变化曲线（618m）

图 6-18 给出了各主应力随深度的变化曲线，实线为考虑共同承载，虚线为不考虑围岩共同承载作用。对于环向正应力而言，在考虑围岩共同承载后，其受压状态从 42.5MPa 降低到 26MPa；而径向正应力则由受压 7.5MPa 降低到受压 4.7MPa；轴向正应力同样保持不变。

由于围岩力学性能的降低，其在共同承载时抵抗外部荷载的能力有所下降，因此井壁环向、径向正应力的减小值有所降低，对共同承载后安全性能的提高较第一种情形降低。

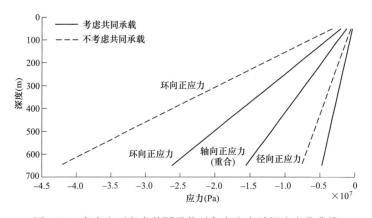

图 6-18　考虑和不考虑共同承载时各主应力随深度变化曲线

3. 围岩性质较差时

最后一种情况考虑围岩力学性能较差，围岩弹性模量为 3000MPa。

图 6-19 对比了围岩参与共同承载前后井壁等效应力随深度变化的曲线，从图中可以看出考虑和不考虑围岩共同承载对井壁等效应力的影响不大。对于围岩共同承载厚度，以 5m 计算的值与 15m 计算的值也接近。

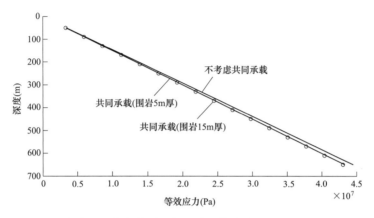

图 6-19　考虑和不考虑共同承载时井壁等效应力随深度的变化曲线

图 6-20 所示为考虑和不考虑围岩共同承载时井壁的等效应力随半径的变化曲线。考虑围岩共同承载后，井壁中的等效应力并未有较大提升。以井壁外侧为例，在考虑围岩共同承载作用后（15m），其等效应力由原来的 30MPa 减小到 29MPa。

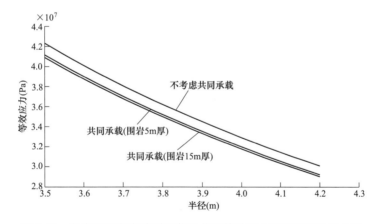

图 6-20　考虑和不考虑共同承载时井壁等效应力随半径变化的曲线

为了分析此种情形下围岩共同承载对井壁安全性无太大影响的原因，图 6-21 给出考虑和不考虑共同承载时环向正应力、轴向正应力、径向正应力随深度的变化曲线，其中考虑共同承载时围岩厚度取 15m。

从图 6-21 中可以看出，在考虑了围岩的共同承载后，环向正应力和径向正应力都有所减小，但减小的幅度十分有限，轴向正应力基本不受影响；这是考虑围岩共同承载后井壁中等效应力基本没有太大变化的原因。

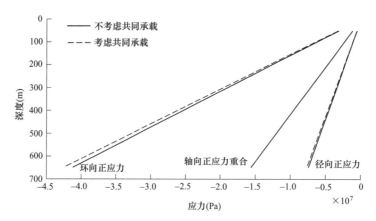

图 6-21　考虑与不考虑共同承载时各正应力随深度的变化曲线

在围岩力学性质较弱时，围岩本身并不能承担较多的地层荷载，即使考虑了井壁与围岩的共同承载，软弱的围岩也会将受到的荷载直接传递给井壁，并不能对井壁的安全状态有较大提升。

在围岩力学性能较好时，围岩本身在共同承载结构中发挥较大的作用，能够大幅度提高井壁的安全性，有时甚至不需要进行完整的井壁衬砌，这就是在宁海竖井掘进项目中遇到的情形；如果围岩本身的力学性能较弱，则其在井壁-围岩共同承载结构中的作用较小，而且利用迈步模板进行完整的井壁衬砌是必须的。

第六节　井壁支护设计方法

始发井井壁采用立模、现浇模式进行井壁支护，完成始发井施工。井筒主体根据设计要求采用锚网喷支护，根据不同地质类型，采用不同支护工艺。项目初期支护以混凝土喷射为主，若围岩条件较差进行钢筋网、锚杆等支护方式进行支护。

1. 锚杆施工

本项目主要为Ⅱ、Ⅲ类围岩为主，锚杆施工采用砂浆锚杆 $\phi22@1.5m\times1.5m$ 进行布置，锚杆长度 $L=3m$，入嵌 2.9m，喷射混凝土为 C30 厚 150mm。

若遇到围岩条件较差的Ⅳ类围岩，锚杆施工采用砂浆锚杆 $\phi25@1.2m\times1.2m$ 进行布置，锚杆长度 $L=4.5m$，入嵌 3.9m，喷射混凝土为 C30 厚 150mm。

2. 钢筋网施工

钢筋网施工根据设计支护参数的要求，在相应的围岩地段安装。钢筋网在洞外预制加工，现场通过人工配合固定。钢筋网与锚杆连接牢固，挂网钢筋 $\phi8@150\times150$。

3. 喷射混凝土

混凝土在地面进行拌制，采取底卸式吊桶进行运送，喷射混凝土支护由喷浆机完成。

操作人员在吊盘平台 4 上，通过喷浆机完成设计所要求的喷射混凝土作业。每米喷射混凝土量为 $3.7m^3$。

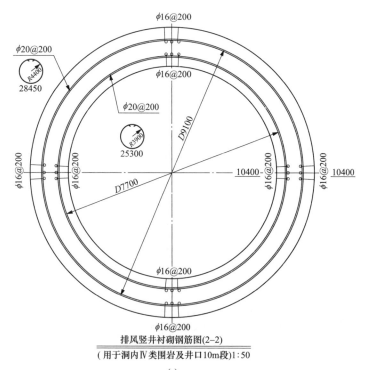

排风竖井衬砌钢筋图(2-2)
(用于洞内Ⅳ类围岩及井口10m段)1:50

(a)

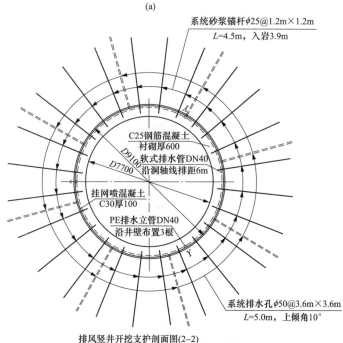

排风竖井开挖支护剖面图(2-2)
(用于竖井内Ⅳ类围岩及井口10m段开挖支护)1:100

(b)

图 6-22　不同类型围岩支护要求（一）

（a）锁口支护要求；（b）Ⅳ类围岩支护要求

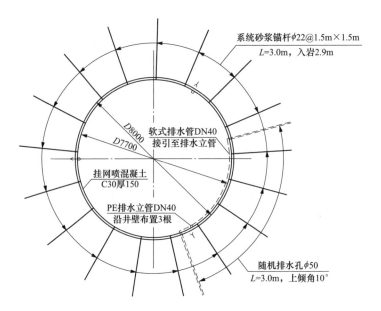

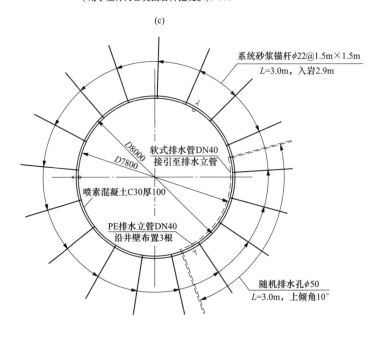

图 6-22 不同类型围岩支护要求（二）

（c）Ⅲ类围岩支护要求；（d）Ⅱ类围岩支护要求

第七节　小　　结

（1）对早强混凝土的配比进行优选，建议配比为石灰掺量为2%，硫铝酸盐水泥与普通硅酸盐水泥比例控制在8∶2左右，胶砂比为1∶1.2，普通砂取代量要控制在40%以内。优化后的早强混凝土2h抗压强度超过20MPa、1d抗折强度大于40MPa。优化了喷射混凝土的技术参数，喷射角度接近垂直，喷射距离控制在0.9～1.2m，风压为0.1～0.15MPa时回弹较小，喷射效果最佳。

（2）为使竖井掘进机安全、快速通过软岩破碎带，采用分段下行注浆方法对破碎带进行结构改性，提高岩层强度并隔绝涌水。注浆材料选取水泥-水玻璃，注浆前先进行压水试验，确定注浆材料大体用量和注浆参数。注浆孔分布根据竖井掘进机刀盘结构进行设计，利用刀盘间隙进行注浆。

（3）针对竖井掘进机穿越含水层，为提高物探技术解释的准确性，提出采用反射地震波和瞬变电磁法相互结合、验证的办法进行超前初步探测，并对异常处进行钻孔探测，探水孔位置根据竖井掘进机前方空间狭小这一情况，设置于刀盘外圈中间处。对于工作面前方含水层，采用工作面预注浆，注浆孔施工可参照探水孔施工；竖井掘进机上部井壁渗水时，采用壁后注浆，进行注浆堵水。

（4）对自动迈步模板施工完成后的井壁衬砌和围岩的共同承载进行了分析，分别建立完成井壁作为单独承载结构和围岩-井壁共同承载时的受力响应模型，推导了两种情形下井壁内力、变形的相关公式。利用该公式，分析了围岩力学性质对共同承载作用的影响；在围岩力学性质中等及较好时，围岩共同承载有效降低了井壁中的等效应力，提高了井壁的安全性，甚至不需要模板进行完整的井壁衬砌。

第七章

竖井掘进机施工管理

第一节 概　述

近年，随着施工机械化水平的不断提升，大型工程装备日益发展，并且各种基建工程都在全面推进机械化施工。隧道掘进机技术在我国得到了飞速的发展，目前已经在抽水蓄能领域应用成功，但斜井、竖井施工装备及工法的研究在国内发展较慢，相关研究较少，大大限制了斜井、竖井施工的发展。

在竖井施工领域，竖井开挖方法仍然停留在"正井法"或"反井钻法"的施工工艺上，并且井下施工环境恶劣，一直存在较多的安全隐患，施工工期长、人员投入大、作业环境差、施工效率低、资源消耗量大、对环境影响大，对施工人员的安全和人身职业健康不利。地下工程地质条件复杂，断层、突涌水、塌方等地质灾害时常发生，井口上方提升装置的可靠与否等因素也严重地威胁到了井下作业人员的生命安全。竖井掘进机作为一种新型的大型竖井施工设备，以传统竖井施工技术为基础，融合了隧道掘进机技术和物料垂直提升技术进行研制。通过研究竖井自动掘进技术并应用于工程实际，可以极大保障作业人员的施工安全，实现职业健康保障最高、作业环境最优、进度最快、最终实现工程建设期的整体效益最高，竖井掘进机的应用具有以下优势：降低施工风险，保障生命安全、效率更高、施工速度更快，工期短、减少围岩扰动，避免围岩破坏，降低竖井支护的施工费用和工期成本。

针对竖井掘进工程而言，必须按照一定的流程进行施工过程管理，其中施工进度与质量安全控制是关键内容。本章主要分析竖井掘进机施工管理的关键技术问题与主要控制环节，并提出相应的控制措施，推动整个施工现场管理水平的提高，进而确保施工工程质量。

第二节　施工准备工作

竖井掘进机适用于稳定、涌水量小的地层，对于含水量大、稳定性差的地层，可以采用人工冻结或预注浆的方法对地层进行改性。改变性质后的地层达到临时或永久稳定后，方可采用竖井掘进机施工。需要根据不同改性条件，选择不同井壁结构形式进行及时支护，以满足井筒长期运行需要。

竖井工程施工全过程都离不开施工现场管理，用竖井掘进机进行竖井掘进施工时，要想管理好施工现场，保证可以进行连续、协调、均衡和经济的施工，在正式掘进之前需要做相关的准备工作[109]。

开始施工前，需收集施工场地以及附近区域的工程地质和水文地质的相关信息，其内容主要包括以下方面：

（1）地层岩性，特别是松散、软弱、崩解、膨胀和易溶岩层的分布。

（2）地质构造条件，特别是断层、节理裂隙密集带、破碎带等的位置、产状和规模等。

（3）水文地质条件，包括含水层分布，水位，水温，水质，涌水量等相关信息，尤其是对于富含涌水量的含水层，强透水带以及补给水源的情况尤其需要重点关注。

（4）易溶岩区，岩溶洞穴的发育层位、规模和充填情况。

（5）岩体应力状况，地温情况。

（6）有害气体或者放射性元素的特性，含量和分布范围。

（7）竖井工程井口处地形地貌条件，尤其是浅埋、傍山及高水头斜井、竖井地段，涉及山体边坡的稳定性。

一、场地要求

竖井场地位置利用率较低，场地布置困难。因此现将场地布置情况作出如下说明：竖井施工场地主要临建工程包括：办公用房、员工宿舍、提升机房、井架基础、钢筋加工区、空压机站、风机房、沉淀池、物料储存区、弃渣场、场地硬化等。

1. 办公、宿舍、食堂用房

办公、宿舍、食堂用房采用：宽度 3m×长度 6m×高度 2.8m，单间建筑面积 18m² 的折叠式住人集装箱。按照项目人员计划配置 60 人，按照单间 18m² 标准筹划，共计需要 28 个折叠集装箱（见表 7-1）。

表 7-1　　　　　　　　　临建办公、住宿等房屋计划表

序号	房屋分配	人数	办公（m²）	住宿（m²）	备注
1	项目经理	1	36	18	
2	总工程师	1	9	9	住宿办公
3	副经理	1	9	9	住宿办公
4	安全总监	1	9	9	住宿办公
5	工程部	2			
6	物机部	2	18	54	
7	安质部	1			
8	综合办公室	5	18		厨师 2 人
9	各作业班组	46		216	每间 4 人
10	会议室		36		
11	招待所			18	
12	食堂		36		
13	小计	61	171	333	28 间

2. 其他临建设施及要求

（1）提升机房一个，如果车间有难以完全消除的噪声，应将其与提升机室保持一定

的距离，以保证提升机信号不受干扰。

（2）井架基础承载力需达到 400t 且每平方米的承载力要大于 5t。

（3）空压机站：2 台、风量 20m³/min、压力 0.8MP。

（4）风机：1250～680m³/min，风压为 2200～7100Pa。

（5）沉淀池：24m³。

（6）弃渣场，此场地需求不作为必须选项，可根据现场实际情况做出选择。若弃渣不能及时运送出施工场地，但是又要保证施工工期与进度，可以考虑约 2 天适当的弃渣存放量（见表 7-2）。

表 7-2　　　　　　　　　　　　　其他临建工程

序号	工程名称	结构形式	单位	数量	备注
1	绞车房	彩板房	m²	60	
2	空压机房	彩板房	m²	30	
3	风机房	彩板房	m²	15	
4	厕所	彩板房	m²	40	
5	地面设备房	彩板房	m²	30	
6	发电机房	彩板房	m²	40	
7	变电所	砖混结构	m²	20	
8	施工水池	C25 混凝土	m³	10	
9	水管线路		m	300	
10	小计				

二、水电需求

竖井掘进机施工现场的水电布置大概可以分为两部分，一部分是日常的生活、钢筋等加工的用水用电，这类水电布置按照正常的施工现场水电要求布置即可，另一部分则是竖井掘进机的水电需求，具体如下：

竖井掘进机在供电、控制等方面的设计原则就是尽可能减少井下的电器原件，能够放置在地面的设备，尽可能地放置在地面。因此可以采用供电、控制设备地面放置、电缆下井的方式进行供电、信号传输及控制，减少下井装备。

（1）在井筒掘砌过程中，需在井筒附近建造与之相匹配的施工变电站。按照竖井掘进机的用电情况，站内可安装 YKBS-10 型移动式开闭所 2 台，ZXB-630×2/10-6 型移动变电站一台，将 10kV 变电所敷设两路 YJV-3×95/10kV 电缆至开闭所作为主电源进线（一路运行一路备用），提升机采用双回路供电。井下吊盘上安装变压器满足井下施工需要，从开闭所引出 120mm² 的高压电缆入井到吊盘的变压器，井下变压器输出电压 690V 和 380V 为竖井掘进机的主电机及水泵等供电，工程施工总装机容量为井上 2000kW、井下 2500kW，同时运行最大负荷约 4500kW。

（2）竖井掘进机所需用水主要是用于设备清理、刀盘降温、抑尘等作用，可以选用

$\phi42\times3.5mm$ 供水管（兼注浆管），既能满足施工供水需要，管路沿井壁布置，通过锚杆固定在井壁上，必要时兼做注浆管路，进行井下注浆。

三、道路条件

进场便道主要满足设备进场，后期用于出碴和材料供应。其施工便道标准如下：

（1）最小转弯半径大于 10m。

（2）路面宽度大于 5m 且承载力大于 $3t/m^2$，通过直线段扫空区域大于 7.5m，通过曲线段扫空区域大于 10m。

（3）净空高度大于 4.5m。

（4）车辆行驶路面的单位面积路面承载力大于 $3t/m^2$。

（5）坡度应小于 8％。

（6）便桥通过能力：承载桥梁通行的重力荷载在汽车－15 级挂车－100（即：承载 15t/轴），路面宽度大于 4.5m，净空宽度大于 7.5m。

（7）道路尽量修建成环形道路，方便车辆的进出。

（8）应设置临时消防车通道，净宽和高度不应小于 4m。

第三节　施工总体方案

根据设计图纸文件要求和具体竖井设计技术特征、工程地质情况，通过现场勘察获知的建井施工条件，通过专家论证确定综合机械化配套设施方案进行施工方案，具体施工方案如下：

（1）在正式开工前，施工准备阶段按照临时设备设施布置对施工场地进行"四通一平"工业广场平整，在进行地面临时设施和凿井措施工程，包括凿井井架、稳车群、提升绞车基础及地坪硬化与设备设施安装，凿井井架、天轮平台、翻矸平台、稳绞车、压风机、竖井掘进机设备安装等凿井设施的检查与交接，使竖井工程提升、排矸、供电、信号等系统完善，能够达到正常施工的条件。

（2）选用ⅣG 型凿井井架，排风竖井施工布置采用一套 JKZ-2.8/15.5 型绞车，单钩提升，座钩式 5m³ 吊桶出矸，座钩式自动翻矸，地面汽车排矸，采用 SBM 竖井掘进机掘进出渣。

（3）竖井掘砌分两步施工：第一段竖井锁口段，在掘进机整机进场前，完成竖井锁口段深 10m，采用人工配合挖掘机作业，按照排风竖井锁口支护图纸进行施工，需在竖井掘进机进场前施工完成，满足设备配套系统组装需求。安装调试后，再使用掘进机完成剩余工程量。

（4）排风竖井下平洞室现已施工到位，洞室未按设计断面进行扩挖，暂按洞室断面一半（洞室断面高度不详），当竖井掘进机钻进时到距离洞室顶板标高 5m 时，放慢掘进速度，以平均速度 0.5m/h 掘进，确保安全贯通（施工期间另行编制竖井掘进施工到达段专项方案）。

结合具体的工程实际，在正式掘进之前对工程施工的重难点进行分析并提出相应的对策。分析认为：竖井掘进机掘进中若遇到软弱围岩或断层破碎带等不良地质条件的掘进与支护能力。需要加强对于井壁的支护能力，防止出现岩体掉落或者坍塌的事故发生，严重影响作业人员及施工设备的生命、财产安全。其次，竖井掘进过程中，若出现突水、涌水地段，作业人员需要及时以"排、截、堵"的措施及时对突涌水地段进行止水、排水处理，防止水对施工设备造成损坏。再次，施工现场出现洪涝，项目人员应准备好材料、物资，及时对竖井井口进行处理并对现场的施工机械、材料等进行覆盖或转移，防止由于洪涝造成人员、财产的损失。最后，竖井施工过程中，竖井撑靴打滑致使设备坠落造成损坏。针对上述施工重难点，提出相应的对策如表 7-3 所示。

表 7-3　　　　　　　　　　　　　　施工重难点及对策

施工重难点	解决措施
不良地质段的掘进与支护	项目采用的主要支护方式为喷射混凝土支护及锚网喷支护，若遇到不良地质地段，需要搭设钢拱架进行支护；若遇到较大面积的断层破碎带需要进行立模注浆进行支护
突涌水地段的施工措施	1. 井筒涌水量较小时，采取截、导、排为主的常规治水措施。 2. 掌子面涌水量较大时，采取工作面预留岩帽注浆止水。 3. 井筒涌水量较大时，采用壁后注浆的方式进行封水，封堵完成后及时将竖井井底内的积水排出，防止对设备造成损坏。 4. 工作面接近含水层时，及时进行探放水措施，及时对地层进行注浆堵水，利用设备上配备的高性能排水设备将地层中的水抽出竖井
防洪措施	1. 项目成立防洪防汛应急小组及时掌握降雨量等气象信息。 2. 汛期来临前，做好劳动力的准备和安排，根据现场实际情况，增加砂、石料采购储备。 3. 及时掌握暴雨预报，对现场机械、材料及时进行遮蔽措施。 4. 加强对井筒的遮蔽措施，防止暴雨倒灌进井筒，对井筒内的机械设备造成损坏
竖井撑靴打滑造成设备坠落	撑靴上焊接耐磨网格

第四节　施工组织管理

一、项目组织机构

竖井掘进工程采用项目法进行施工管理，项目经理一般由公司技术总监兼任。经由项目经理选聘高水平技术、管理人员共同成立项目经理部。以项目合同和成本控制为关键内容，形成全面质量管理为中心环节，以专业的技术管理为管理体制。项目管理以科学系统的管理和先进的技术为手段，行使包括计划、组织、指挥、协调、控制、监督在内的六项基本职能。项目管理层组织结构见图 7-1。

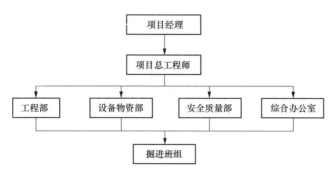

图 7-1　竖井项目组织架构

二、施工资源配置

竖井掘进机实现了机械化自动化开挖、出渣，通过位于地面的操控人员操控设备，实现了井下无人化。目前，尚不能真正达到全过程无人化。在进行井壁支护时需要施工人员展开井下作业，根据支护工艺，约需要 8 人，完成井壁施工，安全监护及设备维护等作业。

现场主要人员配备见表 7-4。

表 7-4　　　　　　　　　　　施工人员岗位配置计划

序号	部门	岗位名称	岗位人员配置（人）	备注
1	项目班子成员	项目经理	1	
2		总工程师	1	
3		安全总监	1	
4	工程部	部长	1	
5		部员	6	
6	施工队长	队长	3	
7	提升机、稳车	操作司机	3×1	
8		信号工	3×1	
9		维护人员	3	
10	SBM 竖井操作班	主司机	3×1	
11		设备保障	3×3	
12	运输车辆		3	
13	支护班		6×2	
14	综合班		9	综合保障
合计			58	

现场技术人员配备见表 7-5。

表 7-5　　　　　　　　　　　　组装、调试人员岗位配置

序号	部门	岗位名称	岗位人员配置（人）	备注
1	技术人员	技术总体	1	
2		液压工程师	1	
3		电气工程师	1	
4	吊装人员	队长	1	
5		部员	2	
6	钳工	队长	1	
7		钳工	4	
8	焊工	焊工	2	
9	液压工	液压工	3	
10	电气工	电工	3	
11	辅助工	辅助工	6	
合计			27	

竖井掘进机掘进作业主要设备和设施分为地面和井下两大部分。地面设备和设施有提升绞车、悬吊稳车、凿井井架、天轮、通风机、混凝土搅拌站、压风机、井盖门和封口盘等；井下设备和设施有通风风筒、输料管道、压风管道、供水管道、供电电缆、通信电缆、爆破电缆、吊盘、临时支护设备（锚杆钻机、喷浆机）、永久支护设施（凿井用模板）、凿岩设施（伞形凿岩钻架或手持式凿岩机）、出渣设备（抓岩机、清底挖装机）、提升运输设备（吊桶、钩头、滑架等）等。通过这些设备和设施，实现凿井过程人员、设备、材料运输，井筒内设施悬吊，以及凿井过程中的安全防护等功能[110]。

施工主要机械见表 7-6。

表 7-6　　　　　　　　　　　　施工主要机械设备

序号	设备名称	型号规格	单位	数量	备注
1	提升井架	ⅣG 型凿井井架	座	1	
2	提升绞车	JKZ—2.8/15.5 型绞车	台	1	800kW
3	提升吊桶	5m³	个	3	备用1个
4	提升吊桶	DX-3	个	2	
5	稳车	JZ-25/800	台	4	
6		JZA-5/800	台	1	通信电缆
7		JZ-16/600	台	2	动力电缆2台
8	装载机	ZL-50	台	1	
9	汽车	10t	辆	1	自卸式
10	扇风机	FBD-No8	台	2	2×45kW，一用一备
11	卧泵	DC50-80×4	台	1	备用

续表

序号	设备名称	型号规格	单位	数量	备注
12	封口盘	$\phi 6.8$m	套	1	一套
13	压风机	GA250 型	台	2	
14	挖机	CX-75	台	1	
15	喷浆机	PZ-5	台	2	
16	风钻	YT-28	部	20	
17	风镐	G20	部	10	
18	振动棒	$\phi 50 \sim \phi 100$	个	12	
19	液压钻机	ZDY1900	台	1	
20	照明变压器	36V/10kVA	台	1	
21	高压开关柜	KYN28A	面	12	
22	低压开关柜	GCS	面	9	
23	风机专用开关	QBZ-2×80	台	1	风机专用开关
24	注浆泵	2TGZ-60/210	台	1	
25	柴油发电机	GF250	台	1	备用
26	掘进机	SBM7830	台	1	
27	提升天轮	$\phi 3000$	个	1	
28		$\phi 1050$	个	4	
29	悬吊天轮	$\phi 650$	个	3	
30	提升钩头	13t	个	2	

三、进度管理及施工效率分析

竖井掘进机作为一种大型竖井施工机械，可实现竖井掘进和出渣的连续平行作业，掘进施工具有安全高效性，相较于传统施工方法，能够极大缩短工期，从而控制施工成本。

SBM8/1000 型竖井钻机开挖直径 7.83m，设备配置两部清渣装置，1 部提升机配 5m³ 吊桶，配 1 部喷浆机械手，满足 10m³/h 的混凝土喷射要求，配 6 台锚杆钻机，满足锚杆的一次性钻孔，同时锚杆钻机可机型、机构转换，满足超前孔、注浆孔施工。

1. 掘进能力分析

竖井掘进机配置驱动功率 1500kW，刀盘转速 4.3r/min，额定贯入度 4.5mm，由此推算，设备的掘进速度为：$4.3 \times 4.5 \times 60 = 1.161$m/h。综合项目考虑，本设备掘进速度为 1m/h。

2. 出渣能力分析

出渣的能力必须满足最高掘进速度需求，按照竖井开挖直径 7.83m 考虑，开挖深度达到 200m 时，吊桶平均运行速度 5m/s，200m 深需要 40s，吊桶装渣时间为 40s，吊桶倒渣时间为 60s，一个吊桶运行循环为：$40 \times 2 + 40 + 60 = 3min$，每小时可完成 20 个循环，吊桶容积为 $5m^3$，考虑填充系数 0.9，每小时吊桶可完成 $90m^3$ 渣土运输。

掘进机按照 1.1m/h 的掘进速度计算，松散系数取 1.5，每小时需完成约 $80m^3$ 的渣土运输。

3. 支护能力分析

以锚网喷支护结构考虑掘进速度，按照 Ⅲ 类围岩支护条件分析，锚杆间排距为 $1.5m \times 1.5m$，入岩 2.9m，挂网、喷浆厚度 150mm。锚杆数量每排需安装 17 根锚杆，网片 12 片（2m 长），喷射混凝土 $4.6m^3$。

采用风钻施工，同时施工人员 6 人，平均每人 3 根锚杆耗时约 1h，挂网 0.5h，喷浆采用 $10m^3/h$ 的喷浆机完成喷浆工作需耗时 0.5h，每掘进 1.5m 支护循环共计耗时 2h，平均每小时 0.75m。

排风竖井开掘后，要及时进行喷混凝土支护。喷混凝土采用湿喷工艺。当井深较浅时，将混凝土喷射机布置在井口地面上，喷射手在井下进行喷射。井深较深时，将喷射机移至井内吊盘上，搅拌机仍设在井口，用混凝土振动溜管送料，湿喷机喷射混凝土支护。

竖井掘进机施工包括设备运输、组装调试、掘进施工、支护、拆卸等基本环节，根据各个环节工作量，施工进度分析如下：

（1）采用竖井掘进机施工，在进行设备运输，组装调试及拆机的同时可以平行开展场地的准备工作，准备时间共需要 45 天。

（2）掘进机在工地组装、调试时间 1 个月。

（3）掘进作业：充分考虑成现场施工各工序之间的衔接和相互影响，掘进进尺保守估计按照每天 6m 计算，预留设备检修的时间，每月掘进施工 25 天，月进尺可达 150m。

（4）掘进机拆机：拆机、退场时间 15 天。

四、质量管理

工程质量管理是指为保证和提高工程质量，运用一整套质量管理体系、手段和方法所进行的系统管理活动。工程质量的好坏是项目的根本所在，在 SBM 竖井掘进施工过程中，建立健全针对本项目的质量保证体系如下：

1. 明确质量目标，实行目标管理

在施工中，根据工程总体质量目标要求，执行制定切实可行的质量保证措施，认真贯彻执行。

2. 采用先进技术、保证工程质量

竖井井身采用竖井掘进机机械化快速施工工法进行施工。配套吊盘、挖掘机、单勾提升机、大容积座钩式吊桶及喷混凝土设备。

3. 施工前的质量预控制

认真审阅图纸，进行技术交底，明确质量控制标准。做好施工组织设计和技术安全措施的编制与贯彻工作。

4. 原材料取样、检验

原材料进场后，及时对原材料进行取样并送相关单位检验，检验结果上报并进行存档。严把质量关，以保证工程施工质量。

5. 提出预防性控制措施

对将要施工工程的关键部位、关键工序，充分分析作业环境及强度，对可能出现的问题做出预判并提出行之有效的预防性控制措施。

6. 施工中的质量控制

对于验收制度要严格执行。施工过程中的每一道工序不仅要跟班检查其施工质量，而且要做好施工原始记录[110]。上道工序完成经验收合格后才允许进行下道工序的施工。

7. 质量分析总结

及时进行质量分析总结，对成功的经验及时推广，对施工中出现的质量问题分析原因，研究解决的办法，提出整改意见整改到位。

8. 施工质量监督检查

施工中积极配合有关单位进行施工质量的监督检查。

要得到良好的工程质量，仅仅采用先进技术，合理工艺和精良设备是不够的，更需要措施周密、运行认真，科学管理等手段。除了采用成熟先进的技术，工艺及装备外，还要坚持行政手段，技术手段与经济手段相结合，建立严格的质量体系，把 ISO 9001：2000《质量管理与质量体系》标准深入贯彻到整个施工过程中去，精心科学管理，规范管理，严格管理，层层把关[111]，确保质量目标的实现，更主要的是对施工的全过程实行动态管理。

（1）认真贯彻执行 ISO 9001：2000 标准质量体系认证所制定的"精心施工，质量第一，科学管理，竭诚服务，持续改进，争创一流"的质量方针。

（2）建立健全质量管理机构，设质量领导小组和专职质量检查员，主抓质量和安全工作。

（3）施工前，对所有施工作业人员进行质量教育和安全技术培训，使每位职工牢记质量第一，在施工中规范操作。

（4）做好安全技术交底，专人负责整理施工原始资料，保证施工记录真实、准确、可靠，及时整理签字归档。

（5）在施工中严格执行自检、互检、工序交接检验"三检"制度，上道工序不合格，下道工序不准施工。尤其在衬砌时，要坚持做到设计掘进断面不合格不支护，岩帮不干净不支护和井筒涌水不处理好不支护的"三不"制度。

（6）在施工掘进中，质量达到验收标准和设计要求，在衬砌竖井支护时采用标准悬线控制井筒规格尺寸。

（7）在施工混凝土中，所用原材料、外加剂等支护材料必须有出厂合格证，并在使用前抽样试验，不合格不准投入施工使用。

（8）每次衬砌前，要由专职质量验收人员进行工序工艺检查验收，达到设计要求，并做好验收记录。

（9）提高职工质量管理意识，结合本工程的关键问题，选择活动课题，并要取得活动成果。

建设工程项目施工质量控制是一个动态过程，修改和完善质量计划的方法应贯彻全面全过程质量管理的思想，对施工全过程实行动态管理和质量控制。为了使项目单位得到更顺利地发展，项目中的各个因素之间需要以一种流动的方式去协调，因为项目中的每一关系、每一环节、每一个工种都是与其他因素存在联系的，这就是全过程项目的动态管理[112]。质量管理体系机制动态管理如图 7-2 所示。

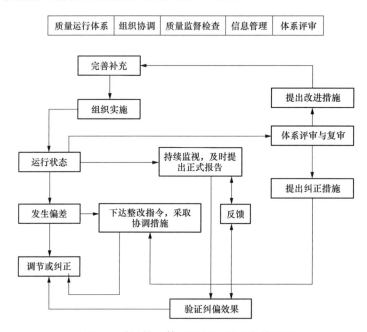

图 7-2　质量管理体系运行机制动态管理图

五、安全管理

1. 安全生产管理体系

首先，严格贯彻执行《中华人民共和国安全生产法》，项目经理部设立安全生产工作领导小组，项目部配备专职安全员。其次，是建立和完善安全生产保障体系，落实安全岗位责任制，严格奖惩，将安全生产列入竞争机制和承包内容。逐级签订《安全包保责任状》，分工明确、责任到人，切实把安全工作落到实处。更重要的是建立健全各种安全规章制度。

（1）认真执行 ISO 9001 标准。

深入开展安全标准化工地建设，认真履行本单位的安全控制程序，实现安全管理的程序化和制度化，保证安全控制程序的有效运行。在施工过程中，施工现场作到要合理布局和规范施工，这就要求我们要把进行安全标准化工地建设作为载体，同时加强对施工过程的控制[113]。

（2）严格执行操作规程作业。

针对工程特点、施工环境、施工方法、劳力组织、作业方法，重点要抓好基坑开挖、高空作业。

（3）安全技术方面建立严格的检查制度。

对于工地安全技术措施的实施情况，技术负责人和安全技术人要经常落实检查制度。各级安全部门根据安全技术措施、安全法规及各种安全规章制度等标准，定期检查工地施工情况，并对安全技术措施执行情况进行严格监督。

（4）落实安全负责制和严格事故报告制度。

落实安全生产逐级负责制，明确责任、权责统一、充分发挥各级职能作用。该工程实行安全生产包保负责制及安全风险抵押金制，要明确安全生产的第一责任人是项目经理及施工队长，要严格事故报告、调查及处理制度。

（5）严格安全检查，落实安全奖惩制度。

把安全生产列入考核标准，推行安全生产"一票否决"制度。员工的工资、晋级、奖金、评优等要与安全生产相挂钩。安全生产专题会每个月都要由项目经理部安全生产工作领导小组组织召开，若单位或个人安全生产工作做得较好，要对其进行表彰，若做得不到位也要予以处罚（见图 7-3）。

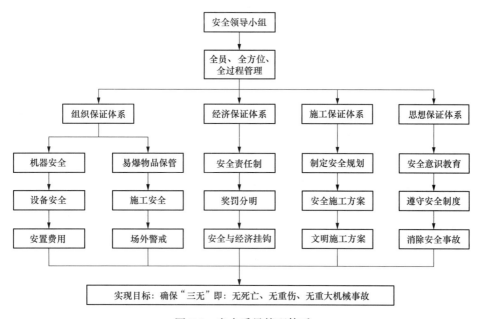

图 7-3　安全质量管理体系

2. 安全管理制度

（1）严格执行安全规章制度，进行安全教育和技术培训，坚决实行不安全不生产。

（2）坚持执行自检、互检、专检相结合的检查制度。

（3）井口及四盘要清理干净，做好现场文明施工。

（4）严格执行"一工程一措施"的管理制度。工程开工前，将施工顺序、技术要求、操作要点、达到质量标准及安全注意事项，认真向施工作业人员进行安全技术交底。

（5）对于安全帽、帽带、安全带个人劳动保护用品，作业人员在施工时都要佩戴。同时对于酒后作业的行为要做到严令禁止。

（6）作业人员在进行登高时，一定要牢固地戴好保险带，全体作业人员一定要为施工作业配备相应的劳动保护用品。

（7）施工人员必须佩戴保险带的其他情况。

1）乘吊桶或随吊桶升降时；

2）在井筒内的设备、设施上作业时；

3）在吊盘上喷浆作业时；

4）在吊盘上施工辅助系统（接风筒、风水管路）作业时。

（8）做好通风安全管理和机电设备防爆管理、电器接地保护、检漏保护及安全检修等工作。

（9）做好季节性防洪、防雷、防寒、防火工作。

3. 安全生产主要保证措施

（1）切实抓好施工中的防治水、防洪、防坠落、岩帮管理、综合防尘、防火灾等各种灾害预防工作。

（2）施工中使用的大型设备，要编制相对应的专项措施和操作规范来对应上、下井的情况，然后指定操作人员执行；同时对于特殊工种要求其必须持证上岗。

（3）认真分析研究地质和水文地质资料，加强现场观察，及时采取相应的临时支护形式，确保工程质量和施工安全，及时推断含水层位及断层位置。采取"有疑必探"的原则。探水注浆开孔前，要有可靠的临时排水系统。

（4）严格遵守不安全不生产制度，做好安全施工质量的综合检查验收工作，杜绝事故隐患。

（5）加强井内通风，做好综合防尘工作。

（6）登高作业人员，必须佩戴保险带并生根牢固，所有作业人员必须配置相应的施工作业劳动保护用品。

（7）起吊大型设备工程所用起重设备、机具、绳索等应严格按施工要求选用，使用前应认真逐台（件）检查检修。

（8）井筒施工区域内，禁止非有关人员进入。

（9）施工中要有明确分工，专人指挥，统一信号，严禁"三违"作业。

（10）严格执行交接班制度，加强自检和互检工作，交安全、交质量、交进度，认真填写施工班组质量自检记录。

4. 特殊条件下的安全对策

（1）过地层破碎带。

地层遇地质构造时，围岩易破碎或片帮，此时竖井掘进机撑靴处可能无法提供有效的支撑力。可以在稳定器平台上（撑靴下部）对围岩进行锚网喷临时支护，撑靴处若出再片帮，可在该处井帮进行背板，衬平至设计开挖轮廓的尺寸。

（2）过含水层的钻探。

针对含水量加大的地层，可采取地面注浆方案进行提前封堵，局部含水较少的地层可正常通过，对于水量较大难以通过的情况，刀盘结构中有很多通过孔，可以在稳定器平台上固定钻机，通过这些孔口在井筒周边进行探水孔施工。刀盘可上提 1m，必要时也可再上提 1m，人员可以借助刀盘的空间在工作面开展打钻、注浆的辅助工作。

采用井下注浆需要针对进行井臂喷浆封闭或多次逐步加深注浆，以保证注浆效果。

（3）工作面岩石遇水泥化。

若岩石遇水泥化，可能出现糊刀盘现象。此时可采取压力水冲洗，严重的采用风镐处理。

（4）已成井壁漏水。

可利用吊盘施工集水槽进行集水、导水减少井壁渗漏对井下施工的影响，通时利用底盘针对漏水严重的区域进行壁后注浆，封堵井壁漏水。

第五节　施工主要流程

竖井掘进机是用于竖井开凿施工的专业化设备，设备自身集成施工过程中所有功能，将竖井施工推向工厂化施工时代。SBM 竖井掘进机具有掘进系统、出渣系统、支护系统、通风排水系统、液压系统、电器系统、消防系统等，主要配置可满足开挖、出渣施工 1.1m/h 速度，同时可满足不同地层的支护要求，实现竖井施工平行作业。

一、掘进机通风

在竖井施工中，会有有害气体和爆破后产生的炮烟及矿尘从掘进工作面涌出，对工作人员的安全健康产生较大影响，因此需要对掘进工作面进行通风将其稀释并排出。按通风动力形式不同，掘进通风方法可以分为局部通风机通风、矿井全风压通风和引射器通风三种方式[114]。

局部通风机是一种常被用于井下局部位置进行通风的设备，在矿井中得到广泛应用。该设备以局部通风机为动力，通过风筒导风将新鲜风流送至掘进工作面。根据通风方式的不同可将其分为压入式，抽出式，混合式等三种方式。

1. 压入式通风

压入式通风是典型的地下洞室机械通风方式，通过设于洞外的通风机械将空气经由通风管道向工作面进行输送，以确保充足的新鲜空气供给，污浊空气经隧道排出进而消除有害气体，减少粉尘浓度。

在具体巷道掘进工程为例，当采取压入式通风方式时，可在距掘进巷道口 10m 外的进风侧巷道安设局部通风机及启动装置，局部通风机通过风筒向掘进工作面输送新鲜风流，而污风则顺着掘进巷道排放出工作面。风流从风筒出口处形成的射流属于端部封闭有限贴壁射流，从风筒出口处到射流逆向的最远距离称为射流有效射程。为使能被炮烟得到有效排出，风筒出口距工作面要小于有效射程。

2. 抽出式通风

抽出式通风指从井下或局部用风地点抽出污浊空气的通风方法。通常在距掘进巷道口 10m 外回风侧巷道内安装局部通风机，一方面可使新鲜风流顺着掘进巷道进入工作面，另一方面可将污风通过风筒从局部通风机排出。采用抽出式通风时，靠近风筒吸入口处形成风流并进入风筒内，离风筒口越远，风速就越小。因此，只有在风筒口一定距离以内才具有吸入炮烟效果，此距离为有效吸程。在有效吸程外独头巷道循环涡流区中，炮烟会进入停滞状态。

现将两种通风方式进行对比：

（1）当采用抽出式通风时，由于局部通风机内有污浊风流从中通过，存在一定的安全隐患。压入式通风因其局部通风机被安装新鲜风流中，因此只有新鲜风流通过局部通风机，其安全可靠性高。

（2）抽出式通风由于有效吸程较小，在排出工作面炮烟方面能力相对较弱；压入式通风风筒出口射流的有效射程较大，因此具有较强的排出工作面炮烟和瓦斯的能力。

（3）抽出式通风是利用风筒将炮烟排除，因此不会对巷道中的空气产生污染，从而具有较好的劳动卫生条件。采用压入式通风时则会导致炮烟在巷道中流动，进而使得巷道的劳动卫生条件变差，同也需要较长的时间方可排除炮烟。

（4）抽出式通风只能使用刚性风筒或带刚性圈的柔性风筒。相比之下压入式通风可以选择柔性风筒。

从上面的对比中可以看出这两种通风方式都有各自的优缺点，但由于压入式通风具有较好的安全性和可靠性，因此被广泛应用于煤矿中。

3. 混合式通风

混合式通风，即在一个掘进工作面里将压入式和抽出式结合起来协同工作。首先利用压入式将新风输送进工作面，同时利用抽出式将污风从工作面排放出。根据局部通风机和风筒的不同布设位置可将其分为长抽短压、长压短抽和长压长抽。

混合式通风同时具有抽出式和压入式两种通风方式的优点，因此有良好的通风效果。但其缺点也较为明显，由于加装了一套通风设备，导致电能消耗较高并使得管理转为复杂。

通过对比，在竖井掘进施工过程中，首先考虑采用压入式通风。

在井口附近设压风机房，根据施工需要使用风动机具的耗风量，选用 2 台 DSR-180A 型压风机，地面压风管路选用 $\phi159 \times 6mm$ 的无缝钢管，井筒内设一趟 $\phi114 \times 6mm$ 的无缝钢管，压风管路悬吊在井壁侧。井口设置一个符合安全要求的容积为 $1m^3$ 的风包。

压风管路稳绳固定封口盘下方，每根钢丝绳使用 4 个绳卡。在使用 2 根 $\phi30mm$ 不旋转钢丝绳，做钢管稳绳，每根钢丝绳 200m，钢丝绳盘放在吊盘上，盘好捆绑好且每隔50m 使用锚杆固定稳绳。当下放吊盘时顺延钢丝绳，吊盘下放至指定位置时，再续接钢管。

竖井掘进施工采用压入式通风，将风机安装在井口位置，沿井壁进行风筒布置，并通过锚杆将风筒固定在井壁之上，将新鲜风输送至井下，满足井下生产、人员的需要。

通风设计时每个独立的工作面实际需要风量，应按瓦斯及二氧化碳涌出量、风速、人员及设备散热等规定要求分别计算，并取最大值。

二、竖井掘进排水

掘进过程中通道内部水主要来源于以下几点：

（1）掘进过程中给掘进机的供水，供水主要是用于设备清理、刀盘降温、抑尘等作用；

（2）通道施工过程用水；

（3）因施工过程中质量问题引起的渗水、漏水等[112]。

以上水源流量过大时，将会给通道的排水系统带来很大的压力。一旦排水不及时，就会对竖井掘进施工造成一定的影响，甚至会停止施工。因此在设计时应优先考虑 2 级排水系统，主机段排水采用一级渣浆泵，将地下水泵送至多层吊盘的污水箱，污水箱设计容积 8m³。污水经过 2 级污水泵，直接排出井筒。2 级污水泵设计为 1 台，单台泵送流量 30m³/h，扬程 300m，排水泵安装在污水箱下方，排水管沿井壁布置，通过锚杆固定在井壁上，排水管采用 $\phi100\times10$mm 无缝钢管，另外地面备用一部 50m³/h 吊泵，作为应急泵使用，紧急情况通过主提升机下放至井下，进行应急排水。

富水段施工，要求提前做好综合防治水的准备，提前悬吊排水管路、电缆等，水泵放在地面检修好备用。

三、掘进机始发

为便于设备始发，井口需提前进行锁口施工、掘进机的组装和设备调试。

（一）井口锁口施工

锁口指的是竖井（风井、斜井、斜坡道）等开口处的加固措施。为防止井口塌方，保护后续开挖人员的施工安全，在井口施作的钢筋混凝土结构。井口锁口施工主要作用：

（1）防止井口塌方，保护后续开挖人员的施工安全，如果井口下面的岩层不稳定，还要采取锚喷挂钢筋网的措施。

（2）施工安全防护。

（3）避免竖井变成沉井。

（4）保证进度，便于出渣。如果覆盖层较厚，需先进行锁口，避免塌方造成不必要的损失。

（5）无论采用反井还是正井，先锁口都是必要的，一般都是正井打 5m 左右进行锁口。

通常而言，锁口施工就是由于需要承受凿井施工期间井架等设施产生的临时荷载，以及井筒运行期间永久井架的部分荷载作用，因此一般须对从地面向下一定深度的井筒段的井壁进行结构加强处理。锁口施工完成后，才有足够的空间安装井筒内的封口盘、固定盘和吊盘等设施。锁口施工可以采用以汽车起重机提升、反铲机械挖掘、人工辅助清底、溜灰管下放混凝土材料、整体模板或组合模板砌筑井壁的短段掘砌工艺进行施工、始发井结合井筒锁扣施工，采用大型挖掘机、破碎锤等设备进行开挖，长臂挖掘金出渣，板利用块模砌壁，预留风道口。对于软弱含水地层，如果深度较小，还须采用沉井法或降水法配合凿井法施工。

对于采用竖井掘进机施工的竖井锁口施工，锁口必须满足 SBM 始发深度及满足撑靴撑紧力等基本要求。为便于设备始发，始发井深度应超过设备撑靴高度。

在进行锁口施工，首先进行测量放线确定竖井中心及开挖轮廓，井口应设置简易防护，使用挖机进行锁口圈开挖，再用破碎锤和人工相结合方法修整成型。模板采用钢模板，地面以下采用单侧模板（只关内模），地面以上采用双侧模板支模。采用现浇的方式进行结构混凝土的浇筑。

采用短段掘砌的混合作业方法进行锁口段的施工，采用锚杆、网、喷射混凝土进行临时支护，然后进行绑筋、支模、浇筑混凝土。锁口段初支采用间距 $\phi 8mm$ 金属网，网格 $20 \times 20cm$，钢筋网的搭接长度为一个网格长度。喷射 C25 早强混凝土 10cm。

竖井锁口段支护为两次支护，初期支护以锚杆、网、喷射混凝土为主，喷射厚度控制在 100mm 左右，锁口段二衬采用钢筋混凝土结构，混凝土标号为 C30、厚度 800mm。锁扣圈钢筋绑扎统一采用 HRB235 级钢筋，其中环向主筋采用中 18 间距 20cm，竖向钢筋采用中 22 间距 20cm，箍筋采用 $\phi 8$ 间距 40cm，和构造筋采用 $\phi 18$ 间距 15cm，钢筋净保护层厚度为 4cm，主筋倒角半径不小于 5d。

（二）掘进机的组装

竖井掘进机组装主要分为两部分——主机段组装和吊盘平台组装，先组装主机段，再安装吊盘平台。主机段总重约 440t，吊盘平台重 35t。

1. 主机组装

设备主机由运输车辆分部件运至井口场地，采用 300t 吊机吊装，主机部件采用井口部件组装，部件整体吊装下井，井下部件连接的思路进行设备组装。

设备组装阶段井架未安装，主机利用起重机直接吊装入井，快速完成设备组装，主机段采用由下至上的组装顺序，在井下完成组装工作，组装顺序为刀盘—主驱动—稳定器—稳定器平台—斗式提升机—设备立柱—撑靴推进系统—主机平台 1—主机平台 2。主机段完成组装后进行管线连接，进入设备调试阶段。

2. 吊盘平台组装

在进行掘进始发前，首先确定始发井的深度。鉴于在主机完成安装后无法直接安装吊盘，实际工程中选择在井口安装吊盘，启动掘进机向下掘进一定的深度后，再将吊盘移入井内，进行正式掘进。

由于井架二平台高度约 10m，吊盘平台高度约 7m，吊盘平台采用分层法安装。每安装一层平台，同时布置该层设备。组装顺序为平台 3 及上部设备—平台 2 及上部设备—平台 1 及上部设备，组装完成后，连接电缆、稳绳、风水管线等。

（三）设备调试

竖井掘进机调试主要分为：组装确认、供电调试、控制调试、液压调试、功能调试五大步骤，以保证设备运行正常，状态良好（见图7-4）。

组装确认：主要是检查设计组装是否正确，确认供电线路、液压管路是否连接正确、可靠。

供电调试：主要确认各供电系统是否正常，是否满足供电要求。

控制调试：主要确认各供电开关、保护装置是否运行正常，可靠。

液压调试：主要确认液压泵站是否运行正常。

功能调试：主要确认设备开挖、出渣、推进等各个动作是否正常。

图7-4　竖井掘进机调试

设备调试完成后，始发步骤如下：

（1）复测井筒中心及设备中心。

（2）始发掘进。鉴于刀盘开挖直径小于井筒直径，在掘进前期，应当通过加大撑靴及稳定器撑紧力以确保刀盘在开挖过程不产生偏斜。

（3）始发掘进时按照小贯入度和小推进速度的原则，等到掘进设备进入稳定地层后，将掘进参数调整正常掘进时的参数。

四、掘进机正常掘进

根据竖井掘进机主要的施工工序，分别对掘进、出渣、换步、物料运输、下混凝土、锚喷支护、管道延伸等工作进行详细介绍如下：

1. 掘进、出渣

掘进与出渣是属于同步施工。对设备开挖掘进的各项控制是在位于地面的主控室内完成的，每一次掘进前应先检测设备姿态，若设备偏离垂直状态且大于40mm，应利用稳定器和撑靴对设备姿态进行调整。然后再分别将撑靴及稳定器撑紧，并启动垂直斗提机与刮板清渣装置。最后将刀盘启动并开始掘进施工。掘进施工的转速和贯入度应当根据地层情况进行选择，设备的掘进行程最大为1.2m[63]。

2. 换步

换步时要求停止刀盘运转，将设备缓慢放置地面待其稳定后，将撑靴收拢，进一步打开推进控制缸完成撑靴的下移再将撑靴撑紧，增大稳定器的撑紧力。在主控室通过观察各种传感器数据，确认撑紧后适当减小稳定器的撑紧力，重新检查设备姿态并重启刀盘进行下循环的掘进。

3. 支护

支护按时间可将其划分为临时支护和永久支护：

（1）临时支护。竖井掘进机的支撑结构可以通过对井帮施加压力从而达到防止井帮发生破坏的效果。同时也可以通过吊盘上的锚杆钻机以及喷浆机完成钻孔、安装锚杆、挂网、喷浆等工作，并通过将井帮围岩封闭以达到临时支护的效果。

（2）如若通风井服务年限较短且并非提升井筒或者未设置安全设施时，其锚杆、挂网、喷浆可以采取永久支护的方式，反之对长期服务及提升井筒且需采用吊盘悬挂整体模板浇注混凝土井壁时，可先行锚喷临时支护方式，待井筒开挖完毕及竖井掘进机撤除后再自下而上浇筑永久井壁。

掘进工序完成后，需及时对井壁进行支护，根据井筒穿过岩层的性质确定不同的支护工艺与支护材料。此时需要支护班人员下井，进行材料的倒运、打锚杆、挂网、喷浆等。

4. 风水管线延伸

每掘进一定深度后，对管线进行延伸，需要延长的管线有风管、供水管、排水管、压风管（采用轻质材料），其中风管、供水管、排水管、压风管为井壁固定，需要将管道利用提升机输送至井下吊盘进行安装。

5. 掘进机拆卸及上井

井筒落底后，进行掘进机拆除。先拆除各设备间油管、电缆等，再拆除多层平台和模板，然后拆除主机段，最后拆除井口溜槽、天轮平台及凿井井架。

第六节 井筒综合治水及注浆封水方案

根据提供的简单井筒水文地质资料，为确保快速施工和井壁质量，在施工过程中将采用综合治水方案。

1. 常规治水

当井筒涌水量在 $10m^3/h$ 以下时，在施工期间往往采用了以截、导、排为主要手段的传统治水措施，即设置水槽、埋、排设导水管以及设集中排水站，从而可以在一定程度上加快施工速度，确保了工程质量[115]。

2. 工作面预留岩帽注浆治水

井筒接近或穿过含水层组时，井筒涌水量较大且大部分来自工作面时，则采取工作面预留岩帽短段注浆和工作面深孔注浆封水方法通过。

施工砂岩含水层工作面深孔长段注浆封水方法需专用钻机和钻具。利用已注岩帽作止浆垫，有水即注，无水便掘，可以解决因水文地质资料不足带来的治水方案难定问题。

施工砂岩含水层或其他含水层短段注浆时，沿着井筒荒径用风钻均匀打 10～20 个深 5.0m 注浆孔，下放注浆泵进行注浆。浆液为水泥—水玻璃双液浆，水泥浆与水玻璃体积比控制在 1∶0.8～1∶1 之间为宜。注浆结束后，即可以进行井筒下掘 3.0m，预留 2.0m 作止浆垫，循环往复，最后通过含水层。

3. 壁后注浆封水

成井后如若在井壁局部发生淋渗水抑或是存在集中出水点的情况，应采用壁后注浆的方式对井壁进行密封，使得成井井筒涌水量满足规范要求。布孔应以定点造孔为原则，孔深入井壁至井壁后方围岩 600～1000mm 为宜。在注浆过程中应随时对注孔周围的井壁进行观测，以免注浆压力过高而对井壁产生破坏。壁后注浆的浆液由双液浆组成，水泥浆的水灰比应控制在 1：1～0.6：1 之间，水泥浆和水玻璃浆液的体积比应控制在 1：0.8～1：1 之间，水玻璃浆液的浓度为 35～40Be。

4. 工作面探放水措施

在接近含水层时，工作面要采用探放水措施，掘进前先用 5.0m 长钎打探放水眼，如发现有水涌出时立即采取工作面预留岩帽注浆法注浆封水。当探放水孔涌水特别大，不能进行注浆封水时，须加强井内排水能力，工作面直接施工混凝土止浆垫，进行长段注浆封水。井筒内的排水设备，能够满足突发涌水量 30m³/h 的排水能力。

第七节　小　　结

传统凿井法采用多臂伞钻进行炮眼施工，通过抓岩机破碎岩石、吊桶吊出岩渣，设备简单，施工人员相对灵活，而且在特殊地层中适用性强。但是，该施工方法工序复杂，而且各工序流程之间有严格的先后顺序，不能实现平行作业。传统凿井法的设备自动化程度不高，施工人员劳动强度较大，在施工作业过程中存在一定的安全隐患。在进行爆破作业时，会对地层产生较大的扰动，并且会有超挖情况出现，从而对井壁支护的要求更高。

因此为应对上述问题，研发了一种全新的竖井施工功法，其是在参考、模仿隧道掘进机的基础上结合传统竖井施工技术形成一种全新的掘进技术。竖井掘进机实现了开挖、出渣、支护的连续平行作业，提高了竖井施工的机械化和智能化程度，是竖井工程安全高效施工的有力保障。竖井掘进施工作业作为一种高危行业，因此采用机械化的施工作业方式符合时代发展的需要。竖井掘进机作为一种全新的竖井施工的智能装备，将会颠覆水电、隧道、矿山等传统的竖井施工方式，改善竖井施工环境、提高竖井施工的机械化水平和效率，有利于减少井下作业人数、降低安全风险、提高生产效率、减轻施工人员的劳动强度、提高整体的施工水平和国家竞争力，对国家的安全能源的供应具有极其重要的意义。

第八章

机械式开挖井壁扰动分析及支护优化

第一节　概　　述

地下空间是一种同时具有战略意义和现实需要的空间资源，是一种新型的国土资源。作为人类进入地下空间的重要通道，竖井在地下空间开发过程中发挥着至关重要的作用。目前，竖井施工在传统钻爆法施工工艺基础上不断发展，形成了以竖井钻机、反井钻机、竖井掘进机等机械破岩为主的钻进工艺和技术。竖井掘进机主要用于地下工程开凿井筒，是一种高效机械破岩装备，通过竖井掘进机完成井下掘进、出渣、支护、保障等工作，利用吊盘等辅助配套设备进行井筒支护，通过悬吊平台和提升系统完成物料运输、渣土提升等工作，实现竖井高效、安全、可靠施工。随着深部地下空间的开发和资源的开采，竖井掘进机由于在深大竖井建设中具有安全高效、绿色施工等优势，成为未来发展的趋势。根据施工经验，开挖施工将使地下岩土体失衡，使得岩土体应力重分布，形成附加应力，进而对竖井周围一定范围内的岩土体造成开挖扰动变形和破坏，直至达到新的应力平衡。当采取不同的施工工艺进行开挖时，对周围土体及井壁形成不同的扰动。对施工产生的扰动进行现场监测并进行扰动程度分析，进一步指导现场施工。根据施工扰动影响，提出井壁支护优化方案，对于保障竖井的安全施工具有重要的现实意义。本章介绍采用强振动测试进行开挖扰动监测的原理和数据分析方法，并以宁海竖井掘进机施工为具体工程案例，利用三向振动加速度计，通过在不同位置布设测点对现场施工的振动扰动进行监测，并从加速度振级和频谱特性两个方面对扰动程度进行分析。在此基础上，进一步对井壁围岩稳定性进行评价，提出井壁支护优化方案。

第二节　强震动观测原理

强震观测（strong motion observation）作为判断地震动特征和各类工程结构地震反应特性的主要方法，主要是由震动传感器、强震动记录器等专业仪器组成，可以获得其破坏作用及结构抗震性能。根据强震动记录可以制定各类工程结构抗震设计规范、评估和预测地震灾害和地震区划图，同样是进行震动研究、防治、减轻震动灾害的基础资料。对于确定震动衰减规律、研究场地土层反应、分析结构的震动性能、进行地震危险性分析和地震区划，进而为建筑结构的抗震设计提供科学依据具有重要的意义[116]。

强震动观测具有以下几个方面的特点：

（1）可以提供定量的数据。通过强振动观测，可以在主震和余震中直接获取大量高质量的自由场加速度记录，可以进一步研究地震中的场地效应。

（2）可以记录地震破坏作用的完整过程。通过强振动记录可以对强地震导致的强烈地面运动过程和工程结构的地震反应进行深入系统的分析。

（3）能够分别研究并测量导致震动破坏后果的各种因素[117]。

总之，强震动观测通过不断积累实际地震的测量数据为研究地震与抗震提供资料，并不断改进强震动数据处理和分析方法，提炼更多关于地震动特性及场地条件的关键信息。强震动观测为了得到导致结构破坏因素的数据将强震动作为主要测量对象，测量地表附近震动的整个过程，选定地震加速度为地震基本物理量。

强震动观测仪的发展自第1台强震动观测仪问世以来，已有90年的历史。1932年美国研制出世界上最初的USCGS型强震动加速度仪，1933年在美国南加州地区布设了该类型的加速度仪并于同年3月记录了世界上第一条天然地震动时程，从而开启了强震动数字记录的时代。1956年，在中国地震工程学的奠基人刘恢先院士的倡议下，我国逐渐开始进行震动观测工作并于1962年在新丰江大坝建设了我国第一个强震动观测台站。2020年，全国共设有地震台数2438个，又设有2797个强震观测点，形成了覆盖中国大陆的国家数字强震动台网，使国家地震重点监视防御区的固定强震动观测台网密度大幅度提高，获取近场强地震动记录的能力将显著加强，大大加快我国强震动观测记录的积累。中国强震动台网在汶川地震时获得主震记录约为1400条、余震记录超过2万条，此次大范围台站记录丰富了世界强震动记录资料库，填补了特大地震近断层强震动记录的空白，引起世界关注[118]。

强震仪由拾振器（传感器）和记录系统组成，一般采用互相正交的三分向拾振器，可记录两个水平方向和一个竖直方向的地震动。记录系统由记录装置、时标系统、传输系统和电源系统等组成。按照记录方式的不同，强震仪可以分为直接记录式强震仪，电流计记录式强震仪，磁带记录式强震仪等不同类型。最初的强震仪均是采用直接光记录式，到20世纪70年代初开始出现模拟磁带记录式强震仪，从70年代末开始，数字强震仪迅速发展起来，并很快固态记录式取代了数字磁带记录式，成为当今强震仪的发展主流。强震仪的主要性能指标有：

（1）灵敏度：以单位加速度（或速度）的记录幅值表示。例如，电流计记录和光直记式强震仪灵敏度为mm/g，磁带记录仪和数字式强震仪灵敏度则表示为V/g。mm为记录信号的幅值，V为记录信号的电压，g为重力加速度。

（2）量程：现代强震仪能完整记录$\pm 0.0001 \sim 2g$的加速度值。

（3）频率响应：强震仪对正弦信号的稳态响应特征，包括幅频特征和相频特征。

（4）动态范围：在容许的失真条件下，能记录到的地震动范围。与量程的含义类似，用分贝（dB）表示。

（5）采样率：对拾振器输出电压每秒钟采样的次数，现代强震仪的采样间隔至少为0.01s。

加速度传感器是一种能够测量加速度的传感器，其主要组成部分包括质量块、阻尼器、弹性元件、敏感元件及适调电路等。通过牛顿第二定律测量质量块惯性力，获得其在加速过程中的加速度值。根据不同传感器敏感元件，将加速度传感器分为压电式传感器、压阻式传感器、电容式传感器和伺服式传感器，分别介绍如下[119]：

　　压电式加速度计是利用弹簧质量系统原理。敏感芯体质量受振动加速度作用后产生一个与加速度成正比的力，压电材料受此力作用后沿其表面形成与这一力成正比的电荷信号。压电式加速度传感器作为最为广泛使用的振动测量传感器，其特点是频率范围宽、动态范围大、受外界干扰小、坚固耐用以及压电材料受力自产生电荷信号不需要任何外界电源等。传感器的震荡质量块在加速度作用下产生惯性力，这个力对具有一定刚度的压电元件产生压电效应。在低于震荡质量固有频率的一个频率范围内，传感器输出的电量与加速度成正比。压电加速度计的典型频率响应如图 8-1 所示。

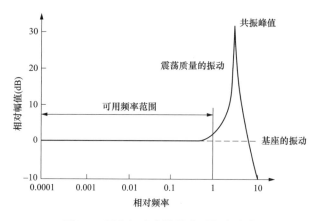

图 8-1　压电加速度计的典型频率响应

　　压阻式加速度计一般由质量快、悬臂梁和压敏电阻构成，是利用压阻效应来检测加速度的，其结构原理如图 8-2 所示。在悬臂梁的一端固定一个质量块，另一端则固定在传感器基座上，在悬臂梁的上下两个面都贴有应变片。在质量块和悬臂梁的周围填充硅油等阻尼液，同时在质量块的两边安装限位块。当被测物体运动，传感器基座随之运动并通过悬臂梁将此运动传递给质量块。由于悬臂梁的刚度很大，因此质量块也会以同样的加速度进行运动，产生的惯性力正比于加速度大小。在此惯性力作用下，悬臂梁的端部使之发生形变并引起应变片电阻值变化。在恒定电源的激励下，由应变片组成的电桥再就会产生与加速度成比例的电压输出信号。伴随着微电机技术的革新，现在压阻式加

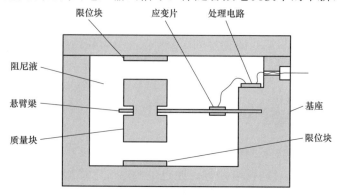

图 8-2　压阻式加速度传感器结构原理图

速度传感器大多使用 MEMS 结构—由一个单晶硅组成传感器核心部位，在硅悬臂梁的根部扩散出电阻并形成惠斯通电桥。

电容式加速度计结构形式大多采用弹簧质量系统。当质量受加速度作用运动时，质量块与固定电极之间的间隙发生改变进而导致电容值发生相应变化。与其他类型的加速度传感器比较，电容式加速度计具有精确度高、环境适应性好等优点，尤其使受温度影响小，但缺点为测量范围有限，自身作为高阻抗信号源容易受电缆影响，因而电容传感器的输出信号通常需通过后继电路给予改进。在具体应用中电容式加速度传感器较多地用作低频测量，因此它的实用性不如压电式加速度传感器。

伺服式加速度计即力平衡式加速度计，其工作原理如图 8-3 所示，加速度传感器内部设置一个具有弹性支承的质量块，其上附着一个位移传感器。在基座振动条件下，质量块会偏离原平衡位置，其偏移距离经由位移传感器检测得到。该信号经伺服放大电路放大后转换为电流输出并产生电磁力，在其作用下驱使质量块回复到原来的平衡位置上。该电磁力大小与质量块加速度成正比，因此可以通过测量该电流的大小即可获取加速度值。因为伺服式加速度传感器采用了负反馈工作原理，所以其幅值线性度极好，峰值加速度幅值高达 $50g$ 时可以达到万分之几。另外，伺服式加速度计具有很高的灵敏度，某些型号的传感器具有几微 g 的灵敏阈值，频率相应范围 $0\sim500\mathrm{Hz}$[120]。伺服加速度计非常精准，大量地应用于飞机导航系统和卫星控制系统。它的线加速度测量范围可达到 $50g$，并且还可以测量角加速度。由于其固有频率低，通常低于 $200\mathrm{Hz}$，所以主要用于静态和低频的测量。

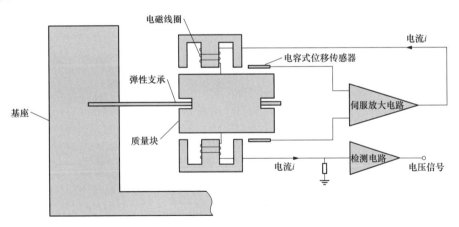

图 8-3　伺服式加速度计工作原理图

固态强震仪大多采用力平衡式加速度计，具有频带宽、灵敏度高、动态范围大等特点。采用高分辨率的模数转换器和低噪声的电子线路与元器件，使强震仪普遍能记录加速度 0.01gal 以下微小地震动到加速度为 2000gal 的强地震动；采用力平衡传感器技术，强震仪能记录下可靠的长周期和短周期信息（$0\sim50\mathrm{Hz}$ 或更高）；采用 CMOS 存储器、存储卡或活动硬盘，使强震仪的数据存储容量大大增加（4M 以上）；采用 CPU 控制的智能触发系统和观测数据的预存储技术，避免了记录的"丢头"现象；采用 Omega 导航信号或 GPS 信号校时的计时系统，使记录的绝对时标精度优于 1ms；采用数字通信技术，使强震仪具备远程数据通信能力；采用由监控通信软件和 PC 机构成的数据回收系统，使数据回收处理更加容易。

第三节 数据分析方法

利用强震动测试的手段，通过在监测位置安装强震动传感器，可以获取在外界震动条件下该测点的实时振动时程曲线，该振动时程曲线多用加速度表示。进一步通过数据分析的手段，对振动时程的幅值、频谱进行分析。

一、振动加速度级

对振动加速度的幅值进行分析，最直接的方法是直接提取同一测点不同方向的加速度峰值，进一步对比不同位置的峰值变化特性。振动加速度的影响可以参照地震烈度表进行定量评价，详见 GB/T 17742—2020 中国地震烈度表。

目前对加速度峰值进行分析，国际上通常采用振动加速度级来描述振动的强度，单位为 dB。设某点在某一方向的加速度有效值为 a_e，则其加速度级为：

$$L_a = 20 \lg \frac{a_e}{a_0} \tag{8-1}$$

式中　a_0——加速度基准值，$10^{-6} \mathrm{m/s^2}$。

以此计算，垂直振动 $10^{-3} \mathrm{m/s^2}$ 对应 60dB，为正常人能感知的振动强度；加速度是 $5 \times 10^{-1} \mathrm{m/s^2}$ 对应 114dB，为正常人不可忍耐的振动强度。

利用振动加速度级对振动影响进行评价可以参考 GB 10070—1988《城市区域环境振动标准》。

二、快速傅里叶变换（FFT）

对振动加速度响应进行快速傅里叶变换 FFT 可得到相应的频谱图，从而得到振动的频谱特征。傅里叶分析是将信号分解成不同频率的正弦函数进行叠加，是信号处理中最重要、最基本的方法之一。对于离散信号一般采用离散傅里叶变换（discrete fourier transform，DFT），而快速傅里叶变换（fast fourier transform，FFT）则是离散傅里叶变换的一种快速、高效的算法[121]。其基本原理如下：

在等时间间隔点上的时间函数 x_t 得 N（偶数）个的值 x_m（$m = 0, 1, 2, \cdots, N-1$）：

$$\begin{cases} A_k = \dfrac{2}{N} \displaystyle\sum_{m=0}^{N-1} x_m \cos \dfrac{2\pi km}{N} & k = 0, 1, 2, \cdots, N/2-1, N/2 \\ B_k = \dfrac{2}{N} \displaystyle\sum_{m=0}^{N-1} x_m \sin \dfrac{2\pi km}{N} & k = 1, 2, \cdots, N/2-1 \end{cases} \tag{8-2}$$

其中，x_m 表示为以 A_k，B_k 为系数的有限三角函数，

$$x_m = \frac{A_0}{2} + \sum_{k=1}^{N/2-1} \left(A_k \cos \frac{2\pi km}{N} + B_k \sin \frac{2\pi km}{N} \right) + \frac{A_{N/2}}{2} \cos \frac{2\pi(N/2)m}{N} \tag{8-3}$$

认为此函数不过是元函数 x_t 的一个近似时：

$$\tilde{x}(t) = \frac{A_0}{2} + \sum_{k=1}^{N/2-1} \left(A_k \cos \frac{2\pi kt}{N\Delta t} + B_k \sin \frac{2\pi kt}{N\Delta t} \right) + \frac{A_{N/2}}{2} \cos \frac{2\pi(N/2)t}{N\Delta t} \tag{8-4}$$

式（8-4）是函数 x_t 的有限傅里叶近似，式（8-2）中的系数 A_k，B_k 为函数 x_t 的有限傅里叶系数，式（8-2）的计算称为离散值 x_m 的傅里叶变换，式（8-3）的计算称为傅里叶逆变换。

在此引进复数傅里叶系数 C_k：

$$x_m = \sum_{k=0}^{N-1} C_k e^{i(2\pi km)} \qquad (m = 0, 1, 2, \cdots, N-1) \tag{8-5}$$

以更加简洁的方式可以表示为下式，称为有限复数傅里叶级数，

$$C_k = \frac{1}{N} \sum_{m=0}^{N-1} x_m e^{-i(2\pi km/N)} \qquad k = 0, 1, 2, \cdots, N-1 \tag{8-6}$$

式（8-6）为傅里叶变换，式（8-5）为傅里叶逆变换。

利用以上的计算方法，可以将观测的数据进行频谱分析，实际上进行傅里叶变换及傅里叶逆变换时，上面的方法很费时间，而且数据数 N 越大，计算大致以 N^2 为比例增长。通过傅里叶快速变换可以缩短时间[122]。

可以变换式（8-5）、式（8-6）的 $1/N$，将两式的指数形式分开表示为，

$$b_n = \sum_{j=0}^{N-1} a_j W^{jn} \qquad n = 0, 1, 2, \cdots, N-1 \tag{8-7}$$

其中，

$$W = e^{i(2\pi kn)} \tag{8-8}$$

式（8-7）可以表示为：

$$
\begin{aligned}
b_n &= \sum_{j=0}^{N-1} a_j e^{2\pi ijn/N} \\
&= \sum_{j=0}^{N/2-1} a_{2j} e^{2\pi i(2j)n/N} + \sum_{j=0}^{N/2-1} a_{2j+1} e^{2\pi i(2j+1)n/N} \\
&= \sum_{j=0}^{N/2-1} a_{2j} e^{2\pi i(2j)n/N} + e^{2\pi in/N} \sum_{j=0}^{N/2-1} a_{2j+1} e^{2\pi i(2j)n/N} \\
&= \sum_{j=0}^{N/2-1} a_{2j} e^{2\pi ijn/(N/2)} + W^n \sum_{j=0}^{N/2-1} a_{2j+1} e^{2\pi ijn/(N/2)}
\end{aligned}
$$

设定 $N/2$ 的偶数列的傅里叶变换为 $b_n^{\langle e \rangle}$，$N/2$ 的奇数列傅里叶变换为 $b_n^{\langle o \rangle}$。

$$b_n = b_n^{\langle e \rangle} + W^n b_n^{\langle o \rangle} \qquad n = 0, 1, 2, \cdots, N-1 \tag{8-9}$$

这样就可以将某数列的傅里叶变换表示为分成一半的 2 数列的傅里叶变换的和式（8-9）形式，以渐进的形式反复计算。

第四节　现场数据采集

以国内首个采用 SBM 竖井掘进机施工的宁海抽水蓄能电站工程作为依托，采用强震

动测试的方法对竖井掘进机施工过程中井壁围岩的振动响应进行了测试分析。宁海抽水蓄能电站工程竖井工程地质概况及施工工艺方案等详见本书第十章"全断面竖井掘进机应用示范工程"。本节内容仅从振动测试的角度对现场测试的仪器设备、测点布置及采集振动波形进行介绍。

一、仪器类型与采样参数

现场强震动测试采用的加速度计为三向压电加速度传感器，该压电式加速度传感器型号为 1A314E，外形尺寸如图 8-4 所示。相应的技术参数指标详见表 8-1 所示。

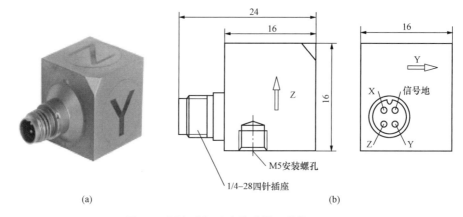

图 8-4　压电式加速度传感器（单位：mm）
（a）实物图；（b）剖面图

表 8-1　压电式加速度传感器技术参数指标

指标项	技术参数
轴向灵敏度	10mv/m·s^{-2}
量程	±50g
线性	<1%
最大横向灵敏度	<5%
频率响应	0.5~7000Hz
安装谐振频率	>2500Hz
分辨率	0.0005g
极性（加速度方向从底部到测试方向）	正向

测试分析系统为东华测试 DH5922D 动态信号测试分析系统，是一种通用型动态信号测试分析系统，具有应用范围广泛，可完成应力应变、振动（加速度、速度、位移）、冲击、温度、压力、力、扭矩、电压、电流等各种物理量的测试和分析的特点。有如下功能特性[123]：

（1）无需外挂调理模块，内置多功能适调器可对应力、应变、电压及 IEPE 等信号进行测试。

（2）测试系统外置适调器，可对电荷（差分和单端）、电流、电阻值等信号进行测试。

（3）测试系统采用片上系统（SOC），通道数可实现无限扩展。

（4）测试系统采用 DMA 传输方式，实现了长时间数据高速传送、不漏码、不死机。

（5）测试系统具备应变测量桥路自检、导线电阻测量和修正等功能。

（6）测试系统支持智能导线识别和 TEDS 传感器识别功能。

该动态信号测试分析系统工作如图 8-5 所示[124]，其相应的技术指标详见表 8-2 所示。

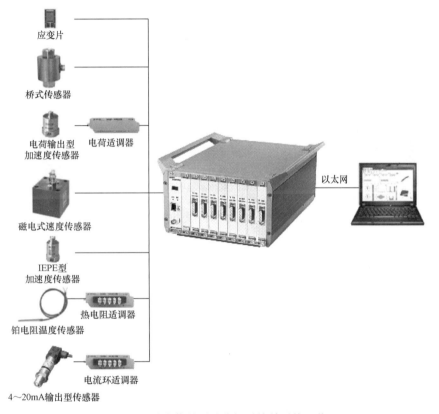

图 8-5　动态信号测试分析系统单系统工作

表 8-2　　　　　　　　动态信号测试分析系统技术参数指标

指标项	技术参数
模数转换器	每通道独立 24 位 A/D
电压量程	±100mV～±10V 多挡切换
电压示值误差	不大于 0.2%F.S
示值稳定性	不大于 0.01%/天（20℃±1℃的环境下，预热 1h 后测量）
噪声	不大于 3μVrms（输入短路，在最大增益和最大带宽时折算至输入端）
应变量程	±10 0000$\mu\varepsilon$、±10 000$\mu\varepsilon$、±1000$\mu\varepsilon$
应变示值误差	不大于 0.5%±3$\mu\varepsilon$

续表

指标项	技术参数
桥路方式	全桥、半桥，三线制 1/4 桥
连续采样速率	最高 256kHz/通道，分挡切换
频响范围	DC～100kHz（＋0.5dB ～－3dB）（50kHz 平坦）
同步方式	多台仪器采用同步时钟盒同步

二、测点布置与数据采集操作

为了测试竖井掘进机施工过程对井壁围岩的振动影响，以开挖井筒底面为参考面（即刀盘位置），垂直该参考面向上在井壁围岩选取不同位置作为测点，布置三向加速度传感器，实时监测围岩振动情况。同时在竖井掘进机主机上布设加速度传感器，用以监测主机的振动情况。在宁海抽水蓄能电站工程中，为了测试竖井掘进机掘进施工过程中的振动影响，以刀盘底面作为参考面，沿着井壁向上布置多个传感器，监测围岩和装备在施工过程中的振动特性，振动传感器测点分别在竖井掘进机主机（刀盘位置）、稳定器、空帮段围岩及上撑靴等位置布设每个传感器间隔大约为 1.3m，具体位置如图 8-6 所示。

观测中选取的触发加速度为 0.98cm·s^{-2}。

检波器：水平 2 方向及上下 1 方向。水平两方向分别为径向和切向方向。

采样频率：200Hz。

(a)　　　　　　　　　　(b)

图 8-6　振动传感器测点布置示意图
(a) 布置点示意图；(b) 实际布置点

在现场进行振动测试时，井筒开挖深度为 120m，围岩体主要为凝灰岩，如图 8-7 所示，室内试验结果表明该地区岩芯试样的饱和抗压强度平均值为 83.3MPa。振动测试分两次进行，考虑不同的工况条件，分别对竖井掘进机空载转动条件和竖井掘进机实时掘进条件下的振动响应特性进行测试。

图 8-7　现场围岩情况

　　测点布置及测试系统的连接必须在竖井掘进机停止工作状态下进行，工作人员由吊桶下井至竖井掘进机主机位置并在围岩及主机不同位置布设测点并连接测试系统。围岩表面浮泥及松土应尽可能清除干净，三向加速度传感器直接通过黏贴的方式固定在围岩表面，并实时测量各传感器的间距。将各传感器的导线与测试系统相连，并进一步将信号测试系统与笔记本电脑相连，整个测试系统置于稳定器上盖板平台上并做好防护措施。

　　测试系统安装完成之后，通过电脑打开测试系统开始振动测试。测试人员需乘坐吊桶返回地面并通知控制室开始进行正式掘进，掘进过程中振动情况由布设的三向加速度传感器进行实时监测。掘进停止之后，打开通风机通风，待作业区灰层消散，测试人员再次通过吊桶返回主机位置结束测试并保存数据，进一步拆卸传感器及信号测试系统并将设备运至地面。数据处理分析工作将在实验室进行并完成相关的振动情况评价。

第五节　扰动分析及评价

　　通过现场振动测试，分别获得了竖井掘进机空载转动条件和竖井掘进机实时掘进条件下的振动时程曲线，选取其中平稳段进行分析，平稳段长度统一选定为 60s。对比分析加速度时程的形态和细节，以加速度峰值作为振动评价指标。

一、竖井掘进机空载振动

　　图 8-8 为竖井掘进机空载振动条件下不同测点位置三方向的加速度振动时程曲线。从图 8-8 中可知，竖井掘进机空载振动有明显的节奏性。从加速度时程曲线可以看到，主机位置测点的沿竖直方向上的振动幅值最大，为 230cm·s^{-2}，其次表现为径向振动和切向振动。与主机振动特性有所不同，在稳定器和撑靴上测点沿径向振动最大，垂直方向振动相对较小。掘进机通过撑靴和稳定器进行支撑，在径向受力作用下，竖向振动响应不显著。随着振动向上传递，振动逐渐减小，上撑靴位置测点径向振动幅值为 44cm·s^{-2}，切向振动幅值为 27cm·s^{-2}，竖向振动幅值为 23cm·s^{-2}。此外，在空载振动条件下，围岩

几乎不受振动影响。

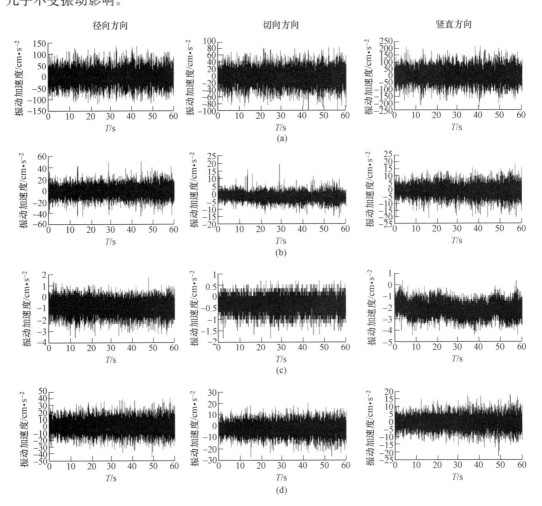

图 8-8　竖井掘进机空载振动下不同测点振动时程曲线

（a）竖井掘进机主机位置测点振动时程曲线；（b）竖井掘进机稳定器位置测点振动时程曲线；
（c）围岩空帮段振动时程曲线；（d）竖井掘进机上撑靴位置测点振动时程曲线

二、竖井掘进机掘进振动

图 8-9 为竖井掘进机掘进条件下不同测点三向的加速度振动时程曲线。在掘进条件下，由于掘进机和围岩体的相互作用，导致不同位置测点，在不同方向上的振动形态变得更为复杂。主要表现在：首先，不同测点在径向上的振动具有较好的一致性，在其他方向上的振动形态发生了较大改变。其次，围岩空帮段测点的振动和掘进机主机上的测点振动形态有较大不同。

从振动幅值进行分析，在掘进条件下，所有测点的振动均发生了显著的增大，各测点的最大振动均发生在径向方向上。主机位置振动最大幅值可以达到 $1200cm \cdot s^{-2}$。提取不同测点振动在不同方向上的振动加速度峰值进行对比分析，如图 8-10 所示，从图

8-10 中可以看出，随着振动从主机刀盘位置向上传递，呈现出明显的非线性衰减特性，在上撑靴位置的振动衰减至 13% 左右，径向振动幅值最大为 $150\mathrm{cm \cdot s^{-2}}$。

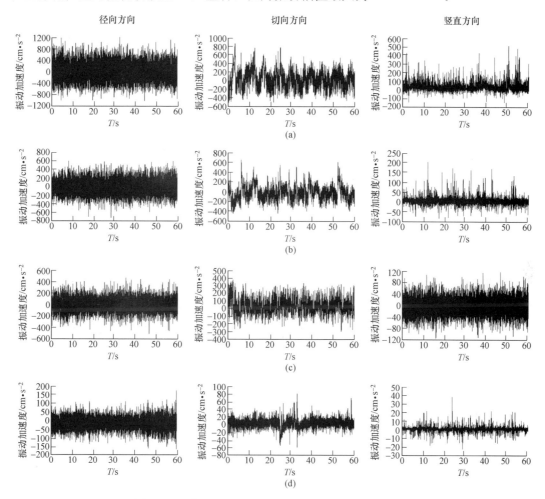

图 8-9 竖井掘进机掘进振动下不同测点振动时程曲线

（a）竖井掘进机主机位置测点振动时程曲线；（b）竖井掘进机稳定器位置测点振动时程曲线；

（c）围岩空帮段振动时程曲线；（d）竖井掘进机上撑靴位置测点振动时程曲线

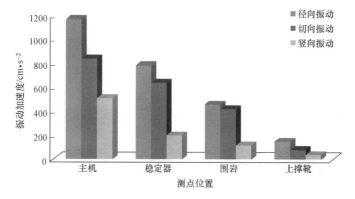

图 8-10 竖井掘进机掘进施工条件下振动衰减情况

在掘进振动条件下，围岩空帮段的振动尤为明显，径向振动幅值可以达到 $509\mathrm{cm \cdot s^{-2}}$，切向振动幅值为 $361\mathrm{cm \cdot s^{-2}}$，垂向振动幅值为 $116\mathrm{cm \cdot s^{-2}}$。为了进一步分析竖井掘进机掘进振动对围岩体的影响，对围岩振动响应进行频谱分析，如图 8-10 所示。从图 8-10 中可以看出，围岩振动在径向和垂向均表现为高频震动特性，在 $50\sim70\mathrm{Hz}$ 范围内振动明显，在切向方向振动则以低频成分为主。

第六节　井壁振动影响评价

参照 GB/T 17742—2020 中国地震烈度表，对竖井掘进施工振动影响可以进行量化评价。对比可知，在空载振动条件下，竖井掘进机主机振动相当于Ⅷ区地震烈度，此时稳定器和撑靴振动相当于Ⅴ区地震烈度。在掘进振动条件下，竖井掘进机主机振动与Ⅹ区地震烈度相当，围岩空帮段振动与Ⅸ区地震烈度相当，稳定器和撑靴振动与Ⅶ区地震烈度相当。

现场强震动测试获得了地下竖井掘进施工条件下的主机及围岩的振动特性，为后续研究工作提供必要的基础数据。通过对振动数据分析，竖井掘进振动将对空帮段软弱围岩稳定性将受到显著的影响。考虑围岩振动强度与井筒深度及围岩体性质相关，在后期应结合不同围岩条件的井筒掘进施工进行测试，建立围岩强度和振动幅值的相关性，并开展振动条件下围岩体的损伤和稳定性分析。建议在实际工程中对空帮段围岩体进行支护。

更进一步，倘若井筒采用现浇混凝土井壁结构，为了配合竖井掘进施工，通常采用悬空砌壁的工艺。此时，竖井掘进机竖井掘进过程振动将对混凝土强度及井壁与围岩接触界面特性造成一定的影响，如图 8-11 所示。建议在实验室开展振动条件下混凝土初凝

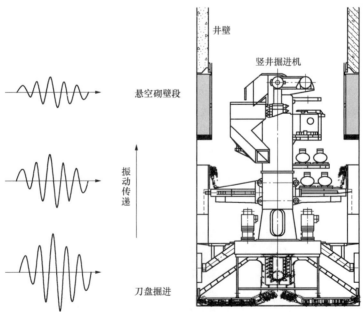

图 8-11　掘进施工振动对悬空砌壁的影响示意图

时间及不同龄期强度的测试，结合测试结果，在具体施工过程中，合理安排混凝土浇筑及掘进机施工时间。同时，应进一步开展动力直剪试验，对混凝土井壁和围岩界面动力相互作用机理进行研究。

第七节　井壁支护优化方案

竖井井壁围岩控制与支护一直是竖井施工的关键。掘进施工振动现场测试结果表明，掘进施工对空帮段的影响明显，目前工程中主要考虑钢筋网喷射混凝土、锚杆-钢筋网喷射混凝土、钢拱架—钢筋网喷射混凝土等支护结构形式，可根据围岩的稳定状况选择具体的支护方案。然而对于竖井狭小空间施工困难的问题，应对井壁支护进行进一步优化。开展井壁支护的研究，对于竖井工程安全高效施工具有重要意义。

一、薄喷衬层技术

薄喷衬层技术（thin spray-on liner，简称 TSL）一般的定义是：喷涂聚合物材料至岩面等受喷面，形成力学性能优良的超薄（一般 3～5mm）涂层，起到支护、封闭、阻隔、黏结等作用。该技术在国外已经有数十年的发展历史，应用于民用建筑和矿业工程领域[125]。

一般而言，在煤矿井下将薄喷衬层技术归结为一种面支护方法。与传统的面支护方式（喷射混凝土、网）相比，薄喷衬层技术具有以下优势：

（1）固化后形成的喷层致密，密闭性好；

（2）喷层具有韧性，可以产生一定的变形，并且自身不会破坏成为隐患；

（3）材料黏结性强，可以紧密贴合岩石表面形成致密膜结构，维持围岩表面完整性；

（4）材料可以渗入岩体的裂隙，起到胶结作用；

（5）喷层薄，材料用量少，大大降低了物料运输成本；

（6）施工用工少，3 人即可完成作业；

（7）一般为浆体喷射，无尘；

（8）作为一种远程作业，喷涂施工有利于提高工作面支护作业的安全性；

（9）施工便于实现机械化，降低劳动强度；

（10）整体降低了支护作业时间，有利于掘进速度的提高。

薄喷技术在北美、澳大利亚、南非等金属矿山的硬岩巷道获得了广泛应用。在国内，2009 年煤炭科学研究总院南京研究所和开滦集团合作，开始进行我国煤矿巷道等地下工程中适用的薄喷技术与装备研究，成为煤矿井下围岩、支护构件封闭和支护的新技术。图 8-12 为国内应用薄喷技术的典型工程施工案例。

二、薄喷材料

薄喷材料采用无机复合材料，结合了有机材料与无机材料的各项优点，物理型无机粉状固体，施工时与水按比例混合，搅拌均匀，不产生热量及刺激性气体，对人体皮肤

图 8-12　国内应用薄喷技术的典型工程施工案例
（a）开滦东欢坨矿施工现场；（b）鹤岗兴安矿采空区空气隔离；
（c）邢台矿支护封；（d）兖矿转龙湾围岩、支护封闭

无伤害。薄喷材料低回弹，搅拌加料时有轻微粉尘现象。具有良好的成膜性、延展性、阻燃性、环保性、安全型，结合新型气动注浆装置，极大地提高了喷浆的速度和质量，改善了工作环境，图层成型后，巷道及硐室表面呈乳白色，形成一层柔性膜，光滑亮丽，观感好，标准化强度高。

目前应用较为广泛的薄喷材料主要有"南京薄喷-16"型材料和速喷薄衬材料。通过相关研究，从封闭型喷浆支护工程的性能需求和施工性能来说，南京薄喷-16 材料要优于速喷薄衬材料，进而更优于混凝土喷浆材料，更适合作为空帮段支护的薄喷材料。"南京薄喷-16"产品的技术参数如表 8-3 所示。图 8-13 为薄喷材料的粉体外观，图 8-14 为固化后的效果。

表 8-3　　　　　　　　　"南京薄喷-16"薄喷材料主要技术参数

项　目	参　数
混合物类型	粒度均匀的乳白色粉末
粉末的容积密度（g/ml）	0.5～0.8
使用温度	+5～+45℃
抗拉强度（MPa）	≥3.5（4h>0.5，1d>1.0，7d>2.6，56d>3.5）

续表

项　目	参　数
黏结强度（MPa）	1～2MPa
喷层厚度（mm）	≤5mm
阻燃性	自熄

图 8-13　粉体材料性状

图 8-14　固化后的效果

三、薄喷工艺

选择 SPG-80 型密闭式喷射机一台，材料搅拌桶一个，如图 8-15 所示。喷射机加上压风，搅拌好的喷射液体料倒入喷射机罐体，开动压风后喷浆。喷浆时由上向下喷射，喷射厚度 5mm。

图 8-15　气动搅拌器拌料

SPG-80 型密闭式喷射装备主要技术参数详见表 8-4。

表 8-4　　　　　　　　　　SPG-80 型密闭式喷射装备主要技术参数

项　目	参　数
外形尺寸（cm×cm×cm）	92×48×45
动力形式	气动

续表

项　　目	参　　数
工作压力（MPa）	0.4～0.6
适用材料形态	具有流动性的浆体或液体
工作能力（kg/h）	300～400
出料口径（mm）	4/6/8 可选

封闭式浆体喷涂设备具备以下特点：①仅采用压风作为动力，动力源单一容易获得，且搭接快捷、方便、安全，无污染；②湿式浆体喷射，施工无粉尘污染；③装备结构简单、维护方便，无易损件；④整机体积小、重量小，适合于狭小空间的施工，满足苛刻条件下的喷浆需求或紧急状态下的应急封闭。

四、施工相关要求

1. 施工巷道要求及处理

（1）围岩表面粗糙度。巷道围岩的地质条件将直接影响到本材料的使用，尤其是当围岩表面十分粗糙时，不仅增大形成连续薄喷覆盖物材料的消耗量，还会影响到给定区域所形成浆膜厚度的均匀性。减少围岩表面的不平整程度可以使本材料的使用更为简易，喷层更为均匀并可减少材料消耗。当围岩表面具有适宜的平整度时，质量控制工作将变得十分简单。

（2）表面清理和环境温度。喷涂施工之前应确保受喷面的整洁，防止粉尘等影响喷层与受喷面的可靠黏结。为节省材料用量并获得平整的喷层，对于表面严重不平整的岩体可以进行喷射混凝土的预处理。

（3）选择＋5～＋45℃的环境温度进行施工操作。

2. 流动水处理

巷道围岩上流动水会冲走尚未固化的超薄喷层，尤其是处于巷道顶底板的高承压水。因为沿着围岩帮部流下的水将降低薄喷封闭性能，最后引起周围几米的薄喷封闭膜的剥落、破坏。因此在有渗水或涌水的点或局部区域可被通过预先注浆的方式进行封堵，或进行合适的排水处理。尽管如此，围岩上无可见涌水孔的潮湿部分仍可使用薄喷。

封闭式浆体喷涂装备施工要点：

（1）按照水/料质量 0.35～0.45（在此范围内可根据施工需要具体调制）对薄喷材料进行配比，使用搅拌器充分搅拌（搅拌时间约 3～5min），直至水、料充分混合形成无粉球和团聚物的均匀浆体。

（2）关闭料管、气管上的阀门，将滤网架设在罐体进料口，倒入调制好的浆料，罐体内浆料的高度不超过最大添加高度（距离进料口高度约 20cm 处），将胶垫平放在浆料上，并拧紧罐盖螺丝。

（3）关闭罐体上的泄压阀，在压力表总成上连接压风管，打开压风管的进气开关往罐体内加压，在压力作用下即可进行喷涂施工。压力大小根据浆料的流动性进行调节，一般控制在 0.4～0.6MPa。

（4）通过上述步骤调整好压力后，先后打开罐底的出料阀和联通喷枪的气管阀，等到空气完全喷出后，再打开喷枪料管阀门，等到浆料喷出后，方可进行施工。

（5）单次喷涂厚度一般不大于 3mm。可以通过多次喷涂的方法达到所需的喷层厚度。

（6）在搅拌和加料过程中，因为碎石等大直径的颗粒会堵塞喷枪，所以应防止碎石等杂物落入浆料中，方法为加料时不取下罐口的滤网。

（7）如果出现堵枪造成浆料无法喷出的现象，关闭出料口阀门，卸去喷枪的喷嘴，对喷嘴进行充分清理后重新安装，然后再次打开出料阀门进行测试。

（8）应该控制浆料的稠度，太稀太薄很可能会出现流挂现象，太干或者太稠则会影响施工效果和施工速度，最佳稠度为具有流动性，即上墙后不会滴落流淌。

（9）中途加料或喷涂施工结束后，按照下列步骤进行：第一步打开罐体上的泄压阀进行泄压，第二步打开储料罐加料。

3. 清理工作

每次使用后都需要及时清洗设备和喷枪，尤其是喷枪的全面清洁，防止残留浆液凝固后堵管堵枪，造成设备无法正常使用。清洗方法为用流动水冲洗内壁，待桶内浆液清洗结束后，将罐体灌满清水后加压喷出，即表示料管和喷枪清洗干净。

4. 施工组织

根据薄喷机的结构特点和工作原理，以及由此确定的工艺流程及操作方法，其劳动组织和设备布置可遵从如下原则。

（1）劳动组织。薄喷施工由 3 人组成，包括喷射手 1 人、操作工 1 人、当班维护工 1 人，各工种人员均可兼任薄喷粉料的运输和装料等工作。

（2）设备布置。薄喷机可下道靠近巷道的边帮布置或直接布置于洞室内。

五、现场应用评价

通过对应用薄喷技术的工程案例进行调研分析，对该工程技术的应用效果评价如下：

（1）薄喷材料成膜性能良好，可以在不大于 5mm 的厚度前提下形成致密涂层，发挥封闭作用；

（2）喷射料附着力强，在巷道表面能形成强有力的涂层；

（3）喷涂施工回弹量极低，不大于 5%；

（4）配套设备能够满足材料要求，实现浆体喷射作业；

（5）喷射作业无粉尘，有利于劳动保护；

（6）密闭式喷射装备操作简单，体积小巧，可以适用于狭小空间作业；

（7）喷射装备纯压风作为动力，具有安全、简便的特点；

（8）材料运输量大大降低，与喷射混凝土（喷厚 100mm）相比可降低 95% 以上；

（9）用工大大减少，3 人即可完成喷射作业；

（10）作业效率高，喷涂速度不低于 $2m^2/min$。

第八节 小 结

采用强震动观测手段，对宁海抽水蓄能排风竖井掘进过程中的振动响应进行了测量和分析，得到以下结论：

（1）在空载振动条件下，测点振动幅度在竖直方向最大，其次为径向和切向振动，最大幅值为 $230cm/s^2$。在稳定器和撑靴上测点沿径向振动最大，分别为 $56cm/s^2$ 和 $44cm/s^2$。空转状态下围岩几乎不受振动影响。

（2）竖井掘进状态下，不同位置测点在不同方向上的振动形态变得更为复杂。各测点的最大振动均发生在径向方向上。主机位置振动最大幅值可以达到 $1200cm/s^2$。围岩空帮段的振动明显，径向振动幅值可以达到 $509cm/s^2$。

（3）随着振动向上传递，振动加速度幅值出现明显的非线性衰减特性，在上撑靴位置的振动衰减至 13% 左右，径向振动幅值最大为 $150cm/s^2$。

（4）在竖井掘进机竖井掘进振动影响下，围岩空帮段稳定性将受到显著的影响，在实际工程中应考虑对空帮段围岩体进行支护。采用竖井掘进机进行井筒施工，在上段井壁进行混凝土浇筑时，应考虑振动对混凝土不同龄期强度的影响，同时应进一步对混凝土井壁和围岩界面动力相互作用机理进行研究。

（5）薄喷技术能够实现对围岩和支护构件的及时封闭，其有效性与优越性显著，适宜在竖井掘进施工中推广。

第九章

竖井掘进机施工抽水蓄能竖井风险分析及管控措施

第一节 概 述

风险，现代汉语词典给的释义是可能发生的危险。对本书而言，风险是相对于某系统，指某可能发生的不好的事件，若发生则会阻碍原系统的进展，风险隐藏着事物发展的随机性与不确定性。风险的最终含义是什么？截至目前，学术界对风险的定义无论是定量描述还是定性描述都存在着较大的争议[126,127]。主要有以下几种认识手段[128,129]。

（1）将风险和不确定性联系在一起，并遵循一定的概率分布模型。尽管该理论将风险本身的不确定性与风险后果的不确定性联系在一起，但是此理论只能说明损失，不能说明从风险中获利的可能性，因此此种解释缩小化了风险。

（2）将风险看作是在特定条件下给研究对象带来最大损失的概率。但是面对风险的后果，通常不一定按照最大损失来进行损失，往往是各种损失的累计抑或是在最大损失与最小损失之间按照一定的概率分布了各种程度的损失。

（3）在给定的确定化的情况下，研究对象完不成目标的几率。该解释将风险理解为对象在生命周期完不成任务的几率。

（4）将风险看作是特定条件下研究对象所获实际收益与最大损失之间的差异。

上述四种常见的理论分别从不同的角度来解释风险，尽管对其定义的角度不一，但是每种理论都有其应用的价值。不同行业对于研究对象有不同的目的，就对风险有自己不同的理解。上述几种风险理论，都是偏重提出者所处行业的需求所产生的。虽然几种理论的解释各不相同，但是都包含了两种最基本的要素：风险发生的概率与风险发生的后果。总之对于工程项目而言，它结合了经济、技术、组织管理等方面，而每个方面都有其不确定性。

全断面竖井掘进机是大深竖井施工重大装备，可广泛应用于矿山工程、水利工程、新能源工程等领域。竖井掘进机在施工过程中，如何将各个环节中的风险因素予以识别并进行评估，是亟待解决的问题。主要介绍竖井掘进机施工过程中存在的地质、涌水、高空作业、提升机运输等风险以及各种风险的应对管控措施。

第二节 风 险 源 辨 识

通常来说，风险源的辨识方法有专家调查法[130,131]、智暴法[132]、故障树分析法（FTA）[133]、核对表法[134]。

专家调查法在我国已经有了很长的历史，检索信息的主体是行业专家，依靠专家们的工程经验与学识，对各种风险源进行研判。

智暴法是一种发挥专家们集体智慧的一种决策咨询方法，换言之就是专家间的头脑风暴。专家们组成决策小组，以会议的形式来推动辨识的过程，专家们在会议上的身份有学者、思想产生者、分析者与演绎者。

故障树分析法中故障树可以认为是一种逻辑因果关系图，构成元素是事件和逻辑门。各类事件之间的关系通过逻辑门相连接，形成树状结构，从而可以表达出因果关系。通过分析某一层的逻辑关系来寻找在上一层决定此层故障的因素，以此推知各层的故障机理，直到找到最终的已知的清晰的因素为止。

核对表法是利用过往的类似项目进行类比分析，列举出项目所经历过的所有风险事件。概而言之，核对表法就是利用以往的项目经验以此来预测项目的风险因素的一种方法。

一、工程资料的收集整理

在进行专项风险评估之前，首先收集风险评估的相关数据和相关资料，竖井掘进项目数据收集阶段的工作如下：

（1）进行现场踏勘，了解施工现场的布局、周围环境、施工影响面积等。

（2）据施工现场地勘钻探样品和地勘报告，以及工程设计文件等有关资料，知悉竖井掘进机竖井建设施工区的地质结构等情况，并及时与设计方协调，以优化初步的设计文件。

（3）以竖井掘进项目实际情况为主，结合图纸设计并参考其他相似工程施工经验，详细编制转向方案。

二、施工作业程序分解

竖井掘进机集掘进、出渣、支护、通风排水、液压、电器、消防等系统于一身，具有地层扰动小，机械化程度高，掘进、出渣效率高等优势。表 9-1 为竖井掘进施工作业任务分解。

表 9-1   施工作业任务分解

分部工程	分项工程	作业内容
竖井	始发段竖井开挖	在掘进机施工进场前，完成 10m 始发竖井施工，采用人工施工
	掘进机段竖井开挖	掘进机完成剩余 188m 施工，边掘进边喷锚支护

设备配置可实现开挖出渣施工 1.1m/h 的速度，并同时满足不同地层的支护要求，实现竖井施工平行作业。竖井掘进机主机主要分为刀盘、主驱动、稳定器、设备立柱、撑靴推进系统、出渣系统、砌壁支护系统、多层吊盘构成，采用开挖、出渣、井壁衬砌同步设计，多层平台主要用于放置电器、流体设备，同工作装置分离设计，解决稳车、衬砌、掘进之间同步问题。根据 SBM 竖井掘进机施工经验和技术参数，其较为理想的施工速度为 200m/月。

三、风险源普查

依据现场踏勘数据、地勘报告以及设计图纸等施工资料，通过与现场施工人员交流、评估组探讨、专家研判以及与类比过往类似工程项目等方式相结合总结出宁海抽水蓄能排风竖井施工作业安全风险源。按作业内容，风险类别有竖井掘进机主机系统、地面提升及悬挂系统、设备拆装机作业、现场割焊作业、设备管线连接及拆除作业、设备调试及送电作业、掘进作业、电气、机液设备检修作业、换刀作业、有限空间作业、打磨、喷漆、切割作业、氧气乙炔瓶存储作业。

竖井掘进机主机系统存在的危险源：刀盘孔洞过多，人员行走跌落风险；换刀时刀盘支撑缸需要撑起整个设备重量，油缸存在泄压风险；稳定器撑不紧洞壁，刀盘转动时整机振动过大，且整机存在圆周滚转的风险；撑靴未撑紧井壁，撑靴打滑；出渣系统刮板输送机和斗式提升机链条转动过程中卡滞风险；导向系统铅锤装置脱落风险；储渣仓溜渣斗伸出后无法收回，吊桶无法向上吊出；设备运行过程中抖动问题造成各结构之间连接螺栓松动；设备各平台之间通过垂直爬梯连接，存在人员坠落风险；设备空间狭小，人员行走空间狭小。可能造成的后果主要是人员坠落、整机坠落、设备故障、物体打击。

地面提升及悬挂系统存在的危险源：零散物料垂直运输作业未使用吊桶进行吊运；工机具作业人员从井上直接往下扔；人员乘坐吊桶未进行定期检查，维护保养；吊运人员乘坐的吊桶使用的卷扬机未进行定期维修保养，或无维修保养记录；吊运人员乘坐吊桶使用的卷扬机钢丝绳达到报废标准；吊运人员乘坐吊桶使用的卷扬机钢丝绳固定卡箍未按照国家相关规定进行安装或出现松动现象；吊运人员乘坐吊桶笼使用的卷扬机刹车失灵；吊运人员乘坐吊桶使用的卷扬机未设置限位器或限位器失灵；吊桶挂钩指挥人员无证上岗；吊桶吊运与指挥人员未设置隔离保护措施；吊桶挂钩指挥人员未配备对讲机；未定期对施工现场的起重设备进行维修保养。可能造成的后果主要是起重伤害、物体打击、高处坠落。

设备拆装机作业存在的危险源：现场门式起重机、汽车起重机吊装作业未遵守"十不吊"规定造成人员伤害；未制定设备装机方案及下发安全技术交底且未对人员教育培训；未制定吊装方案且未对人员教育培训；吊装作业时未使用揽风绳，设备刮碰基坑边墙；汽车起重机/门式起重机司机、指挥人员未持证上岗；汽车起重机/门式起重机等特种设备未进行年检；设备翻身工装焊接不牢固/未定期进行检验；主驱动上零散管线、楼梯平台扶手未绑扎牢固；地面承载力强度不够或操作失误造成吊机倾覆；高空作业/设备临边作业时未佩戴安全带；使用的梯子、作业平台不牢固/梯子、作业平台未安排人员扶好；工作环境高温发生人员中暑；高处作业时材料、机具随意乱扔导致人员伤害；木箱破裂、不牢固搬运时掉落；人员乘坐吊桶上下井未遵守安全操作规程造成伤害；人员上下门设备爬梯中坠落造成伤害；人员进入施工现场未正确穿戴劳动防护用品造成伤害；在施工中作业人员被设备机具碰撞致伤，机械设备引起的绞、辗、碰、割、戳、切、挤等伤害；人员酒后上班作业造成伤害；人员上下竖井掘进机始发井时未观察隧道口是否存在交叉作业，物体坠落造成伤害；人员进出竖井掘进机始发井通道与吊装物运行轨迹交叉造成伤害。可能导致后果主有以下几种：起重伤害、物体打击、高处坠落、机械伤害等。

掘进作业割焊存在的危险源：线路老化；电焊设备未安装漏电保护/接零/接地保护；用电设备未按照"一机一闸一漏一箱一锁"设置；漏电保护/接零/接地失效；接触电线或带电设备造成事故；作业完成后未关闭设备电源开关人员误操作伤害；现场搭设的作业平台、防护栏杆不稳固造成事故；高处作业平台放置的材料、机具设备未放置稳固滑落造成人员伤害；吊耳焊接不牢固，未进行探伤/探伤不合格；人员在高处作业时未佩戴安全带等劳动防护用品/失足坠落造成伤害；高处作业时随意抛掷作业工具、材料造成伤害；氧气、乙炔瓶未保持安全距离/与动火作业区域未保持安全距离；乙炔瓶未按照回火阀；乙炔瓶倒放在地上进行使用；氧气、乙炔瓶、割枪等接口处存在漏气；氧气、乙炔瓶未采取防倾倒措施；氧气、乙炔瓶压力表损坏；氧气、乙炔管子破损、老化；焊割作业时，焊渣掉落导致气管破损；焊割作业时，操作不当回火；现场使用吊带等违规吊装氧气/乙炔瓶，气瓶掉落造成伤害；电焊机未安装接零/接地设施；电焊机电源线老化、破损；电焊作业未穿戴防护手套、绝缘鞋等劳动防护用品；电焊机电源线浸泡在水里面；现场作业前，未清理可燃物/对无法清理的可燃物未采取隔离防护措施；使用电焊机时间太长而使弧光对眼睛产生伤害、有害气体对呼吸系统和皮肤产生伤害；焊渣飞溅到身体上造成伤害；设备作业平台未焊接牢固造成伤害。可能导致的后果主要有以下几种：人员触电、高处坠落、物体打击、火灾、容器爆炸以及人员灼烫等。

设备管线连接及拆除作业存在的危险源：高处作业时随意抛掷作业工具、材料造成伤害；高处作业未佩戴安全带等劳动防护用品；作业平台螺栓未紧固或未紧固到位；作业平台/扶手/护栏未焊接牢固；设备上油污较多湿滑造成伤害；现场人员使用的清洗剂瓶、带油抹布等随意乱扔引发火灾造成伤害。可能造成的后果主要是物体打击、高处坠落、火灾等。

设备调试及送电作业存在的危险源：人员给竖井掘进机/竖井掘进机设备送高压时未按照操作规程作业（逐级送电）造成伤害；设备未采取接零、接地措施；电气设备老化/进水造成人员伤害；无关人员私自操作机械设备；调试时未在设备电源开关处悬挂安全警示标识牌，造成他人误操作推闸送电；人员对竖井掘进机进行调试时未穿戴绝缘手套、绝缘鞋等劳动防护用品。可能造成的后果主要是人员触电。

竖井掘进机掘进作业存在的危险源：竖井掘进机始发、掘进施工中发生井壁坍塌、地表沉陷引发路面结构物破坏，造成人员伤害；竖井施工过程中突发有害气体造成伤害；竖井掘进机掘进过程突发涌水，造成机器淹没。可能造成的后果主要是井壁坍塌，人员中毒和窒息、爆炸、设备故障以及触电事故等。

电气、机液设备检修作业存在的危险源：人员站在设备吊桶存放处作业时，未与吊装作业人员、指挥员沟通到位造成伤害；人员站在夹缝处作业时，未安排专人防护，人员未发现有其他作业未躲避至安全区域造成机械伤人；油管未泄压就拆管子造成伤害；电气检修时，未穿戴绝缘鞋、绝缘手套等劳动防护用品造成伤害；电气设备检修时未悬挂相关安全警示标识，导致其他人员误推闸送电造成伤害；通风机损坏，不工作，烟尘浓度大；机械噪声对人身引起的危害；机械设备与工具引起的绞辗碰割戳切等伤害；高空作业发生坠落造成伤害；防护栏杆缺失未及时恢复；刀具运输、安装过程中对人体造成伤害；围岩未进行找顶找帮/围岩岩爆造成伤害；洞内出现可燃、可爆气体、有毒有害气体。可能导致的后果主要有以下几种：触电、机械伤害、高处坠落、物体打击、火灾、爆炸、人员中毒和窒息等。

换刀作业存在的危险源：人员未按照换刀流程进行作业，造成人员伤害；刀具掉落、有害气体喷出造成伤害。可能造成的后果主要是物体打击等。可能造成的后果是物体打击等。

有限空间作业存在的危险源：人员在有限空间内作业时受到伤害。可能造成的后果为中毒和窒息。

打磨、喷漆、切割作业存在的危险源：打磨作业时未佩戴防护用品造成伤害；砂轮片磨损需更换时未及时更换崩裂飞出伤人；设备机具安全防护设施缺失造成伤害；设备未定期保养；打磨作业前方站人造成伤害；未安装漏电保护/接零/接地设施；用电设备未按照"一机一闸一漏一箱一锁"设置；作业完成后未关闭设备电源开关人员误操作伤害。可能造成的后果主要是物体打击、机械伤害和触电。

氧气乙炔瓶存储作业存在的危险源：气瓶储存不当/氧气乙炔瓶棚建设不合规。可能造成的后果是容器爆炸。

第三节　风险评估方法

一、基本原理

工程上常用的风险等级评估方法有风险矩阵法（LS）和作业条件风险程度评价（LEC）方法。LEC 方法是采用半定性、半定量的安全评估方法来分析具有潜在危险的工作环境中操作人员所面临的危险[135]。在本项研究中，运用 LEC 方法对抽水蓄能行业竖井施工过程中的安全风险进行分析。LEC 是采用半定性半定量的安全评估方法来分析具有潜在危险的工作中的危险源，该方法已经广泛应用于我国多个行业的大量企业中，用于评估在具有潜在危险的工作环境中操作人员所面临的危险[135]。

LEC 方法基本原理根据某因素发生事故的可能性大小、暴露于某因素的频繁程度、事故发生所导致的后果，计算每一个风险源的风险值，其公式如下：

$$D = L \times E \times C \tag{9-1}$$

式中　D——风险值；

　　　L——事故发生的可能性；

　　　E——暴露于危险环境的频繁程度；

　　　C——事故发生所导致的后果。

该方法的核心在于对各因素进行等级划分并进行赋值。根据抽水蓄能电站竖井掘进机施工的特点，参考以往竖井施工安全风险评估的资料及数据，通过相关资料统计和专家调查方法对公式（9-1）中各影响因素进行赋值并确定风险等级及划分标准，具体指标体系详见 9-2～表 9-5。风险值 D 在 3 以下表示风险极小，在 40 以上的高分值表示极度危险，不能继续作业，风险等级重大。

表 9-2 事故发生可能性赋值

数值	事故发生的可能性
10	可以预料
6	相当可能可以预料
3	可能预料
1	意外
0.5	很不可能，可以设想

表 9-3 暴露于危险环境的频繁程度赋值

数值	暴露于危险环境的频繁程度
10	连续暴露
6	工作时间暴露
3	每周一次暴露
1	每年几次暴露
0.5	罕见的暴露

表 9-4 事故发生后果的严重程度赋值

数值	事故发生后果的严重程度
10	灾难地，1～3 人死亡，经济损失严重
5	严重的，人员严重伤残，重大经济损失
2	较大的，人员重大伤残，一般经济损失
1	微小的，人员轻伤

表 9-5 D 值等级划分

D 值	危险程度
>40	极度危险不可继续作业
20～40	高度危险需立即整改
10～20	一般危险需要引起注意
3～10	稍有危险但可以接受
<3	风险极小

二、评估基本流程

将风险源普查的结果进行会诊初筛，筛选出具有一定危险性的风险源。将初筛后的风险源辨识的结果整理成调查问卷的形式并发送给相关专家，专家成员包括装备设计人员、现场施工人员、工程技术人员、安全管理人员以及高等院校及科研院所研究人员等。收集并整理调查问卷，去除问卷中每一项的最高分与最低分，其余问卷取平均值并选取靠近赋值的整数。依 LEC 方法进行风险评估计算，风险估测的结果如表 9-6 所示。

表 9-6　　　　　　　　　　　　　　　风险估测结果

风险源		风险估测			
风险类别	伤害类别	事故发生可能性 L	人员暴露频率 E	后果严重程度 C	风险大小 D
竖井掘进机主机系统	人员坠落	1	3	2	6
	整机坠落	0.5	1	5	2.5
	设备故障	4	6	2	48
	高处坠物	2	3	2	12
地面提升及悬挂系统	起重伤害	2	3	2	12
	高空坠物	1	4	2	8
设备拆装机作业	起重伤害	6	2	5	60
	高处坠物	3	2	5	30
	机械伤害	3	1	2	6
割焊作业	触电	1	2	2	4
	高处坠物	1	3	1	3
	火灾	0.5	3	2	3
	容器爆炸	0.5	0.5	4	1
设备管线连接及拆除作业	物体打击	1	2	4	8
	高处坠物	2	3	3	18
设备调试及送电作业	触电	1	3	2	6
掘进作业	坍塌	3	5	5	75
	其他爆炸	0.5	6	3	9
	设备故障	4	6	1	24
	触电	1	6	2	12
电气、机液设备检修作业	机械伤害	5	3	2	30
	触电	1	3	2	6
	高处坠物	4	3	2	24
	火灾	1	3	2	6
	其他爆炸	1	2	5	10
换刀作业	物体打击	3	1	2	6
有限空间作业	中毒和窒息	3	6	4	72
打磨、喷漆、切割作业	高处坠物	2	6	2	24
	机械伤害	3	6	1	18
	触电	1	6	2	12
	物体打击	3	6	1	18
氧气乙炔瓶存储作业	容器爆炸	1	3	1	3

根据打分结果，D 值大于 40 的风险源作为重大风险源以进行管控，按风险类别与伤害类别分类，主要有以下几项：有竖井掘进主机系统中的设备故障、设备拆装机作业中的起重作业、掘进作业中的坍塌、有限空间作业中的中毒和窒息。

第四节 风险控制措施

一、风险接受准则

根据风险可接受性准则的方针，选择适当合理的风险控制措施是必要的，以作为生产全过程风险判断的依照与最终实现施工团队风险管理全过程的有效性。

通常来说，一般风险源可以由施工单位按照常规方式制订相应控制措施。但是为形成对重大风险源控制措施，需对其进行预案、预警、预防三阶段设防。

对于风险极小的风险源，接受准则为可忽略，无需采取相关风险处理措施和进行监测；对于稍有危险但可以接受的风险源，接受准则为可接受，处理措施是一般是进行监测但是不采取风险处理措施；对于一般危险以及高度危险需立即整改的风险源，接受准则为不期望，需立即采取相应措施降低风险并加强监测，并采取措施的成本不高于风险发生后造成的损失；对于极度危险的风险源，接受准则为不可接受，必须高度重视处理措施，采取切实可行的规避措施加强监测，否则要不惜一切代价将风险降低到不期望的水平。

二、一般风险源控制措施

针对风险源单一，风险因素间相关性较低的一般风险源，即运用经验与常识即可规避的风险源。针对竖井掘进施工过程中一般风险控制问题，对各个环节中的风险因素分别加以分析并提出相应的控制措施。风险因素主要包括竖井掘进机主机控制系统，地面安全提升及井内悬挂系统；风险因素还包括：设备安全调试及用电作业，掘进作业，设备管线延伸及拆除，拆装机作业，现场割焊作业，电-气-机-液设备维保，磨损刀盘的换刀作业，喷漆、打磨、切割作业，危险气体存储作业等众多环节。分别对各环节的风险控制介绍如下：

（1）竖井掘进机主机系统风险控制如表 9-7 所示。

表 9-7　　　　竖井掘进机主机系统风险控制

存在的危险源	伤害类别	采取的控制措施
刀盘孔洞过多，人员行走跌落风险	人员坠落	1. 刀盘圆筒外部加焊行走扶手。 2. 人员行走时注意脚下，踏稳再走下一步，提高安全意识
换刀时刀盘支撑缸需要撑起整个设备重量，油缸存在泄压风险	整机坠落	1. 刀盘支撑缸设计能力远大于整机的重量。 2. 换刀时，待刀盘支撑缸支撑整机离地时，在刀盘下放置刀盘支撑柱，双重机械保护

续表

存在的危险源	伤害类别	采取的控制措施
导向系统铅锤装置脱落风险	物体打击	1. 铅锤与钢丝绳按规定的连接方式进行连接。 2. 吊环与铅锤连接涂抹螺纹禁锢胶或采用点焊加固形式。 3. 按规定按时对导向系统接口部位进行检查
设备运行过程中抖动问题造成各结构之间连接螺栓松动	设备故障 物体打击	安排人员定期对设备进行维修保养，禁止带病作业
设备各平台之间通过垂直爬梯连接，存在人员坠落风险	高处坠落	1. 正确穿戴安全帽、安全带等安全劳动防护用品。 2. 人员协同作业注意人员之间信号沟通
设备空间狭小，人员行走空间狭小	高处坠落	1. 正确穿戴安全帽、安全带等安全劳动防护用品。 2. 谨慎行走，注意脚下空间

（2）竖井掘进机地面提升及悬挂系统风险控制如表9-8所示。

表9-8　　　　　　竖井掘进机地面提升及悬挂系统风险控制

存在的危险源	伤害类别	采取的控制措施
零散物料垂直运输作业未使用吊桶进行吊运	高处坠落	1. 零散物料垂直运输作业必须使用吊桶进行吊运。 2. 吊装作业下方禁止站人。 3. 吊装作业安排指挥人员专人指挥
工机具作业人员从井上直接往下扔	起重伤害 物体打击	作业现场禁止工机具从井上直接往下扔
人员乘坐吊桶未进行定期检查，维护保养	物体打击	安排人员使用前对吊桶进行检查，确保吊桶无开焊及断裂现象，由技术人员测算吊桶载荷，严禁超载运转
吊运人员乘坐的吊桶使用的卷扬机未进行定期维修保养，或无维修保养记录	高处坠落	安排人员定期对卷扬机进行维修保养，禁止带病作业
吊运人员乘坐吊桶使用的卷扬机钢丝绳达到报废标准	高处坠落	安排人员定期对卷扬机钢丝绳进行检查保养，发现断股或磨损严重达到报废标准时必须立停止使用，更换新钢丝绳
吊运人员乘坐吊桶使用的卷扬机钢丝绳固定卡箍未按照国家相关规定进行安装或出现松动现象	高处坠落	安排人员定期对卷扬机钢丝绳固定卡箍进行检查紧固，并按照国家相关规定进行安装
吊运人员乘坐吊桶笼使用的卷扬机刹车失灵	高处坠落	安排人员定期对卷扬机刹车进行检查测试
吊运人员乘坐吊桶使用的卷扬机未设置限位器或限位器失灵	高处坠落	安排人员对吊运人员乘坐吊桶使用的卷扬机设置限位器，并定期进行检查
吊桶挂钩指挥人员无证上岗	高处坠落	指挥人员持证上岗，作业期间禁止玩手机
吊桶吊运与指挥人员未设置隔离保护措施	起重伤害 物体打击	现场设置吊桶与指挥人员的隔离保护护栏和顶棚，吊桶吊运期间，指挥人员与吊桶保持安全距离
吊桶挂钩指挥人员未配备对讲机	起重伤害 物体打击	指挥人员作业前必须配备对讲机
未定期对施工现场的起重设备进行维修保养	起重伤害 物体打击	对现场起重设备进行定期维修保养，并填写维修保养记录

（3）竖井掘进机设备拆装机作业风险控制如表 9-9 所示。

表 9-9　　　　　　　　　竖井掘进机设备拆装机作业风险控制

存在的危险源	伤害类别	采取的控制措施
高空作业/设备临边作业时未佩戴安全带	高处坠落	高作业/设备临边作业时必须正确佩戴安全带等安全劳动防护用品
使用的梯子、作业平台不牢固/梯子、作业平台未安排人员扶好		1. 使用的梯子、作业平台必须焊接牢固。 2. 梯子、作业平台必须安排人员扶好，避免滑落造成人员受伤。 3. 进入施工现场正确穿戴安全帽、劳保鞋、安全带等劳动防护用品
工作环境高温发生人员中暑	其他伤害	1. 合理安排现场作业时间，及工作环境温度。 2. 现场配备应急药品，如有人员不适情况及时安排到休息室休息并喝藿香正气水，避免中暑
高处作业时材料、机具随意乱扔导致人员伤害	物体打击	1. 高处作业时严禁随意抛掷材料、机具。 2. 高处作业必须人工或使用绳子将材料机具捆绑牢固后来传递
木箱破裂、不牢固搬运时掉落		1. 正确穿戴安全帽、安全带等安全劳动防护用品。 2. 人员协同作业注意人员之间信号沟通
人员乘坐吊桶上下井未遵守安全操作规程造成伤害	机械伤害	1. 进入施工现场正确穿戴安全帽、劳保鞋等劳动防护用品。 2. 上下井人员乘坐吊桶，注意信号沟通。 3. 严禁酒后上班
人员上下门设备爬梯中坠落造成伤害	高处坠落	1. 进入施工现场正确穿戴安全帽、劳保鞋、安全带等劳动防护用品。 2. 攀爬爬梯时应抓稳扶好。 3. 上下设备使用双钩换钩型安全带确保人员上下过程中都能起到保护作用
人员进入施工现场未正确穿戴劳动防护用品造成伤害	物体打击	1. 进入施工场地必须正确佩戴安全帽、安全带、劳保鞋等相关劳动防护用品。 2. 发现人员未佩戴劳动防护用品的，严尽其入场作业，必须正确佩戴好劳动防护用品后方可进入现场继续作业
掘进施工中，作业人员被设备机具碰撞致伤；机械设备引起的绞、辗、碰、割、戳、切、挤等伤害	机械伤害	1. 进入施工现场正确穿戴安全帽、劳保鞋等劳动防护用品。 2. 人员必须遵守设备安全操作规程，严禁违章作业。 3. 机械设备设置连锁安全防护装置。 4. 作业完成后设备必须断电
人员酒后上班作业造成伤害	其他伤害	1. 加强安全教育与监管力度，发现人员酒后上班的给予处罚且严禁其进入施工现场。 2. 情节恶劣的上报至公司，按照员工奖惩管理办法进行处理

续表

存在的危险源	伤害类别	采取的控制措施
人员上下竖井掘进机始发井时未观察隧道口是否存在交叉作业，物体坠落造成伤害	起重伤害	1. 进入施工现场正确穿戴安全帽、劳保鞋、安全带等劳动防护用品。 2. 人员上下井口时，应先观察井口是否有进行吊装作业，确认安全后方可上下井
人员进出竖井掘进机始发井通道与吊装物运行轨迹交叉造成伤害	机械伤害	1. 进入施工现场正确穿戴安全帽、劳保鞋等劳动防护用品。 2. 人员进出竖井掘进机始发井前，加强观察，确认井架未在该通道处运行时再进出，避免观察不到位造成伤害

（4）竖井掘进机现场割焊作业风险控制如表9-10所示。

表 9-10　　　　　　　　　　竖井掘进机现场割焊作业风险控制

存在的危险源	伤害类别	采取的控制措施
电线部分裸露、破皮老化	触电	1. 日常对电线、配电箱进行检查，发现破皮、老化现象及时安排电工进行修复、更换。 2. 漏电保护器每月进行试跳检测一次，确保其完好有效。 3. 严禁非电工人员从事电工作业且特种作业人员必须持证上岗。 4. 严禁私接乱拉电线。 5. 现场临时用电严格按照临时用电 TN-S 系统（"一机一闸一漏一箱一锁"）进行设置。 6. 作业完成后将所有设备电源断电
未安装漏电保护/接零/接地设施		
用电设备未按照"一机一闸一漏一箱一锁"设置		
漏电保护/接零/接地保护失效		
接触电线或带电设备造成事故		
作业完成后未关闭设备电源开关人员误操作伤害		
现场搭设的作业平台、防护栏杆不稳固造成事故	高处坠落	1. 现场搭设的脚手架作业平台必须按照国家、行业法规要求进行搭设并组织验收，验收合格后方可作业。 2. 现场焊接的作业平台必须焊接牢固可靠，检验合格后方可使用。 3. 高处作业时严禁随意抛掷工具、材料。 4. 进入施工现场正确穿戴安全帽、劳保鞋、安全带等劳动防护用品。 5. 高处作业平台放置的材料、机具设备必须放置稳固，避免滑落造成人员伤害
高处作业平台放置的材料、机具设备未放置稳固滑落造成人员伤害	物体打击	
吊耳焊接不牢固，未进行探伤/探伤不合格	物体打击	吊耳必须找具备资质的单位进行探伤，探伤合格后方可进行吊装作业
人员在高处作业时未佩戴安全带等劳动防护用品/失足坠落造成伤害	高处坠落	1. 进入施工现场正确穿戴安全帽、劳保鞋、安全带等劳动防护用品。 2. 对于高处作业未佩戴安全带的人员要求立即佩戴好安全带等劳动防护用品后方可作业
高处作业时随意抛掷作业工具、材料造成伤害	物体打击	1. 施工作业时严禁高空抛物行为，必须使用工具传递。 2. 进入施工现场必须穿戴防护工具，如：安全帽、安全带等

续表

存在的危险源	伤害类别	采取的控制措施
氧气、乙炔瓶未保持安全距离/与动火作业区域未保持安全距离	火灾 容器爆炸 触电	1. 现场乙炔瓶必须安装回火阀，人员在作业前，应先检查氧气、乙炔管子和乙炔瓶回火阀接口处是否破损、漏气，压力表是否损坏、割枪滑轮是否缺失，确认安全后方可进行作业。 2. 现场氧气、乙炔瓶应放置稳固，采取防倾倒措施，乙炔瓶严禁倒放进行使用，避免回火导致气瓶起火爆炸，导致人员伤害事故。 3. 现场人员严禁使用吊带来吊装氧气、乙炔瓶，避免气瓶滑落导致起火爆炸事故。 4. 人员在进行焊割作业时，必须严格按照以下防火要求进行作业。 （1）焊割作业前：清理焊割作业区域内的可燃物，对无法清理和移动的可燃物采取隔离防护措施，氧气瓶、乙炔瓶之间保持不低于5m的安全距离，与明火均要保持10m以上的安全距离，焊割作业现场放置灭火器和水源等消防设施。
乙炔瓶未按照回火阀		
乙炔瓶倒放在地上进行使用		
氧气、乙炔瓶、割枪等接口处存在漏气		
氧气、乙炔瓶未采取防倾倒措施		
氧气、乙炔瓶压力表损坏		
氧气、乙炔管子破损、老化		
焊割作业时，焊渣掉落导致气管破损		
焊割作业时，操作不当回火		
现场使用吊带等违规吊装氧气/乙炔瓶，气瓶掉落造成伤害	火灾 容器爆炸	（2）焊割作业中：安排专人对在焊割作业下方进行防护，如发生可燃物燃烧现象，立即通知焊割作业人员停止作业，立即使用现场放置的灭火器和水源等消防设施进行灭火，然后再进行作业。 （3）焊割作业完成后：焊割人员和防护人员针对作业现场进行认真清理检查，直至确认现场无导致火灾隐患方可离场。 5. 灭火器必须定期年检且完好有效。 6. 氧气、乙炔瓶要做好远离明火、遮挡防晒等措施。 7. 动火作业需持有动火许可证和有关部门批准后方可进行作业
电焊机未安装接零/接地设施	触电	1. 电焊机必须采取接零接地措施。 2. 电焊机电源线、焊把线必须完好。 3. 电焊作业时必须正确穿戴安全帽、绝缘鞋、安全带、防护面罩、口罩等安全劳动防护用品。 4. 清理焊割作业区域内的可燃物，对无法清理和移动的可燃物采取隔离防护措施。 5. 焊割作业时，安排专人防护，焊割作业附近严禁站人，避免焊渣飞溅到身体上造成伤害。 6. 焊割作业完成后焊割人员和防护人员针对作业现场进行认真清理检查，确认无残留火源和火灾隐患后方可离开作业现场，确保现场施工作业安全。 7. 动火作业前必须办理动火作业许可证，经批准后方可进行动火作业。 8. 动火作业使用防火材料或石棉布防护。 9. 加强隧道内通风，确保作业面新鲜风，再开始施工
电焊机电源线老化、破损		
电焊作业未穿戴防护手套、绝缘鞋等劳动防护用品		
电焊机电源线浸泡在水里面		
现场作业前，未清理可燃物/对无法清理的可燃物未采取隔离防护措施	火灾 容器爆炸	
使用电焊机时间太长而使弧光对眼睛产生伤害、有害气体对呼吸系统和皮肤产生伤害	其他伤害	
焊渣飞溅到身体上造成伤害	灼烫	
设备作业平台未焊接牢固造成伤害	高处坠落	人员在上下竖井掘进机设备上的扶梯时，应先检查扶梯螺丝是否安装到位、焊接到位等情况，确认安全后方可作业

（5）竖井掘进机设备管线连接及拆除作业风险控制如表 9-11 所示。

表 9-11　　　　　　　竖井掘进机设备管线连接及拆除作业风险控制

存在的危险源	伤害类别	采取的控制措施
高处作业时随意抛掷作业工具、材料造成伤害	物体打击 高处坠落	1. 要求所有进入施工现场作业人员穿戴安全帽、安全带、劳保鞋等劳动防护用品。 2. 对于高处作业但是未按照规定佩戴安全带的作业人员要求立即整改，按照规定佩戴安全带等劳动防护用品后方可作业。 3. 所有高处作业人员严格禁止随意抛掷工具和材料，所有物品必须使用绳子或人工传递
高处作业未佩戴安全带等劳动防护用品		
作业平台螺栓未紧固或未紧固到位	高处坠落 物体打击 其他伤害	1. 人员确认安全后方能上下竖井掘进机设备扶梯。 2. 人员在进行连接管线作业时，尽量避免上下交叉作业，工具放置在工具带内，避免工具掉落砸伤下方作业人员。 3. 对设备上油污进行清理，无法清理的采取覆盖防护措施，避免人员滑倒。 4. 人员在作业时应加强观察，抓稳扶好，避免踩滑导致人员受伤
作业平台/扶手/护栏未焊接牢固		
设备上油污较多湿滑造成伤害		
现场人员使用的清洗剂瓶、带油抹布等随意乱扔引发火灾造成伤害	火灾	现场人员使用的清洗剂瓶、带油抹布等严禁随意乱扔，设置废弃物临时存放处统一收集，待下班后将施工垃圾移交至业主项目部进行处理

（6）竖井掘进机设备调试及送电作业风险控制如下表 9-12 所示。

表 9-12　　　　　　　竖井掘进机设备调试及送电作业风险控制

存在的危险源	伤害类别	采取的控制措施
人员给竖井掘进机/竖井掘进机设备送高压时未按照操作规程作业（逐级送电）造成伤害	触电	1. 进入施工现场前，必须正确穿戴安全帽、绝缘鞋、绝缘手套等安全防护用品。 2. 竖井掘进机调试前，要下发竖井掘进机调试大纲，明确调试内容和相关要求，并对现场人员进行明确。禁止非专业机液调试人员操作设备。 3. 要人证合一，特种作业人员需持证上岗。 4. 如因电导致或者或人员处于危险境地，应立即就近切断电源。 5. 竖井掘进机在调试时，要安排专人对竖井掘进机各个部位进行安全巡守，提醒附近人员严禁靠近机械运转部位，避免造成人员伤害。 6. 设备桥处悬挂安全网，防护栏杆，人员上设备作业必须佩戴安全带。 7. 液压部分拆除应先泄压，后拆除，小心设备湿滑跌倒。 8. 按原理图检查管线连接正确性、检查连接可靠性，严禁系统超压作业。 9. 竖井掘进机在调试时，现场人员发现异常情况应及时报告主机室操作人员立即停止作业，并安排人员进行查看，待问题解决后方可继续进行作业。 10. 严禁电气专业技术人员以外的人进行操作，送电前检查各级线路连接是否良好，逐级送电。 11. 电动机械设备，必须有漏电保护装置和可靠保护接零。 12. 调试时必须在设备电源开关处悬挂安全警示标识牌，造成他人误操作推闸送电。 13. 送电完成后所有用电设备及配电室必须上锁，防止无关人员操作
设备未采取接零、接地措施		
电气设备老化/进水造成人员伤害		
无关人员私自操作机械设备		
调试时未在设备电源开关处悬挂安全警示标识牌，造成他人误操作推闸送电		
作业人员对竖井掘进设备进行调试时，未按照要求穿戴绝缘手套、绝缘鞋等劳动防护用品		

（7）竖井掘进机掘进作业风险控制如表 9-13 所示。

表 9-13　　　　　　　　　　竖井掘进机掘进作业风险控制

存在的危险源	伤害类别	采取的控制措施
竖井掘进机掘进过程突发涌水，造成机器淹没	设备故障触电事故	1. 施工前应获得准确的地质参数。 2. 明确设备适用的地层，适用于无水、少水或经过地质改良后的稳定硬岩地层。 3. 设备自身配置排水泵的同时也应配置应急排污泵，保证排水作业的顺利进行

（8）竖井掘进机电气、机液设备检修作业风险控制如表 9-14 所示。

表 9-14　　　　　　SBM 竖井掘进机电气、机液设备检修作业风险控制

存在的危险源	伤害类别	采取的控制措施
人员站在设备吊桶存放处作业时，未与吊装作业人员、指挥员沟通到位造成伤害	机械伤害	1. 人员在进行维保作业时，应安排专人进行防护，当吊装作业通过时，及时提醒维保人员躲避至安全位置。 2. 人员需要站在有设备夹缝的缝隙内进行作业前，人员必须与主司机、吊装作业人员、工班长说明情况，要求其作业前，必须进行通知，待人员撤离至安全位置时方可作业，避免造成人身伤害事故
人员站在夹缝处作业时，未安排专人防护，人员未发现有其他作业未躲避至安全区域造成机械伤人		
油管未泄压就拆管子造成伤害	其他伤害	1. 人员在进行液压油管路检查时，必须先降压待压力消失后方可进行维保，避免液压油带压喷出造成人员伤害。 2. 电工在进行用电设备维修、检查时，将设备断电后，在用电设备开关箱处悬挂"正在维修、禁止合闸"安全标识牌或安排专人进行防护，避免人员误操作推闸送电，导致人员触电事故
电气检修时，未穿戴绝缘鞋、绝缘手套等劳动防护用品造成伤害	触电	
电气设备检修时未悬挂相关安全警示标识，导致其他人员误推闸送电造成伤害		
通风机损坏，不工作，烟尘浓度大	其他伤害	1. 隧道内必须加强通风，掌子面采取洒水降尘等措施。 2. 所有作业人员需正确佩戴如：安全帽、劳保鞋、防尘口罩、防护耳罩等在内的防护用品
机械噪声对人身引起的危害		
机械设备与工具引起的绞辗碰割戳切等伤害	机械伤害	1. 人员必须遵守设备安全操作规程作业。 2. 机械设备必须安装防护罩、连锁保护等装置。 3. 设备使用完成后必须断电
高空作业发生坠落造成伤害	高处坠落	1. 所有人员必须正确佩戴：安全帽、劳保鞋、防护耳罩、防尘口罩等在内的防护用品。 2. 高处作业时必须穿戴安全带。 3. 严禁在设备临边无防护栏杆的区域作业。 4. 设备临边必须安装防护栏杆，如栏杆缺失必须及时通知现场负责人进行恢复
防护栏杆缺失未及时恢复		

续表

存在的危险源	伤害类别	采取的控制措施
刀具运输、安装过程中对人体造成伤害	物体打击 火灾 其他爆炸 中毒和窒息	1. 刀具搬运、安装过程必须使用专用吊具。 2. 人员在刀盘内换刀作业前，必须在主控室悬挂相关安全警示标识牌，避免其他人误操作设备旋转刀片。 3. 人员在刀盘内换刀作业前，将刀盘操作模式转换为手动控制模式，避免他人误操作
施工作业过程中未进行找顶找帮/围岩岩爆造成伤害		1. 人员进入施工现场必须正确佩戴安全帽、劳保鞋、防尘口罩、防护耳罩等安全劳动防护用品。 2. 对裸露的围岩进行检查，并及时进行找顶找帮
洞内出现可燃、可爆气体、有毒有害气体		
竖井掘进机掘进过程突发涌水，造成机器淹没	设备故障 触电事故	1. 施工前应获得准确的地质参数； 2. 确定设备适用的地层为：无水、少水地层，若涌水量超过规定，需要采用注浆等措施改良后为稳定硬岩地层方可施工

（9）竖井掘进机换刀作业风险控制如表 9-15 所示。

表 9-15　　　　　　　　竖井掘进机换刀作业风险控制

存在的危险源	伤害类别	采取的控制措施
人员未按照换刀流程进行作业，造成人员伤害	物体打击 其他伤害	1. 出具掘进机换刀作业详细技术交底方案并对人员培训讲解并签字存档，针对技术交底进行培训要求所有现场人员能手指口述，对过程进行录像存档备查。 2. 进行换刀作业时，每班需配备专职安全员进行安全盯控，项目经理和技术人员至少一名在现场进行作业指导，要求现场人员严格按照技术交底、作业指导书等流程规范作业，发现三违现象立即制止。 3. 每次换刀作业后，项目组组织人员就换刀过程进行总结交流，形成技术文件，整理换刀过程中形成的记录文件存档备查，扫描电子版发回公司
刀具掉落、有害气体喷出造成伤害		

（10）竖井掘进机打磨、喷漆、切割作业风险控制如表 9-16 所示。

表 9-16　　　　　　　　竖井掘进机打磨、喷漆、切割作业风险控制

存在的危险源	伤害类别	采取的控制措施
打磨作业时未佩戴防护用品造成伤害	物体打击 机械伤害	1. 进入施工现场正确穿戴安全帽、劳保鞋、防护眼镜等劳动防护用品。 2. 打磨作业时人员不能站立在打磨方向正前方，避免打磨时飞溅物体伤人。 3. 机械设备必须定期保养，并做好保养记录。 4. 砂轮片磨损到报废条件时必须及时更换新的砂轮片。 5. 机械设备必须安装防护罩等保护装置
砂轮片磨损需更换时未及时更换崩裂飞出伤人		
设备机具安全防护设施缺失造成伤害		
设备未定期保养		
打磨作业前方站人造成伤害		

续表

存在的危险源	伤害类别	采取的控制措施
未安装漏电保护/接零/接地设施	触电	1. 定期检查电线线路，发现线路老化、损坏及时更换。 2. 漏电保护器每月进行试跳检测一次，确保其完好有效。 3. 严禁非专业电工从事送工作业，所有点工必须持有特种作业上岗证。 4. 现场临时用电严必须满足临时用电 TN-S 系统要求，采取"一机一闸一漏一箱一锁"进行专门设置。 5. 所有作业完成后，必须将所有设备电源断电
用电设备未按照"一机一闸一漏一箱一锁"设置		
作业完成后未关闭设备电源开关人员误操作伤害		

（11）竖井掘进机氧气乙炔瓶存储作业风险控制如表 9-17 所示。

表 9-17   **竖井掘进机氧气乙炔瓶存储作业风险控制**

存在的危险源	伤害类别	采取的控制措施
气瓶储存不当/氧气乙炔瓶棚建设不合规	容器爆炸	1. 氧气、乙炔瓶棚必须按照国家、行业规范进行建设。 2. 氧气、乙炔瓶棚必须上锁，且安排专人保管，并制定氧气、乙炔瓶棚安全管理制度

三、重大风险源控制措施

在竖井掘进机竖井施工过程中，确定 SBM 竖井掘进主机系统、设备拆装机作业、竖井掘进机掘进作业、有限空间作业中的一些危险源为重大风险源。

针对于竖井掘进机主机系统设备故障风险，其强制控制措施如下：

（1）针对稳定器撑不紧洞壁，刀盘转动时整机振动过大，且整机存在圆周滚转的风险问题，需要在掘进过程中时刻关注稳定器油缸的位移和行程变化，有异常时及时停机检查。

（2）掘进过程中需要时刻关注撑靴周边撑紧油缸和推进油缸的位移和行程变化，有异常时及时停机检查以应对撑靴未撑紧井壁，撑靴打滑问题。

（3）掘进过程中时刻关注刮板输送机和斗式提升机的油压变化，有异常时及时停机检查以应对出渣系统刮板输送机和斗式提升机链条转动过程中卡滞风险。

（4）针对储渣仓溜渣斗伸出后无法收回，吊桶无法向上吊出问题。需加装摄像头时刻关注溜渣斗的运行情况，防止硬冲击造成设备损坏、对溜渣斗伸缩部位易进渣的地方进行加焊钢板封堵处理、减少溜渣斗伸缩缝隙，降低卡滞风险。

针对竖井掘进机设备拆装机作业起重伤害风险，其控制措施如下：

（1）竖井掘进机吊装前项目经理必须安排人员对竖井掘进机各个部位进行安全检查，将吊装时易脱落、摆动管路和设备采取捆绑牢固、焊接加固防止位移等措施，避免在进行吊装作业时，发生落物伤人事故。

（2）由负责竖井掘进机拆装机方现场负责人编制《SBM 拆装机方案》和《安全专项方案》，明确竖井掘进机拆装顺序、相关安全措施及保障措施，报请公司相关领导审批后方可进行竖井掘进机组装作业。

针对 SBM 掘进作业坍塌风险，其控制措施如下：

（1）加固施工应针对地层特点选择可靠的机械设备和合理的施工参数。

（2）严禁随意更改设备的设定值，解除竖井掘进机连锁状态，避免发生设备损坏和人身事故。

（3）周边布置传感器，安排专人监控应力、弹性波等物理参数，做到超前探测。

（4）竖井掘进机始发前，现场负责人对与始发有关的要素进行评估，主要包括对竖井掘进机组装调试情况、加固情况、工作场所的环境及安全情况等进行评估后，报项目部和公司相关领导进行审核、审批后方可进行始发作业。

针对竖井掘进机有限空间作业中毒和窒息风险，其控制措施如下：

（1）在作业开始之前请安全技术人员进行安全教育，告知作业相关危险有害因素和对应防护措施。

（2）进入作业现场后，应按照以下步骤进行：首先应对有限空间进行气体检测，主要包括氧气、可燃气、硫化氢、一氧化碳等，检测达标后方可进入现场作业。

（3）对作业面可能存在的电、高/低温及危害物质进行有效隔离。

（4）若要进入现场作业，需严格遵循如下顺序：通风、检测、作业；严禁缺少前两个环节中任意一个环节直接进入现场作业。

（5）进入有限空间时应佩带有效的通信工具，系安全绳。

（6）配备监护员和应急救援人员。

（7）必须保持作业现场空气流通，有限空间作业因故暂停，必须在复工前再次进行通风、检测确认安全。

（8）当有限空间内可能存在易燃易爆炸的气体、粉尘等，所有使用的设备应满足防爆要求，所有工作人员需佩戴专业防爆工具和报警仪。

（9）竖井掘进机在掘进过程中，如发生气体报警仪报警时，现场作业人员应第一时间撤离，在使用持式气体检测仪复查后仍报警的情况下，要求项目部加强隧道内通风，然后再安排人员对隧道内气体浓度进行检测，确认安全后人员方可进入隧道内继续作业。

第五节　小　　结

本章以宁海抽水蓄能电站竖井工程为实例，基于现场踏勘、专家研判以及参考相似工程的施工经验等，进行风险源识别。运用 LEC 风险评价法，通过与现场人员座谈、评估小组论证、专家咨询等多种手段，建立适合竖井掘进机施工的因素指标值及风险等级划分体系，并进行不同风险的等级划分。在此基础上，针对重大风险源提出相应的管控措施，研究结果对于竖井掘进机在实际工程中的应用有很好的指导意义。

第十章

全断面竖井掘进机应用示范工程

第一节 概　述

地下空间已经成为了我国重要具有战略意义同时满足现实需要的重要的空间资源，国际上也认同为新型的国土资源。对于如此重要的地下空间资源，人类需要通过建设竖井探索地下深部区域，才能将其开发利用。由于竖井施工的特殊性和穿越地层的复杂性，竖井开拓技术成为一个国家进行深地资源开采与地下空间开发的关键技术保障。随着地下空间开发逐渐向机械化、自动化、智能化方向发展，能够适应复杂多变地层、大深度（1000m 以上）、大断面（10m 直径以上）竖井掘进装备及施工工法的研究具有十分重要的现实意义。2018 年年初，中铁工程装备融合了传统竖井施工技术和全断面隧道掘进机施工理念，在先后攻克复杂多变地层的全断面机械开挖技术，掘进机清渣、出渣技术，设备姿态监测及控制等多项关键技术之后，成功研制出具有自主知识产权的竖井掘进机。该装备具有安全、高效、成本低、易于维护、方便转场等特点，可满足千米级竖井施工需求，能为矿山、海工、水利、新能源等建设提供了新装备、新工法。该设备具有无需爆破、围岩扰动小、井壁质量高、施工风险小、施工速度快、安全高效等优点，处于世界领先水平。

目前，全断面竖井掘进机是我国首台套深大竖井施工成套装备，全断面竖井掘进机技术系统复杂，广泛应用还存在一定的局限和不足，需要开展施工全过程的风险因素的识别和评估。以浙江宁海抽水蓄能电站排风竖井项目工程为依托，在竖井掘进机实际应用的基础上，针对该项目竖井掘进机在组装、调试和始发过程中的关键技术进行总结，提出了主机和后配套吊盘分体组装、二次始发关键施工技术。通过对竖井掘进机在实际施工中的关键技术问题进行分析，对于我国快速建井技术的提高，工艺及装备的发展有重要意义。对于我国地下金属矿山智能化开采技术与装备的发展具有很好的借鉴作用，可有助于不断将装备推向金属矿山和非金属矿山等。

第二节 工 程 概 况

一、浙江宁海抽水蓄能电站

浙江宁海抽水蓄能电站位于浙江省宁波市宁海县大佳何镇。电站装机容量 140 万 kW（4×35 万 kW），额定水头 459m，设计年发电量 14 亿 kW·h，年抽水电量 18.67 亿 kW·h，以 2 回 500kV 线路接入华东电网[136]。

电站枢纽的建设包括上、下水库、输水系统、地下厂房及开关站等设施，各部分设施信息如下所示：

（1）上、下水库分别位于汶溪源头茶山的林场与主峰西北侧的龙潭坑沟，下水库的坝址位于大佳何镇涨坑水库内。上、下水库的正常蓄水位分别为 611m、141m，有效库容分别为 856 万 m³、859 万 m³。水库主要工程有大坝、库岸防护、环库公路、溢洪道、导流泄放洞等，由于上水库坝址以上流域面积较小，不设溢洪道。水库大坝都采用混凝土面板堆石坝，库坝顶高程分别为 616.60m、147.10m，坝顶宽度都为 8.0m，最大坝高分别为 63.6m、96.1m，坝顶长度分别为 550.0m、280.0m[137]。上水库库岸及坝基采用垂直帷幕灌浆进行防渗。

（2）输水系统位于上、下水库之间的山体内，总长约 2100.3m（沿 3 号机输水系统长度，下同），其中引水系统长 1171.4m，尾水系统长 928.9m，均采用两洞四机布置。

（3）地下厂房位于输水系统中部，由 179.0m×25.0m×57.0m（长×宽×高，下同）的主副厂房洞、165.8m×19.5m×23.0m 的主变压器洞、140.6m×7.8m×19.4m 的尾闸洞、母线洞、500kV 出线洞、进厂交通洞、通风兼安全洞、排水廊道、地下厂房排水洞等洞室组成。

（4）地面开关站布置在下库进/出水口平台右侧，场地高程为 147.10m。开关站场地尺寸为 184.0×40.0m，布置有 GIS 楼、出线场、继保楼及柴油机房。500kV 出线洞连接主变洞和地面开关站，总长为 763m。

二、排风竖井掘进机施工概况

电站需要设计排风竖井，根据相关设计，竖井净直径 ϕ7.83m，排风竖井中心坐标为 $X=3\ 254\ 368.611$，$Y=363\ 658.685$，竖井地表高程 $H=+280$m，竖井井底标高为 +82m，+82m 为排风竖井下水平段硐室，即排风竖井设计深度 198m。图 10-1 为排风竖井施工平面图。

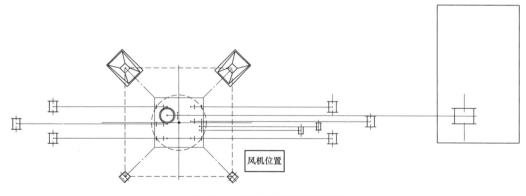

图 10-1　排风竖井施工平面图

该排风竖井平面布置图及纵剖面图如图 10-2，图 10-3 所示。排风竖井地表高程为 280m，竖井深度 198m，井颈段深度 10m，采用人工开挖和钢筋混凝土衬砌的施工方式，成井净直径 ϕ8m，作为 SBM 竖井掘进机的始发组装井，其余 188m 采用竖井掘进机进行施工，开挖直径 φ7.83m。根据地质调查结果，对竖井的支护方式进行了确定。井颈段深度 10m，井颈段支护方式为：注入长锚杆＋锚网喷混凝土＋双层钢筋混凝土联合衬砌支护，锚网喷混凝土支护厚度 100mm，混凝土强度等级 C30；钢筋混凝土支护厚度 600mm，混凝土强度等级 C25，衬砌钢筋的净保护层厚度洞内侧为 40mm，岩壁侧为 50mm。排风竖井井身正常段支护方式为锚网喷与锚喷支护，锚杆为 φ22@150×150，锚网喷厚度 150mm，混凝土强度等级 C30。

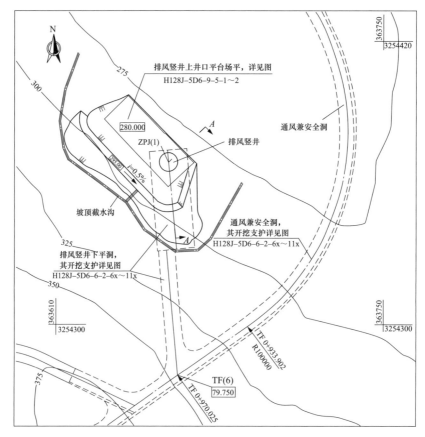

图 10-2　排风竖井平面布置图

采用"正井法"或"反井钻导井＋人工扩挖法"进行竖井施工，井下作业存在诸多安全隐患，并且还存在工期长、效率低、投入大等问题。为了避免这些问题，并促进井巷施工机械化，项目引进竖井掘进机技术在排风竖井施工中进行应用，该应用对于同类工程起到很好的示范作用，为最终竖井掘进机技术在国内的大范围推广奠定基础。

三、现场地质概况

工程区位于华南褶皱系浙东南褶皱带温州-临海坳陷之黄岩-象山断坳，近场区内无区域性活动断裂通过，历史震感微弱，区域构造稳定条件好，地震基本烈度为Ⅳ度。地下洞室围岩主要发育为凝灰岩。

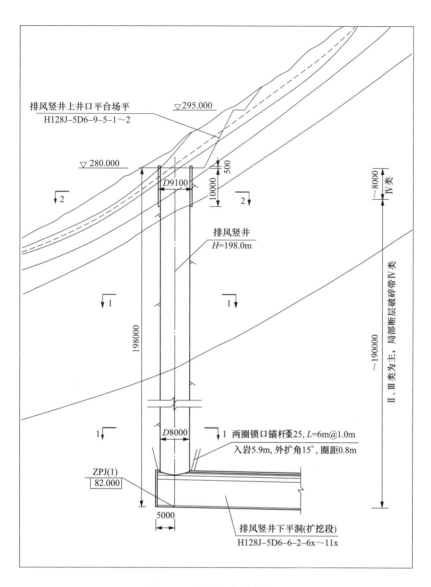

图 10-3　排风竖井纵剖面图

排风竖井井口 0~5m 为强风化层，围岩为Ⅳ类，稳定性差，需及时支护处理；井深 5~25m 为弱风化岩石，陡倾角节理较发育，局部密集，对井壁围岩稳定不利，围岩较破碎为主，成井条件差，围岩为Ⅳ~Ⅲ类，需及时支护处理；井深 25m 以下为微新岩石，岩体完整性好~较完整为主，成洞条件好，围岩为Ⅲ~Ⅱ类，由于井壁陡倾角节理较发育，可能产生不稳定小的块体，需要及时支护处理。表 10-1 为竖井＋215 高程平台不同部位岩体声波检测成果。除 1 个测点外其他测点波速均在 5000m/s 以上，波速高且波速基本一致，全孔波速曲线未表现出拐点。检测结果表明岩体强度未受施工影响，节理裂隙不发育，不存在松弛带。

表 10-1   竖井围岩体不同部位岩体声波检测

孔号	部位	检测深度（m）	完整岩体波速（m/s）		
			最小值	最大值	平均值
PFSJ-1#	NE30°	2.5	5130	5880	5600
PFSJ-2#	SE120°	2.5	5260	5710	5550
PFSJ-3#	SW210°	2.5	4820	5800	5500
PFSJ-4#	NW300°	2.5	5560	5880	5690

排风竖井矿体围岩条件较好，主要为凝灰岩类的沉积岩，围岩分布情况如图 10-4 所示。研究表明，该区域凝灰岩为酸性或中酸性岩浆形成，其岩石特征属于火山碎屑岩和熔岩两种岩石的过渡类型，略偏于火山碎屑岩中的凝灰岩类型。这种岩石的组分及结构特征导致岩石的力学性质也有明显差异，其中岩石的抗压强度影响明显，在数值上相差 3～5 倍，有时甚至更大。对竖井不同深度为的岩芯试样进行单轴饱和抗压强度试验，检测结果如表 10-2 所示，岩芯试样的饱和抗压强度值在 57.4～109.0MPa 范围内，均值为 83.3MPa。

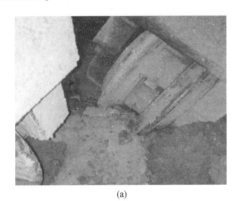

(a)   (b)

图 10-4   排风竖井矿体围岩条件
(a) 掘进机刀盘破岩；(b) 围岩特性

表 10-2   竖井围岩体单轴饱和抗压强度试验结果

试样编号	取样深度	试件尺寸：（mm×mm）直径×高度	单轴饱和抗压强度（MPa）
1	41.48	43.30×102.86	57.4
2	41.65	42.80×102.76	109.0
3	41.65	43.05×102.80	83.4
4	42.03	43.21×102.74	76.2
5	42.21	43.14×102.78	90.4

第三节 掘进机设备特点

全断面竖井掘进机由中铁装备负责研发制作，主机主要分为刀盘、主驱动、稳定器、设备立柱、撑靴推进系统、出渣系统、多层吊盘构成，现各构件已经加工完成，液压、流体、排水系统制作完成，电气防爆改造有序推进，准备进行场内组装、试运转。

全断面竖井掘进机是一台集机、电、液于一体的大型综合设备，其自身集成了竖井施工的所有功能，可同时实现竖井的开挖、出渣、井壁支护以及施工过程中排水、通风、通信等功能[107]。竖井掘进机采用刀盘进行全断面开挖，刀具可根据不同的地层进行更换；主驱动设计能力充足，考虑不同直径的需要，可通过改造撑靴、稳定器、刀盘等部件，实现不同直径竖井的开挖；出渣装置同样可以更换不同的刮渣板、刮斗，适应不同渣土的清运需求；井壁支护系统采用独立设计，可满足现浇、喷锚等所有形式的井壁施工要求，VSCM 竖井掘进机是综合性工厂化施工设备，该设备可在地质条件较为稳定、或结合地质加固施工的地层内施工，施工过程要求无水、少水，设备设计能力可满足直径 10m，深度 1000m 的竖井施工要求设备的具体性能见表 10-3。

表 10-3　　　　　　　　　　　**竖井掘进机性能指标**

项目	参数	单位	备注
设备名称	竖井掘进机		
适用地层	适用于地层稳定、含水较少、软土、硬岩地层施工		
型号	VSCM-8/1000		
开挖直径	7830	mm	
刀盘转速	0～4.3-7	r/min	
加压力	0-1350	t	根据地层实时调节
扭矩	0-3300-5000	kN·m	
掘进速度	0～1.2	m/h	
旋转方向	顺时针		俯视
刮渣机			
数量	2	部	
清渣能力	50×2	m³/h	
斗式提升机			
数量	1	部	
出渣能力	120	m³/h	
排水能力			
柱塞泵	1	台	
排量	25	m³/h	
扬程	300	m	
垂直导向系统	1	套	

竖井掘进机是一种全新的竖井施工技术，其主要特点如下：

（1）开挖方式创新：改变原爆破开挖工法，采用高效破岩刀具，机械开挖。具有地层扰动小、可连续开挖、可远程控制、施工人员少、效率高等优势。

（2）清渣方式创新：根据地层含水量不同，设计不同的竖井清渣方式，①含水量大的地层，适宜采用泥水法清渣；②无水或含水量少的地层，适宜采用干式清渣。相比原抓岩机、小型装载机清渣，新清渣方式可同开挖平行作业，且清渣系统设计了储渣箱，避免吊桶等待问题，缩短出渣循环时间，提高出渣效率。

（3）支护方式创新：设备在设计时考虑竖井井壁施工的特殊性，预留充足的井壁支护空间，可同时采用喷浆、现浇、管片等方式施工，满足竖井施工需求。

（4）通风、排水创新：新型 VSCM 竖井掘进机采用地面送风、井下排风混合通风方式，采用高压柱塞泵完成井下污水排放，实现大扬程一次排放，同时设计有备用水泵通道，保障竖井施工安全。

总体来说，竖井掘进机集成破岩掘进技术、导向与姿态控制技术、同步出渣技术，研制了全断面上排渣式竖井掘进机，解决了竖井多变地层中刀盘竖向破岩与清渣同步难、长距离多级协同排渣难、复杂地层下稳定掘进与设备位姿精准调整难、井下无人地面远程控制难四大难题。

采用先进的位姿传感、检测技术，实现了竖井掘进机的精准导向；采用环形撑靴和稳定器协同的方式进行刀盘压力控制及换步，实现了掘进过程中竖井掘进机的姿态控制；竖井掘进机盘具备上提功能，满足复杂地层条件下工作面探水、注浆等施工需求。

采用刮板连续清渣——斗式连续提升——储渣仓转载吊桶提升的三级上出渣技术，成功研制了机械上排渣系统，实现了竖井掘进机掘进、出渣协同高效施工。

第四节　掘进机现场组装

一、主机段组装

竖井掘进机的组装主要包括主机段吊盘平台两部分的组装，先进行主机段的组装，然后安装吊盘平台。主机段总重约 440t，吊盘平台重 35t。

为降低井下组装困难，先用车辆将主机分部件运输到井口，然后用起重机吊装，主机部件在井口进行组装，然后整体吊装下井，然后再按一定的顺序依次下放入井下进行部件连接的思路进行设备组装。

根据各系统的结构特点和各部件质量，经过计算论证竖井掘进机现场采用 1 个 300t 汽车起重机、1 个 450t 汽车起重机、1 个 35t 汽车起重机进行组装。300t 汽车起重机和 450t 汽车起重机用于吊装刀盘（135t）、主驱动组件（70t）、撑靴组件（120t）、吊盘移位等；35t 汽车起重机用于现场散装件及小型结构件的吊运安装；现场安装实物顺序和照片如图 10-5～图 10-10 所示。

图 10-5 刀盘整体起吊

图 10-6 刀盘下井

图 10-7 稳定器组装完成

图 10-8 主驱动下井

图 10-9 泵站电机安装

图 10-10 储渣仓安装

（1）准备工作。在准备阶段，确定始发井位置并完成井口修建，保证始发井口牢固可靠，具有一定的强度，同时保证组装设备的工具人员准备就绪，起重机进场站位至指定位置。

（2）吊装刀盘。刀盘面板朝下，按照先中心块后边块的顺序拼装成整体。中心块采用钢支撑支撑，边块采用千斤顶调平。辅助翻身起重机进场，刀盘翻身作业。面板朝上，安装面板组件。面板组件安装完成后，辅助吊机配合，刀盘再次翻身。两台起重机配合吊装刀盘下井安装。面板下方采用辅助支撑支撑。

（3）安装稳定器。吊装稳定器组件、主驱动组件在组装区域拼装。两台起重机配合吊装稳定器组件下井。稳定器组件下井与刀盘连接，按要求紧固连接螺栓。

（4）吊装斗提机下段下井与刀盘连接。

（5）吊装撑靴组件，撑靴组件在拼装区域拼装成一整体。两台吊机配合吊装撑靴组件下井。撑靴组件与主驱动连接，按要求打紧连接螺栓。

（6）吊装中心立柱二。拼装区域拼装中心立柱二组件。吊装中心立柱二下井与中心立柱一连接，并按要求紧固连接螺栓。

（7）吊装渣仓。渣吊装下井与中心立柱二连接。

（8）吊装斗提机上段。吊装斗提机上段下井安装。通过安装窗口安装链条。

二、吊盘后配套组装

竖井施工吊盘采用分层安装。每安装一层吊盘，同时对该层设备进行组装，组装完成后，连接电缆、稳绳、风水管线等。首次始发吊盘组装过程如图 10-11～图 10-13 所示。

图 10-11　吊盘安装完成进行平移

图 10-12　吊盘放置到位

图 10-13　竖井掘进机首次始发组装完成图

三、竖井掘进机设备现场调试

竖井掘进机开始调试作业前需检查确认以下事项：

（1）检查刀盘周边，确保刀盘旋转时不发生任何干涉。

（2）确认电气系统电缆连接正常，尤其是高压系统各开关的状态确认。

（3）确认液压、流体系统各闸阀处于正确状态。

（4）检查冷却水位、液压油位、齿轮油位等指标，确认其满足设备运行要求。

（5）调试及巡检人员需熟悉设备的紧急停止按钮，并随身装备对讲机。

竖井掘进机设备调试共分为空载和负载情况下的调试，一般先完成空载调试后，再在试掘进阶段进行负载调试。空载调试分为以下顺序：

（1）电气系统：电气系统上电采用先高压、再动力、后控制的顺序，依次检查各高压柜带电指示是否正常，确认供电电压是否正常。送电顺序按照各级电压等级从上到下，依次合闸，且送断电操作必须有持证电工作业。

（2）动力启动：电气系统确认无误后，进行液压管路、阀组的检查，确保无误。依次启动各泵站，观察运行情况，是否为空载运行状态。启动各附属设备，检查空载运行情况。

（3）联动调试：各系统运行起来后，根据程序设计的相互联动、联锁功能依次进行实验检测，确认各项联锁、安全系统是否满足设计要求。

（4）功能调试：安全确认完毕后，可进行各分系统机构的功能进行功能调试。主驱动、推进、油脂系统等所有活动部件依次进行功能调试，按照完全满足设计功能要求及施工需要，确认无误。

掘进机调试分两部分进行：配套设备调试及掘进机主机联机调试。配套设备调试步骤如下：

（1）高压柜送电，变压器送电至动力柜、变频柜、检查仪器仪表是否正常，高压柜、变压器送电前需做耐压测试，测试标准与高压电缆一样。动力柜变频器柜送电后先检测电压是否正常。

（2）照明系统、临时用电系统动力柜送电后照明系统运行，检测所有照明设备是否正常运行。

（3）主控室内工业电脑、PLC 测试动力柜送电至主控室后，工业电脑、PLC 送电测试。

（4）设备网络连接、注意连接顺序设备网络包括 PLC 通信、控制回路、语音视频系统等。检测控制系统保证所有控制电路正常，控制回路正常后连接 PLC 通信，保证所有 PLC 从站在线。

（5）渣土输送系统调试、先空载测试斗式提升机是否正常运行、刮板链运动是否平稳，马达减速机空载变速运行是否正常。

（6）水循环系统调试、点动确定电机转向水循环系统包括外循环水泵、工业水泵、内循环水泵、内循环水箱等。检测各电机转向是否正确，水箱液位是否正常，自动加水装置是否正常。

（7）油泵通电、点动确定电机转向、检查液压油过滤、循环系统检测各液压系统电机转向，液压过滤系统压力差是否正常。

（8）工业空压机远程控制调试检测空压机本地启动是否正常，远程控制是否正常，反馈压力与罐体压力表压力是否一致。

主机联机检测内容如下[83]：

（1）推进系统的推进速度、油缸压力指标。

（2）刀盘驱动系统的正转、反转功能与刀盘的最大速度、速度调节、压力等技术指标。

（3）其他辅助液压系统运行情况。

（4）整机联动控制与各环节在控制室的控制情况。

（5）检查刀具。

（6）检查掘进机故障显示功能。

（7）认真记录测试数据，填写掘进机调试报告。

第五节 悬 吊 系 统

一、绞车选型

竖井掘进机配置出渣提升机 1 部，配置 16t 吊钩及 5m³ 吊桶，选择主提升机 JK-3×2.2P 提升绞车 1 台。

提升机主要技术参数见表 10-4。

表 10-4　　　　　　　　　　提升机主要技术参数表

型号			JK-3×2.2P
卷筒	数量个		1
	直径（mm）		3000
	宽度（mm）		2200
钢丝绳最大静拉力 kN		载人	100
		载物	135
钢丝绳	最大直径（mm）		40
	速度（m/s）		4.4
卷筒容绳量	一层容绳量（m）		282
	二层容绳量（m）		553
	三层容绳量（m）		873
减速机	速比		20
电机	功率（kW）		800
	转速（r/min）		741

提升机校核基础条件：

5m³ 吊筒重量自重 1690kg，松散矸石容重 $\gamma_g = 1600kg/m^3$，吊桶装满系数 $K_m = 0.9$，钢丝绳长度计算：$H = H_深 + H_高 = 198 + 26 = 214m$。钢丝绳直径 40mm，载人时钢丝绳最大静拉力 100kN，载物时钢丝绳最大静拉力 135kN。

提升机 JK-3×2.2P 最大提升重量校核：

（1）工况 A：提 5m³ 吊桶。

吊桶自重为 1690kg，矸石重为 5×1600×0.9 = 7200kg，滑架钩头等重 468kg，水重

1000kg，绳重 6.24kg/m×214m＝1335kg，总重 11 720kg；11 720×9.8/1000＝115kN＜135kN，满足要求。

（2）工况 B：提人。

吊桶自重 1690kg，人重 11×80＝880kg，滑架钩头等重 468kg，绳重 6.24kg/m×214m＝1335kg，总重 4373kg，4373×9.8/1000＝43kN＜100kN，满足要求。

电机功率核算：$P＝Q×V/102×\eta＝594kW＜800kW$，满足要求。

提升天轮：$D≥60d＝60×40＝2400mm$（d 为钢丝绳直径）；$D≥900\delta＝900×2.45＝2205mm$（$\delta$ 为钢丝直径）。选用直径 2.5m 凿井天轮，其破断力总和为 151 000kg，满足要求。

二、稳车选型

（1）VSCM 竖井掘进机共设计 4 层吊盘，以满足井下施工及设备的安装需要，4 层吊盘及盘上设备总重约 50t，选用 6 台 25t 稳车悬吊，其中 2 条悬吊钢丝绳同时作为吊桶运行的稳绳，1 台同时作为电缆稳绳使用，稳车型号为 JZ-25/1300，天轮直径 1050mm。稳车如图 10-14 所示。

（2）动力电缆悬吊。

动力电缆选用 18×7-ϕ40-1670 型不旋转钢丝绳悬吊，悬吊天轮 ϕ1050mm，2 台 JZ-25/1300 型稳车悬吊。

（3）通信光缆固定。

通信电缆悬吊天轮选用 ϕ1050mm 型 1 套，JZ-25/1300 型稳车，18×7-ϕ22-1670 型不旋转钢丝绳悬吊。

图 10-14　现场稳车示意图

（4）井架选型。

表 10-5 所示为《凿井工程图册》中关于井径 3.5～8.0m，井深 200～1000m 所采用的各种型号井架。

表 10-5　　　　　　　　　　各种型号井架及其应用

井架型号	井筒直径（m）	井筒深度（m）	备　　注
I	3.5～5.0	200	适用于人工钻眼、矿车排矸
II	4.5～6.0	400	适用于人工钻眼、矿车排矸
III	5.5～6.5	600	适用于人工钻眼、矿车排矸
III$_G$	5.5～6.5	600	适用于伞形钻架钻眼、汽车排矸
IV	6.0～8.0	800	适用于人工钻眼、矿车排矸
IV$_G$	6.0～8.0	800	适用于伞形钻架钻眼、汽车排矸
V	6.5～8.0	1000	适用于伞形钻架钻眼、汽车排矸

根据表 10-5 中相关的建议，选择Ⅳ$_G$型井架，如图 10-15 所示为井架外形图。

图 10-15　井架外形图

第六节　掘进机操作要点

竖井掘进机掘进过程是系统整体协调的过程，任何一个独立系统在掘进过程中出现故障，都可能导致掘进停止，施工停滞，因此掘进机各系统的正确操作就显得十分重要。

1. 操作人员要求

（1）竖井掘进机操作人员必须身体健康，能够适应较长时间的洞内工作，无色盲，具有较强的责任心和反应能力。

（2）竖井掘进机操作人员必须经过专门的专业培训，具有一定的机械、液压、流体、电气及土木工程知识，对竖井掘进机机械结构、液压流体配置、电气配置以及施工流程有一定的了解。

（3）竖井掘进机操作人员必须经过专门的安全知识培训，并且熟悉竖井掘进机及地下工程施工的相关安全知识。

（4）对于在竖井掘进机内的作业人员，需遵守地下施工相关安全规定，并取得相关资质。

2. 参数设定

竖井掘进机参数的设定必须在机电液工程师和土木工程师的要求下，结合竖井掘进机本身设计和工程地质的具体情况设定相应的参数；在初始设定完成后不经同意不能随意更改。

3. 开机前准备

（1）以下的检查和调整是在掘进机已经完成组装、调试，并完成试掘进超过始发洞的情况下进行的。在每班作业之前和每次停机（无论时间长短）后、再次启动之前都要按步骤进行。

（2）确保机器启动前刀盘和其他所有运动部件周围没有人员。与维护人员一起确认机器启动前所有部件和系统都处于非维修状态。

（3）检查延伸水管、电缆、风管等管道是否连接正常。

（4）检查供电、液压、齿轮油、油脂、水、出渣、推进支撑、导向系统等系统是否正常。

（5）检查刮渣板、斗式提升机、空压机、刀盘等设施运行是否正常。

（6）检查竖井掘进机操作面板状态。

（7）若检查存在问题，首先尝试处理或解决问题，然后再准备开机，同时请示机电液工程师与土木工程师并记录有关竖井掘进机掘进所需的相关参数；若需要则根据工程师的指令修改竖井掘进机参数。

4. 开机

（1）根据工程要求选择合适的工程参数。

（2）检查是否存在当前错误报警，若有，则先处理错误报警。

（3）启动水系统。

（4）启动齿轮油、油脂系统。

（5）启动空气系统。

（6）启动推进支撑液压泵。

（7）启动辅助液压泵。

至此，VSCM 的动力部分已启动完毕，下面根据不同的工序进一步进行说明。

5. 掘进操作

（1）控制室，把刀盘联锁钥匙旋至本地位置，本地指示灯亮。

（2）检查水系统、润滑系统、液压系统、空气系统运行是否正常。

（3）旋转刀盘、推进、斗式提升机电位计为零。

（4）按下报警警示灯按钮 10s 左右，提醒整机上施工人员 VSCM 即将启动。

（5）按下刀盘前部喷水启/停按钮（或者选择与刀盘同步模式），按钮指示灯亮，启动刀盘喷水。

（6）按下斗式提升机启动按钮，启动斗式提升机，调节速度电位计至所需速度。

（7）按下刮渣板启动按钮，启动刀盘刮渣板，调节速度电位计至所需速度。

（8）选择激活需要的刀盘驱动电机，按下刀盘启动按钮，启动按钮指示灯亮，刀盘旋转，调节速度电位计至所需的速度。

（10）查看竖井的导向屏幕，检查竖井的方位姿态。

（11）旋转撑靴区快慢速旋钮至慢速，按下推进按钮，推进按钮指示灯亮，调节推进速度电位计至所需的速度，开始掘进。

（12）每次调向不能过大，否则容易损坏滚刀，甚至损坏刀盘，减少主轴承寿命。

1）在掘进时，主司机必须随时监视显示屏和操作台的各项参数，时刻监视皮带机的出渣情况，必须随时调整各项功能，发现问题立即采取相应的措施。

2）在掘进时，主司机不要忽视反常的指示信号。如果显示的故障无法通过正常的互锁装置自动停机,请主动停机调查。忽视故障指示有可能会导致机器损坏或人员伤亡。

3)在掘进时,主司机必须严格按照要求记录相关部门规定的各种数据表格,以及详细的故障及故障处理办法。

6.掘进过程

(1)在掘进过程中,主司机必须连续监视和调整操作室内控制台的所有功能、控制按钮。另外,主司机还必须通过有效控制来调节刀盘的推进压力。

(2)刀盘的掘进速度由推进压力和推进油泵的输出决定。在多数地质条件下的限制因素是主驱动电机的电流载荷。电机负载直接与刀盘的扭矩有关。

(3)以下是对掘进机速度的控制方法:

1)设定推进流量控制开关,选择开关约为50%(推进压力表上的显示)。

2)顺时针旋转选择开关逐渐增加推进压力,同时注意观察主驱动电机的电流表。在机器震动不大的情况下,压力可设定在某一点(电机负载接近但为超过最大值),必须注意滚刀的负载。

3)在掘进过程中要始终注意观察流量表。如果转速增加而推进压力或泵的流量没有改变,表明岩石的硬度增加了,应增加推进压力或减少泵的流量(在高压的情况下大量的油液通过溢流阀溢流,这会使液压系统的温度迅速上升,要避免这种情况的发生)。

4)如果流量表停止转动,而油泵的输出量没有变化,表明遇到了较软的地层。油泵的输出应增加,或推进压力应减小允许部分油液从调整阀溢流。始终应力争让机器发挥最佳的性能,同时避免主驱动电机和滚刀超载。

7.换步过程

(1)推进油缸伸出达到1m时,竖井必须停下来,进行换步。

(2)注意观察主机前后的方位。

(3)按下推进区停止按钮,停止推进,直到推进压力接近为0。

(4)刀盘继续旋转,直到刀盘清理完前方渣石,停止刀盘旋转。

(5)确认刮渣板、斗式提升机的渣石已输送完,停止刮渣板与斗式提升机。

(6)按下换步按钮,换步按钮指示灯亮。

(7)撑靴区快慢速旋钮旋至慢速;按下撑靴油缸收回按钮,收回按钮指示灯慢速闪烁,直到撑靴撑紧指示灯由常亮变为快速闪烁;此时可以看到撑靴撑紧压力已下降;撑靴区快慢速旋钮旋至快速;按下撑靴油缸收回按钮,收回按钮指示灯快速闪烁,撑靴撑紧指示灯由快速闪烁变为慢速闪烁;此时可以看到左右撑靴位移快速减小;撑靴收回到位,按下鞍架前进按钮,前进按钮指示灯亮,鞍架前移,推进缸缩回,此时可以看到推进位移减小。

(8)查看左右扭矩油缸位移,确认扭矩油缸居中;推进缸收回到位,按下撑靴伸出按钮,伸出按钮指示灯快速闪烁,直到撑靴撑紧指示灯由慢速闪烁变为快速闪烁,撑靴油缸位移停止增加,撑靴撑紧压力停止增加。

(9)撑靴区快慢速旋钮旋至慢速,按下撑靴伸出按钮,伸出按钮指示灯慢速闪烁,直到撑靴撑紧指示灯由快速闪烁变为常亮,撑靴撑紧压力达到撑紧压力。

（10）按下停止按钮，换步按钮指示灯灭，可以开始下一循环掘进；按下报警警示灯按钮 5s 中，警告人员撤离，准备掘进。

（11）启动刮渣板，达到所需速度；启动斗式提升机，达到所需速度；启动刀盘，达到所需速度；根据导向系统界面，可以小幅度调整机器的姿态；启动推进循环。

8. 停机程序

（1）减小推进速度直到为 0，停止推进。

（2）刀盘继续旋转，直到刀盘没有渣石输出，减小刀盘旋转速度至最小，停止刀盘旋转。

（3）停止刀盘喷水。

（4）刮渣板上面的渣石已传输完毕，停止刮渣板。

（5）斗式提升机上面的渣石已传输完毕，停止斗式提升机。

（6）停止液压系统；停止润滑系统；停止水冷系统；停止空气系统；停机完毕，离开控制室，拔出刀盘联锁钥匙交给下一班主司机。

9. VSCM 掘进调向

（1）正确的调向是掘进机运行最重要的因素之一。正确的调向可以最大限度地减少滚刀由于轴承或刀圈的损坏而失效。过度的调向会导致超载和刀盘的损坏。

（2）掘进机对中的方向控制：在直线掘进时，掘进机的垂直中心线必须和井筒中心线保持一致。

（3）主司机必须始终注意相对于井筒中心线的位置并做出必要的调整。在刀盘转动而掘进机为掘进或掘进时，都需要在水平方向上做小幅的调整。

（4）水平方向调整：水平平面内的调整通过机器四周的稳定器油缸伸出长度来控制。

（5）正确调向：正确调向可以定义为保持机器的轴线并且在洞壁上无明显的起伏。如果调向得当洞壁上不会产生凹凸不平；如果发现洞壁有明显的凹凸不平，说明调向过度，应采取措施以避免再次发生类似情况。

第七节　掘　进　及　支　护

竖井掘进机是专门用于竖井施工的设备，可适应于陆地、江河及海洋环境工程施工，产品集掘进、支护、出渣、井壁拼装、渣土分离等功能于一体，可实现多工序同步施工；设备进行了模块化、短平化设计，易于拆装、方便运输；设备融合了动态感知技术，智能化、机械化程度高，可实现井下无人化作业。

浙江宁海抽水蓄能电站排风竖井采用竖井掘进机施工，对施工掘进过程出现的一些故障进行研究，并提出其处理措施，并就现场支护情况进行介绍。

一、存在的问题

1. 主机姿态问题导致吊桶通道不畅

发前复测主机姿态，由于前期掘进未对设备掘进姿态进行有效监测，且首次掘进过程现场不满足人工测量条件从而导致设备偏离轴线，且设备姿态有倾斜倾向，通过焊接吊桶导向槽钢，强制使吊桶沿槽钢滑动，便于出渣（见图10-16）。

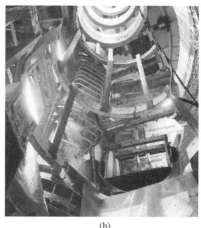

(a)   (b)

图 10-16　主机吊桶强制导向修正图

(a) 俯视图；(b) 仰视图

2. 刀盘刮板糊渣及应对方法

整个排风竖井的地层均为凝灰岩地层，由于开完过程遇到有破碎段、始发井井底段由于爆破原因导致附近地层十分破碎，在前期开挖完后未进行支护，雨季时井壁渗水严重，井底积水难以抽干，导致掘进过程中长时间不出渣，下井检查发现刀盘和刮板被糊，后经过对设备出渣系统做出优化改进，使设备出渣系统适应含水地层作业，最终采用带水掘进模式出渣解决（见图10-17～图10-20）。

图 10-17　刀盘外部被糊　　　　　　　图 10-18　刀盘内部被糊

3. 井壁渗水严重

井壁有多个渗水点，每当下雨时，井壁渗水严重，造成井底积水，岩渣黏稠，严重影响出渣效率（见图 10-21、图 10-22）。

图 10-19　带水作业

图 10-20　吊桶出水作业

图 10-21　井壁渗水图

图 10-22　井底岩渣遇水泥化

4. 撑靴打滑处理

由于竖井掘进机目前处于姿态调整过程中，造成井壁凹凸不平，撑靴靴板撑紧井壁后无法完全贴死井壁，撑靴在推进缸的反作用力下易打滑，推力无法加载于刀盘，造成掘进效率低甚至无法掘进，现场先后采用垫胶皮和垫方木进行处理，最终发现垫方木是行之有效的方法（见图 10-23、图 10-24）。

图 10-23　撑靴于井壁间垫胶皮方案

图 10-24　撑靴于井壁间垫方木方案

5. 吊盘增加稳盘装置

吊盘由 6 根钢丝绳悬垂，吊盘上的空压机开启、人员行走以及吊桶运行过程与吊盘的偶然碰撞，均会使吊盘产生晃动，影响作业安全，为保证吊盘的稳定，现场在二层吊盘和四层吊盘上各增加 3 个稳盘装置，利用楔形方木楔紧，保证作业安全（见图 10-25）。

图 10-25　稳盘装置

6. 环保排查

宁海竖井地层未凝灰岩地层，加之井壁渗水，岩渣遇水泥化，为能顺利出渣，采用带水掘进作业，但排出井外的含水岩渣影响山间水质情况，应环保要求，岩渣不得随意排放，随在施工场地搭建沉淀池。针对干式出渣井底灰尘大的情况，一方面在稳定器平台与井壁间的间隙上铺满胶皮，另一方面在四层吊盘底部增加雾炮装置用于降尘。地面扬尘问题，同样通过增加雾炮处理（见图 10-26～图 10-29）。

图 10-26　刀盘底部积水　　　　　　　图 10-27　场地岩渣情况

图 10-28　稳定器平台蒙皮　　　　　　图 10-29　场地外布置雾炮

二、现场支护情况

由于施工过程中先后穿越了几个破碎地带，遇到雨水天气，井内破碎段出现严重渗水，导致维保作业和掘进作业无法进行，同时也会有碎石掉落风险，因此结合井壁情况研究设计了两种支护方案：其一，针对破碎地带，采用砂浆锚杆＋挂网＋喷浆组合支护的方式，现场支护效果良好，具体支护过程见图 10-30；其二，针对相对稳定的地层，只采用砂浆锚杆＋喷浆组合支护。支护的主要工作场地在四层吊盘，施工时有两台简易锚杆钻机同时工作，且朝向相反，一方面可提高工作效率，另一方面可减小相互之间的干扰。

(a)

图 10-30　井壁支护过程（一）

(a) 打锚杆

(b)

(c)

(d)

图 10-30　井壁支护过程（二）

（b）挂网；（c）喷浆；（d）井壁结构

第八节　刀具检查与更换

　　竖井掘进过程中由于受围岩条件、刀具的布置、掘进参数、机械状况和司机的操作习惯等多种因素的影响，每把刀的使用寿命迥然不同；即使同一部位的刀具，也无法预测出精确的寿命；而且随着机械的剧烈振动和掘进推力的急剧变化，即使是新换的刀具，时常会出现预想不到的挡圈脱落、刀刃崩落、偏磨、刀圈移位、密封漏油和轴承破损等非正常损伤。

基于此必须在每个整备工班期间，仔细查验刀具的损伤情况。逐个测量并详细观测刀具磨损是否过限、刀具螺栓是否松动或脱落，严格遵从刀具更换的规范要求，逐步摸索刀具磨损规律，有计划地科学更换刀具，厉行节约。

（一）刀具检查

刀具总成是掘进机顺利掘进的关键，而刀具效能的充分发挥要求操作人员把握围岩条件变化，熟悉操作技巧，监测掘进参数的同时还需在整备工班期间检测、维护和修理刀盘与刀具。检测过程是使刀具效能充分发挥的关键，检测刀具可以逐渐获得围岩条件变化对刀具产生的磨损规律，以此得出最优掘进参数，并通过正确调向、柔和操作等手段优化操作技巧，使得刀具磨损减小，从而节省刀具[138]。

1. 检查时段

在试掘进阶段每隔 3h 检查一次刀具，在保证最初 150m 的刀具检查之后，这种检查可以延长到每天一次，不过通常是每班检查一次。连续两个掘进工班后，必须全面彻底地检验刀具的运用情况。

更换刀具后需进行检查，若刀盘存在问题或掘进产生的石渣中出现钢的磨损颗粒，此时必须进一步地检验刀具；掘进过程中，围岩条件为硬岩时，若每两个掘进循环的洞壁结合面为明显的波浪形或调向过大，则可能出现边刀偏磨或漏油的情况，应及时进行检查。

2. 检查内容

手动操作需接通刀盘点动开关插座（断开与司机室的操作联系）；携带刀具测规和其他必备工具进入刀盘，接通照明灯；刀盘冲水降温；清洗每个刀具孔内积石、泥浆，使刀圈、刀具安装螺栓及各测量表面整洁。

用测量规检测中心刀、正刀和边刀，正确量测刀圈外轮廓，检查磨损量；同时观察刀具的裂纹、断裂和刃片的剥落以及刀具固定螺栓的松动情况；着重检查刀圈是否轴向移位、挡圈是否脱落、刀圈轴承的密封是否漏油；刀牙是否有螺栓松动，刀牙损坏，刀牙座是否变形，以上检查结果需逐一记录在报表上。

（二）刀具更换

1. 刀具的更换条件

边刀的磨损允许值取决于最初的掘进作业状态，推荐的平均径向极限磨损量为 $1/2\mathrm{in}(13\mathrm{mm})$，约为正刀的 $1/2$，当边刀磨损量达到极限值时，应将替换下的边刀用作正刀使用，此时既不会危害掘进作业，也能最大限度地延长刀圈的使用寿命。面刀（正刀）的磨损限度以不损坏刀体、刀架等零部件及不影响掘进速率为准则。

磨损不均、单边磨损、滚刀不转或转动困难。滚刀轴承失灵、严重损坏、岩渣堆积都可能造成上述损坏。由于轴承阻塞而使刀圈不能转动而滑磨表面；刀片剥落或断裂严重，刀圈不能再用；确认润滑油流失（可能是密封缺陷）；紧固螺钉松动从而损伤轴的接触表面。

2. 刀具更换注意事项

除安装工具和吊具齐全并且完好无损外，要注意刀轴插入处（配合处）接触表面是否平整、刀盘上装入件是否固定，还有刀盘与刀具镶入处的清洁情况，尤其是从刀盘上拆下刀具后，要立即进行清理，通向密封处的缝隙要用高压清洁剂清理，防止密封间尘渣的聚集；所有安装螺钉，均按规定的拧紧力矩上紧。

3. 刀盘换刀流程

刀盘换刀的具体流程如图 10-31 所示。

图 10-31   刀盘换刀流程图

4. 刀具安装工艺

（1）中心刀安装：清理所有装配面。必要时用水和钢丝刷完全彻底清理，确保装配面无尘土。

注意要确保各配合面密贴；用水管彻底冲洗螺栓沉头孔；将滚刀放入刀座；所有安装支架和螺栓涂抹机油；均匀上紧螺栓达到规定扭矩；滚刀安装完毕。

（2）正刀安装：清洁所有装配面；必要时用水和钢丝刷完全彻底清理，确保装配面无尘土；确保各配合面密贴；用水管彻底冲洗螺栓沉头孔；将滚刀放入刀座；用机油涂抹螺栓，松开安装楔块；上紧楔块到规定扭矩；用 6～8lb 的锤子敲击楔块使其与刀轴紧贴；再次上紧楔块；重复步骤，直到达到规定扭矩；安装完毕。

5. 指导操作

通过刀具的检查，摸索出各类刀具在不同围岩条件的磨损规律；通过换刀后零件的拆卸，可以发现刀圈偏磨、轴承卡死、密封漏油、刀圈挪位和刀体损伤等各种损伤形式，据此推测 VSCM 掘进参数的选取是否正常、合理，推进力是否过猛、调向是否过大，及时与操作司机进行会诊，指导司机正确操作。

第九节   岩渣特性分析

一、出渣流程

竖井出渣与竖井掘进同步进行，竖井刀盘掘进下来的渣土通过刀盘刮渣板运至中心集渣筒，在通过斗式提升机将中心立柱集渣筒内的渣土提升至主机上部的储渣仓，通过储渣仓将渣土倒运至吊桶内，再通过提升机将吊桶吊运至翻矸平台，通过翻矸平台将渣土倒运至地面。图 10-32 所示为竖井出渣流程。

图 10-33 为刮板链装置的现场照片，图 10-34 为从储渣仓内将渣土倒入吊桶内的过程，图 10-35 为吊桶装满后提升装置准备提升吊桶。

图 10-32　竖井出渣流程

图 10-33　刮板链装置

图 10-34　储渣仓将渣土倒入吊桶内

二、岩渣特性分析

图 10-35　提升机提升吊桶

为了更好地认识竖井掘进机破岩效果，采用图像处理的方式，对出渣颗粒形态结构特征进行分析。图 10-36 为竖井掘进机出渣堆渣场，通过对图中岩渣形状观察可知，机械破岩条件下，完整岩渣多呈不规则片状及块状，另外破岩产生了一定量的岩粉。根据整个出渣堆渣场的体积进行估算，细小岩渣及岩粉占整个岩渣总量的 15%～20%。在该堆渣场选取不同的拍摄位置，如图 10-36（a）中 A-H 所示。使用 CCD 工业相机获取堆渣场不同特征点位置的图像，采用数值图像处理的方法，对不规则形状的岩渣长度，长宽比及颗粒面积等特征进行统计分析。

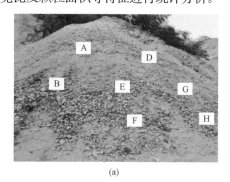

(a)

(b)

图 10-36　竖井掘进机出渣堆渣场

（a）特征点位置；（b）岩渣形状特征

采用 ImageJ 软件对图 10-36 中 A-H 图像进行二值化处理，如图 10-37 所示。在 Im-ageJ 中设置标尺，测量图中尽可能多、完整的岩渣的直径及长宽比，进一步统计颗粒的面积分布特征，对竖井掘进机机械破岩条件下的岩渣分布特性进行量化分析。

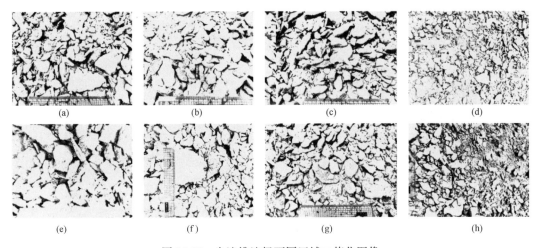

(a)　　　　　　　(b)　　　　　　　(c)　　　　　　　(d)

(e)　　　　　　　(f)　　　　　　　(g)　　　　　　　(h)

图 10-37　出渣堆渣场不同区域二值化图像

(a) 特征区域 A；(b) 特征区域 B；(c) 特征区域 C；(d) 特征区域 D；

(e) 特征区域 E；(f) 特征区域 F；(g) 特征区域 G；(h) 特征区域 H

图 10-38 为不同区域完整岩渣颗粒长度分布特征。如图 10-38 所示，竖井掘进机机械破岩条件下岩渣长度大多分布在 1～7cm，3cm 范围内的岩渣数量最多，岩渣最大长度可以达到 10cm。图 10-39 为不同区域完整岩渣颗粒长宽比分布特征。统计表明，岩渣长宽比集中分布在 1～4，长宽比大于 7 的岩渣数量极少。图 10-40 为不同区域完整岩渣颗粒面积分布特征。统计表明，岩渣面积基本在 20cm² 以内，只有极个别的岩渣面积大于 50cm²。

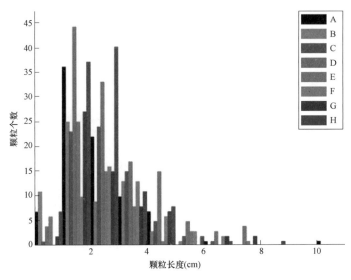

图 10-38　堆渣场不同区域岩渣颗粒长度分布特征

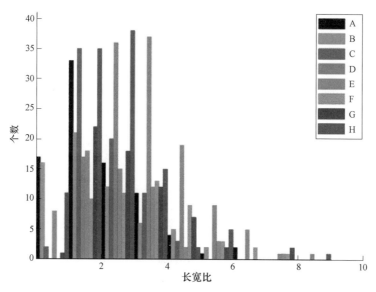

图 10-39　堆渣场不同区域岩渣颗粒长宽比分布特征

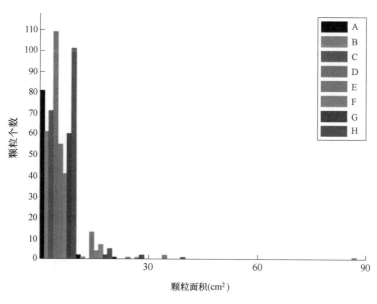

图 10-40　出渣堆渣场不同区域完整岩渣颗粒面积分布特征

竖井掘进机破岩产生了一定量的岩粉，为了进一步厘清岩粉中各种不同粒径颗粒的相对含量，在堆渣场选取一定量的岩粉进行了三组现场筛分试验，三组试验的级配曲线如图 10-41 所示，由此计算得到岩粉的不均匀系数 C_u 及曲率系数 C_c，如表 10-6 所示。

表 10-6　　　　　　　　　现场筛分试验不均匀系数和曲率系数

试验编号	1	2	3	平均值
不均匀系数 C_u	15	25	23.75	21.25
曲率系数 C_c	0.817	0.597	1.235	0.883

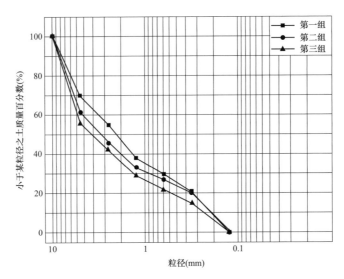

图 10-41　出渣堆渣场不同区域完整岩渣颗粒面积分布特征

通过上述分析可以发现，在竖井掘进机破岩过程中，细小岩渣占比过大，同时有大量的岩粉产生。滚刀破岩产生的细小岩渣是引起掘进施工中粉尘问题的关键因素，细小岩渣所占比例也反映出竖井掘进机掘进效率和提升效率。对掘进过程中的岩渣结构进行分析，可以得到以下几点启示：

（1）宁海抽水蓄能电站竖井掘进采用的新型竖井全断面自动化掘进机是国内外首台套盘型滚刀破岩、刮板集渣、斗式转载、吊桶出渣的竖井施工革新装备，在掘进过程中产生的大量岩粉造成工作面粉尘聚集，从而进一步影响到竖井掘进机的激光导向控制，影响激光束打靶的准确性。岩粉及细小岩渣的产生很大程度上是由于掘进机滚刀的反复研磨，说明掘进机刮板集渣装置及提升系统还有待进一步优化。

（2）岩粉及细小岩渣的产生说明在竖井掘进机破岩过程中盘形滚刀的破岩比能耗过高，在目前的滚刀结构条件和参数下，掘进机破岩效果较低。为降低破岩能耗，岩粉的粒度越大越好。需要解决该问题，需要合理的盘形滚刀布置设计。基于滚刀破岩机理，在刀盘布置时应以刀盘径向载荷最小，刀盘倾覆力矩最小，质量分布均匀，破岩差异量最小为基本原则。

（3）深地战略是国家重要战略之一，随着矿产资源开采向深部全面推进，竖井掘进机施工过程中产生大量的岩粉将作为一种新型资源，如何有效利用将成为一个新的问题。岩粉可以作为土性改良的掺合料，改善特殊土的不良工程特性，提高强度，消除湿陷性、抑制膨胀性，降低冻胀性等。另外，岩粉可以作为矿物掺合料进行高强度混凝土的制备，能显著改善混凝土的工作性能和致密性。

第十节　综合进度分析

竖井掘进机主机高度 16.5m，吊盘后配套高度 13.4m，由于始发井深度为 10m，本工程采用分体始发进行竖井掘进施工。首次始发前吊盘放置于地面，主机在始发井内组装调试完成后，向下掘进 20m 留出吊盘下放空间，在此期间利用汽车起重机配合竖井掘进机完成井底出渣，如图 10-42 和图 10-43 所示。到达首次掘进深度后，吊盘吊入井内用型钢悬挂于井口，待地面提升系统与吊盘连接后，进行二次始发，最终完成后续竖井深度的开挖。

图 10-42 竖井掘进机始发状态

图 10-43 竖井掘进机掘进 20m 状态

为使得本次施工组织难度降低，确保施工能顺利进行，竖井掘进机采用掘进出渣、支护、管线安装单行作业形式进行施工组织，按照实际工程应用中支护段高 3m 考虑，综合效率分析如下：

（1）设备掘进、出渣、换步 3m 一个循环耗时为 3h 15min；

（2）完成 3m 支护工耗时为 4h；

（3）进行管线延伸、安装工耗时 0.5h（6m 一个循环安装 1h，平均每 3m 耗时0.5h）。

综上分析，理论上每掘进 3m 竖井综合耗时为 7.75h，平均每天可完成 3 个循环工9m 竖井施工。考虑到首次施工因素的影响，最终确定施工效率为每天 2 个循环工 6m 的掘进进尺进行计算，竖井施工月进尺可达 150m。

宁海抽水蓄能工程施工中采用锚喷支护方式，施工过程循环图见表 10-7，该支护方式与掘进过程不便于平行作业；若采用迈步模板进行砌壁，可以将掘进过程与砌壁过程完全或部分并行，具体见表 10-8，进一步提高施工效率。

表 10-7　　　　　　　　　　　锚喷支护循环图

作业项目	持续时间	循环时间 h（每隔 1h）
掘进	6h	
出渣	6h	
换步	0.5h	
锚喷支护	8h	
管道延伸	1h	
一个掘进行程（6m）循环时间 15.5h		

表 10-8 掘砌平行循环图

作业项目	持续时间	循环时间 h（每隔 1h）
掘进	6h	
出渣	6h	
换步	0.5h	
扎筋	1.5h	
浇混凝土	2h	
混凝土养护	8h	
管道延伸	1h	

一个掘砌行程（4m）循环时间 12h

第十一节　小　结

（1）竖井掘进机工法，具有无需爆破、井壁质量高、施工风险小、安全高效等优点，解决了盲竖井机械化和少人化施工的难题，是适应未来地下空间开发机械化、自动化、智能化的方向发展的施工工法，具有较广泛的应用推广前景。

（2）采用竖井掘进机可开挖直径 10m、深度 1000m 竖井工程，在掘进和出渣平行作业的条件下，综合开挖速度可达 1.1m/h。同时，根据不同的地层岩性可采取不同的井壁支护工艺，综合成井能力 200～300m/月。

（3）采用竖井掘进机施工，井筒施工安全性和施工质量得到了保障，施工效率得以大幅度提高，降低了施工成本，革新了大断面竖井工程施工工艺和技术。

（4）经过具体工程验证，充分证实了 SBM 竖井掘进机工法的可靠性，为今后解决千米级竖井全断面掘进技术难题提供新的解决思路。

（5）竖井掘进机施工工法在一些方面仍需要改进，比如在复杂地层的适应性，出渣、清渣技术等。同时，在实际的工程应用中，导向系统和纠偏系统的实际效果不够理想，还有待进一步改进。

（6）机械破岩条件下，完整岩渣多呈不规则片状及块状。由于掘进机不能及时进行出渣，导致有部分岩渣会进行反复研磨，从而在破岩过程中产生相当数量的岩粉。应对刮板集渣装置及提升系统进行进一步的优化。

（7）岩渣的长度范围在竖井掘进机机械破岩的条件下一般分布在 1～7cm 之间，最大长度可达 10cm。岩渣长宽比集中分布在 1～4，长宽比大于 7 的岩渣数量极少。岩渣面积基本在 20cm² 以内。

（8）目前破岩比能耗过高，在后续研究工作中需进行掘进机刀盘的合理布置，深入研究滚刀的破岩机理和受力预测模型、刀盘的受力力学模型、刀盘刀具的布置方法。掘进机的破岩效果有待进一步提高。

参 考 文 献

[1] 刘志强，洪伯潜，龙志阳 . 矿井建设科研成就 60 年 [J]. 建井技术 .2017, 38 (05)：1-6.

[2] 楚江 . 探秘大龙洞 [J]. 国土资源导刊 .2013, 10 (11)：86-91.

[3] 刘志强 . 矿山反井钻进技术与装备的发展现状及展望 [J]. 煤炭科学技术 .2017, 45 (08)：66-73.

[4] 谢晓 . 长大隧道超深竖井反井法施工技术 [J]. 低碳世界 .2016 (31)：181-182.

[5] 王荟敬 . 计及风电的电力系统双层逆鲁棒优化调度与调整策略研究 [D]. 燕山大学，2017.

[6] 姜建国，乔树通，邵登科 . 电力电子装置在电力系统中的应用 [J]. 电力系统自动化 .2014, 38 (03)：2-6.

[7] 刘臣 . 某抽水蓄能电站引水竖井施工技术要点初探 [J]. 科技创新导报 .2015, 12 (29)：77-79.

[8] 刘臣 . 抽水蓄能电站引水竖井施工关键技术研究与讨论 [J]. 科技传播 .2015, 7 (18)：61-62.

[9] 刘志强 . 矿井建设技术发展概况及展望 [J]. 煤炭工程 .2018, 50 (06)：44-46.

[10] 赵兴东 . 超深竖井建设基础理论与发展趋势 [J]. 金属矿山 .2018 (04)：1-10.

[11] 孙磊 . 保安隔离区对空场回采矿岩稳定性影响数值模拟研究 [D]. 中南大学，2012.

[12] 王建平，刘伟民，王恒 . 近千米深井冻结施工比较 [J]. 建井技术 .2017, 38 (04)：34-37.

[13] 邵方源，王强，刘志强 . 竖直槽孔承压钻杆稳定性分析 [J]. 建井技术 .2017, 38 (01)：24-27.

[14] 李林，徐兵壮，赵根全，等 . 冻结法凿井中局部冻结技术对已成井壁保护的温度场分析 [J]. 煤炭工程 .2012 (02)：27-29.

[15] 肖瑞玲 . 竖井施工技术发展综述 [J]. 煤炭科学技术 .2015, 43 (08)：13-17.

[16] 荆国业，韩博，刘志强 . 全断面竖井掘进机凿井技术 [J]. 煤炭工程 .2020, 52 (10)：29-33.

[17] 刘志强 . 机械井筒钻进技术发展及展望 [J]. 煤炭学报 .2013, 38 (07)：1116-1122.

[18] 刘志强 . 煤矿井孔钻进技术及发展 [J]. 煤炭科学技术 .2018, 46 (04)：7-15.

[19] 张东宝 . 煤巷智能快速掘进技术发展现状与关键技术 [J]. 煤炭工程 .2018, 50 (05)：56-59.

[20] 张锐，姚克，方鹏，等 . 煤矿井下自动化钻机研发关键技术 [J]. 煤炭科学技术 .2019, 47 (05)：59-63.

[21] 张波，倪元勇，盛晨，等 . 煤层气仿树形水平井钻井关键技术研究 [J]. 煤炭工程 .2019, 51 (01)：47-50.

[22] 杨生华，芮丰，蒋卫良，等 . 煤矿全断面岩巷掘进机开发应用与发展 [J]. 煤炭科学技术 .2019, 47 (06)：1-10.

[23] 洪伯潜 . 煤矿井筒钻井法凿井技术综述 [C]. 煤炭科学研究总院：2007.

[24] 洪伯潜刘志强姜浩亮 . 钻井法凿井井筒支护结构研究与实践 [M]. 北京：煤炭工业出版社，2015.

[25] 张永成，孙杰，王安山 . 钻井技术 [M]. 钻井技术，2008.

[26] 刘志强 . 反井钻井工艺及其关键技术研究 [J]. 煤炭科学技术 .2019, 47 (05)：12-21.

[27] 刘志强 . 矿山竖井掘进机凿井工艺及技术参数 [J]. 煤炭科学技术 .2014, 42 (12)：79-83.

[28] 谭杰，刘志强，宋朝阳，等 . 我国矿山竖井凿井技术现状与发展趋势 [J]. 金属矿山 .2021 (05)：13-24.

[29] 龙志阳陆伦 . 竖井快速施工技术的发展与应用 [J]. 煤炭科学技术 .1999 (03)：39-42.

194

[30] 刘志强，王博，杜健民，等．新型单平台凿井井架在深大竖井井筒施工中的应用 [J]．煤炭科学技术．2017，45（10）：24-29.

[31] 龙志阳，桂良玉．千米深井凿井技术研究 [J]．建井技术．2011，32（Z1）：15-20.

[32] 祁和刚，蒲耀年．深竖井施工技术现状及发展展望 [J]．建井技术．2013，34（05）：4-7.

[33] 纪洪广．"十三五"国家重点研发计划重点专项项目"深部金属矿建井与提升关键技术"开始实施 [J]．岩石力学与工程学报．2016，35（09）：1.

[34] 王鹏越，张小美，龙志阳，等．千米深井基岩快速掘砌施工工艺研究 [J]．建井技术．2011，32（Z1）：26-28.

[35] 徐辉东，杨仁树，刘林林，等．大直径超深竖井凿井新型提绞装备研究及应用 [J]．煤炭科学技术．2015，43（07）：89-92.

[36] 刘志强．矿井建设技术 [M]．北京：科学出版社，2018.

[37] 左帅，李艾民．迈步式液压金属模板的研究设计 [J]．煤矿机械．2011，32（05）：20-22.

[38] 李超．竖井掘进机撑靴侧壁岩土体极限承载力研究 [D]．北京交通大学，2020.

[39] 陆延静，丁思远．铜合金管材短流程生产工艺的研究现状与发展 [J]．有色金属加工．2015，44（03）：9-12.

[40] 刘志强．大直径反井钻机关键技术研究 [D]．北京科技大学，2015.

[41] 李宗奎．基于突变理论的钻井井壁竖向稳定性理论分析 [D]．安徽理工大学，2019.

[42] 张永成刘志强．钻井法凿井技术的发展和展望——小型钻井试验40周年纪念 [J]．建井技术．2003（02）：1-6.

[43] 史基盛．我国煤矿竖井钻机的发展 [J]．安徽建筑工业学院学报（自然科学版）．2010，18（02）：38-40.

[44] 毛光宁．美国钻井法凿井现状 [J]．建井技术．2004（04）：39-40.

[45] 孟陈祥．竖井掘进机液体洗井系统及流场研究 [D]．中国矿业大学，2019.

[46] 陈政霖．竖井掘进机泡沫洗井流场及排渣效率研究 [D]．中国矿业大学，2020.

[47] 汤正．遇水软化泥岩地层反井扩孔钻进井帮稳定影响分析 [D]．煤炭科学研究总院，2020.

[48] 张广宇．新型电液控制反井钻机安全测控系统仿真与试验研究 [D]．煤炭科学研究总院，2008.

[49] 侯志远．煤炭科学研究总院北京建井研究所面向市场走产业化之路 [J]．中国科技产业．1998（11）：37-38.

[50] 杨仁树，陈骏．竖井施工装备与技术发展现状和展望 [J]．建井技术．2015，36（02）：1-4.

[51] 任少杰．矿山竖井掘进方法分类探讨 [J]．中国高新技术企业．2013（10）：133-134.

[52] 黄继雄，尹敏，刘虎，等．减速机二级行星轮系的动力学特性研究 [J]．武汉理工大学学报（信息与管理工程版）．2015，37（03）：312-314.

[53] 邱昌德．悬臂掘进机在铁路泄水洞工程的施工应用 [J]．低碳世界．2017（08）：195-196.

[54] 黄宇．铝纤维混合燃料激波破岩管作用机理研究 [D]．中国科学技术大学，2020.

[55] 田兰勋．241SB—184型竖井掘进机 [J]．矿山机械．1979（03）：25-32.

[56] 邹积荣．西德潜入式竖井钻机的新发展 [J]．矿山机械．1984（01）：24-25.

[57] 李岳琼．休斯CSD—820型竖井钻机 [J]．矿山机械．1979（05）：87.

[58] 梅宁．截削式竖井掘进机SBR首试成功 [J]．建井技术．2014，35（03）：6.

[59] 松柏．维尔特竖井掘进机 [J]．建井技术．1999（06）：46.

[60] QZ3.5潜入式竖井钻机工业试验概况 [J]．建井技术．1983（01）：31-35.

[61] 徐辉东，刘林林，付新鹏 . 竖井全断面机械破岩装备技术现状及发展方向［J］. 建井技术 . 2020，41（06）：51-57.

[62] 贾连辉，吕旦，郑康泰，等 . 全断面竖井掘进机上排渣关键技术研究与试验［J］. 隧道建设（中英文）. 2020，40（11）：1657-1663.

[63] 荆国业，刘志强，韩博 . 竖井掘进机钻井工艺及装备研究［J］. 中国煤炭 . 2018，44（05）：65-70.

[64] 李意 . 计及温度的 GIS 盆式绝缘子气隙缺陷特性的研究［D］. 中国矿业大学，2018.

[65] 陈凯新 . 岩石隧道掘进机刀具损坏形式研究［J］. 中国高新技术企业 . 2014（17）：9-10.

[66] 于国巍 . TBM 盘形滚刀破岩模拟及分析［D］. 华北电力大学，2014.

[67] 王召迁 . TBM 盘形滚刀破碎岩石机理及影响破岩力因素的研究［D］. 东北大学，2014.

[68] 周小松 . TBM 法与钻爆法技术经济对比分析［D］. 西安理工大学，2010.

[69] 宋克志，王本福 . 隧道掘进机盘形滚刀的工作原理分析［J］. 建筑机械 . 2007（07）：71-74.

[70] 宋立玮 . 基于能量理论的滚刀破岩特性分析及应用研究［D］. 天津大学，2017.

[71] 袁向华 . 印度孟买 UGC-07 项目双模式 TBM 刀具使用情况分析［J］. 城市建设理论研究（电子版）. 2020（01）：36-38.

[72] 王新亮 . 全断面竖井掘进机载荷辨识与姿态控制关键技术研究［D］. 中国矿业大学（北京），2020.

[73] 荆国业，高峰 . MSJ5.8/1.6D 型竖井掘进机自动纠偏系统研究［J］. 煤炭科学技术 . 2018，46（12）：27-34.

[74] 张冰 . 全断面硬岩掘进机姿态调整控制系统研究［D］. 辽宁工程技术大学，2018.

[75] 蔡连杰 . 大型竖井钻机主动式导向器研究［D］. 安徽理工大学，2013.

[76] 董晶晶 . 大件物流组织与运营研究［D］. 长安大学，2008.

[77] 王鹏越，袁兆宽，梁恒昌，等 . 竖井全断面自动化掘砌成套装备与施工技术［J］. 煤炭工程 . 2020，52（07）：1-5.

[78] 夏顺俊，王志华，姚志浩 . 预制板梁双机抬吊施工研究［J］. 工程技术研究 . 2019，4（22）：119-120.

[79] 蒲晓波，陈良武，赵齐兼，等 . 超大直径盾构机工地组装流程及关键技术［J］. 建筑机械 . 2019（05）：65-69.

[80] 韩震 . 长春地铁 2 号线某区间盾构始发方案优化研究［J］. 建筑机械化 . 2014，35（08）：65-67.

[81] 张民庆，吕刚，焦云洲，等 . 高性能快速张拉预应力锚索新技术［J］. 铁道工程学报 . 2018，35（11）：72-76.

[82] 袁木林，汪艳红 . 敞开式全断面硬岩掘进机在长大隧洞快速掘进中的实践应用［J］. 中国水利 . 2020（08）：49-52.

[83] 于澎涛 . 南水北调中线穿黄隧洞盾构始发技术［J］. 南水北调与水利科技 . 2008（04）：54-57.

[84] 郑清君 . 狮子洋隧道盾构施工危险源分析及对策［J］. 隧道建设 . 2011，31（05）：605-609.

[85] 沈学贵 . 南宁地铁小半径小净距长距离重叠隧道盾构掘进技术［J］. 市政技术 . 2016，34（02）：89-92.

[86] 沈圆顺 . 岩石隧道掘进机在城市轨道交通工程中的应用［J］. 沈阳建筑大学学报（自然科学版）. 2011，27（01）：57-63.

[87] 郝彭彭 . TBM 应用信息管理系统设计［D］. 石家庄铁道大学，2013.

[88] 柳永华. 敞开式 TBM 功效提升新技术及其在大直径输水隧洞中的应用 [J]. 低碳世界. 2020, 10 (03): 61-62.

[89] 赵海雷, 孙振川, 张兵, 等. 基于 CSM 改进模型的 TBM 刀盘关键参数相关性研究 [J]. 隧道建设 (中英文). 2020, 40 (S1): 169-178.

[90] 李卫兵. TBM 在超长隧道施工中的应用研究 [D]. 吉林大学, 2005.

[91] 杜伟. 使用盘形滚刀的悬臂式掘进机截割头的研究 [D]. 辽宁工程技术大学, 2012.

[92] 黄蓉蓉, 杜功宝. 长距离引水隧洞 TBM 施工方案设计 [J]. 山西建筑. 2020, 46 (04): 133-134.

[93] 刘章青. 掘进机自动导向姿态检测系统设计与实现 [D]. 武汉理工大学, 2012.

[94] 杨文辉. 双护盾硬岩隧道掘进机导向系统关键技术研究 [D]. 天津大学, 2016.

[95] 邓钦元. 三维微纳结构的光刻及其表面形貌测量方法的研究 [D]. 中国科学院大学 (中国科学院光电技术研究所), 2018.

[96] 贺泊宁. 隧道掘进机自动导向系统的开发与应用 [D]. 中南大学, 2013.

[97] 杨文平, 胡鹏, 樊纲. 掘进机自动定向技术探究 [J]. 煤矿机械. 2016, 37 (08): 46-48.

[98] 赵文斌. 智能盾构导向系统研究 [D]. 解放军信息工程大学, 2017.

[99] 卢冠宇, 张娟. 里约奥运外景演播室视频技术实践 [J]. 现代电视技术. 2017 (01): 42-46.

[100] 曾嘉亮. Gamma 校正的快速算法及其 C 语言实现 [J]. 信息技术. 2006 (04): 82-84.

[101] 黄成龙. 多品种水稻数字化考种关键技术研究 [D]. 华中科技大学, 2014.

[102] 董芳凯, 郑智贞, 袁少飞, 等. 基于机器视觉的导电滑环表面微槽位置检测系统研发 [J]. 制造技术与机床. 2018 (04): 126-130.

[103] 黄滔滔. 基于 CT 技术的苹果内部品质无损检测研究 [D]. 浙江大学, 2012.

[104] 夏啟凯. 基于 Python 的细胞识别 SVM 模型参数优化方法研究 [D]. 齐鲁工业大学, 2019.

[105] 温旭东, 江晓文. 滩坑水电站平面控制网监测 [J]. 西北水电. 2011 (S1): 101-104.

[106] 耿修明, 郭荣伟. 双护盾全断面掘进机激光导向系统的应用 [J]. 山西建筑. 2010, 36 (02): 365-367.

[107] 王鹏越, 袁兆宽, 梁恒昌, 等. 竖井全断面自动化掘砌成套装备与施工技术 [J]. 煤炭工程. 2020, 52 (07): 1-5.

[108] 杨万霖. 基于惯性和三维激光技术的井筒安全检测研究 [D]. 山东科技大学, 2020.

[109] 田风山. 关于建筑工程施工现场管理问题的思考 [J]. 科技风, 2012 (13): 194.

[110] 原海亮. 郭庄煤业新建辅助提升井大断面掘进技术 [J]. 煤, 2016, 25 (01): 68-70.

[111] 杨宁. HG 公司质量管理体系改进研究 [D]. 河北工程大学, 2019.

[112] 江洲. A 公司项目安全管理的研究 [D]. 西北大学, 2011.

[113] 刘新平. 浅谈桥梁工程中预制 T 梁的施工工艺 [J]. 价值工程, 2015, 34 (12): 52-56.

[114] 李慧武. 巷道掘进通风的一些技术要求 [J]. 科技信息, 2012 (36): 393.

[115] 路鑫. 金青顶金矿深竖井设计与提升系统优化研究 [D]. 兰州大学, 2018.

[116] 陈拓. 机车荷载作用下青藏铁路多年冻土区典型结构路基稳定性研究 [D]. 中国地震局兰州地震研究所, 2011.

[117] 刘英华. 强震台网中心数据处理软件的设计与开发 [D]. 中国地质大学 (北京), 2008.

[118] 刘佳欣. 基于中国西南地区强地震动的地震动预测方程 [D]. 西南交通大学, 2020.

[119] 欧阳敏. 高速道岔工务参数检测仪的设计与实现 [D]. 西南交通大学, 2008.

[120] 王玲, 杨宁, 刘哲辉. 一种伺服式加速度传感器的标定 [J]. 中国检验检测, 2020, 28 (02):

18-19.

[121] 林彬. 随行振动固井胶塞振动特性研究 [D]. 西安科技大学，2020.

[122] 沈永芳. 沉管隧道基础注浆效果等比例模型试验研究 [D]. 上海交通大学，2012.

[123] 武斌. 门式起重机关键部件设计及其优化研究 [D]. 沈阳建筑大学，2015.

[124] 卞硕康. 堆积层边坡动力响应振动台试验研究 [D]. 华北水利水电大学，2021.

[125] 魏群. 喷涂柔膜在锚杆支护中的作用机理研究 [D]. 中国矿业大学，2020.

[126] 李冬梅. 铁路隧道风险评估指标体系及方法研究 [D]. 西南交通大学，2008.

[127] 罗华山. 矿山竖井提升系统安全风险评估研究 [D]. 昆明理工大学，2011.

[128] 陈龙，黄宏伟. 城市软土盾构隧道施工对环境影响风险分析与评估 [C] //：中国土木工程学会第十一届、隧道及地下工程分会第十三届年会，中国北京，2004.

[129] 王若菌. 工业储罐重大事故数量化风险评估的研究 [D]. 南京工业大学，2005.

[130] 蔡筱波. 基于专家调查法的大跨度钢桁梁桥运营期安全风险评估 [J]. 价值工程，2016，35（23）：61-63.

[131] 李晓兵. 双侧壁导坑法地铁车站开挖施工安全风险管理研究 [D]. 兰州交通大学，2018.

[132] 王海峰，崔雷. 强风化岩质公路隧道施工风险识别与控制 [J]. 交通世界（运输·车辆），2013（11）：226-228.

[133] 于丽，刘雨竹，郭晓晗，等. 基于故障树方法的铁路隧道紧急救援站间距分析 [J]. 铁道标准设计，2021：1-7.

[134] 周丽艳. 绿色商场建筑项目风险分析 [D]. 天津大学，2018.

[135] 匡轮，陈丽，郭倩倩. LEC 危险性评价法及其应用的再探讨 [J]. 安全与环境学报，2018，18（05）：1902-1905.

[136] 陈宁，祁舵，宁永升. 溧阳抽水蓄能电站工程解决建设难点的举措 [J]. 水力发电，2013，39（03）：1-5.

[137] 杨晓峰. 仙游抽水蓄能电站地下厂房空调通风模型试验 [D]. 西安建筑科技大学，2014.

[138] 田仲暖. 硬岩掘进机刀具的正确检查和更换 [J]. 辽宁师专学报（自然科学版），2010，12（02）：87-89.